QIDONG XITONG DIANXING YINGYONG 120 LI

气动系统典型应用

120例

张利平 编著

化学工业出版社

·北京·

本书按照主机功能结构、气动系统原理和系统技术特点的体系，详细介绍了煤矿机械、电力机械与石油机械，冶金机械与金属材料成型机械，化工机械与橡塑机械，机械制造装备（机床与数控加工中心、工装夹具与功能部件），汽车零部件产业，轻工机械与包装机械，电子信息产业与机械手及机器人，农林机械、建材建筑机械与起重工具，城市公交、铁道车辆与河海航空（天）设备，医疗康复器械与公共设施等120个气动系统典型应用实例。旨在为气动液压技术工作者，正确合理地对气动系统进行设计制造、安装调试、运转维护及故障诊断排除，减少或避免工作中的失误，提高工作效率，提高各类气动机械设备及装置的工作品质、技术经济性能和使用效益等提供参考资料。

全书选材集中于近几年国内外各行业气动机械设备的传动与控制系统资料，突出体现新设备、新元件、新系统、新技术、新结构；气动系统原理图全部采用现行国标 GB/T 786.1—2009 进行绘制；全书叙述和表达，深入详细，图文并茂，新颖翔实，便于读者自学及触类旁通。

本书可供各行业气动液压机械设备（装置或设施）与系统的一线工作人员（科研设计、加工制造、安装调试、现场操作、使用维护与设备管理）参阅，还可供大专院校相关专业及方向的教师和研究生、大学生在科研及教学或实训中参考，也可作为液压系统使用维护与故障诊断技术的短期培训、上岗培训教材及自学读本，同时可供液压气动技术爱好者学习参阅。

图书在版编目（CIP）数据

气动系统典型应用120例/张利平编著. —北京：化学工业出版社，2019.9
ISBN 978-7-122-34701-5

Ⅰ.①气… Ⅱ.①张… Ⅲ.①气动技术 Ⅳ.①TH138

中国版本图书馆 CIP 数据核字（2019）第 120289 号

责任编辑：张兴辉　　　　　　　　　　文字编辑：陈　喆
责任校对：王鹏飞　　　　　　　　　　装帧设计：王晓宇

出版发行：化学工业出版社（北京市东城区青年湖南街 13 号　邮政编码 100011）
印　　刷：三河市航远印刷有限公司
装　　订：三河市宇新装订厂
787mm×1092mm　1/16　印张 18　字数 478 千字　2019 年 9 月北京第 1 版第 1 次印刷

购书咨询：010-64518888　　　　　　售后服务：010-64518899
网　　址：http://www.cip.com.cn
凡购买本书，如有缺损质量问题，本社销售中心负责调换。

定　　价：89.00 元

前　言

本书通过 120 个气动系统典型应用实例，介绍了现代气动技术在煤矿机械、电力机械与石油机械，冶金机械与金属材料成型机械，化工机械与橡塑机械，机械制造装备（机床与数控加工中心、工装夹具与功能部件），汽车零部件产业，轻工机械与包装机械，电子信息产业与机械手及机器人，农林机械、建材建筑机械与起重工具，城市公交、铁道车辆与河海航空（天）设备，医疗康复器械与公共设施等行业应用中的主机功能结构、气动系统原理和系统技术特点等，旨在为气动液压技术工作者，正确合理地对气动系统进行设计制造、安装调试、运转维护及故障诊断排除，减少或避免工作中的失误，提高工作效率，提高各类气动机械设备及装置的工作品质、技术经济性能和使用效益等提供参考资料，以适应气动技术自动化、智能化、网络化、模块化的发展进步，满足气动技术工作者在"中国制造 2025""工业 4.0""人工智能及互联网+ 先进制造"等规划实施中，对气动技术拓宽应用视野、创新创造、学习提高、设计制造、使用维护和教学培训等多方面的不同需求。

本书选材以先进新颖、全面系统和翔实实用为目标，除作者的部分成果外，还有来自近几年国内外液压气动和相关行业专业期刊、网络以及国内外展会报道及展出的气动机械设备、装置、设施的传动与控制系统资料（尚包括一些专利技术成果、科研项目及实验室研发阶段的样机）。 突出体现新设备、新元件、新系统、新技术、新结构，例如气控式水下滑翔机、混凝土搅拌机、限载式气动葫芦、机车整体卫生间气动冲洗系统、反应式腹部触诊模拟装置，电子式真空比例阀、真空保护阀、电控截止阀、总线气动阀岛、气动手指、囊式驱动器（执行元件）、气-液隔离式执行元件、气动肌腱（人工肌肉）、智能真空吸盘、无杆气缸、磁性开关、光幕开关及传感器等。 对各行业每一种系统均按"主机功能结构→气动系统原理（含构成及气动元件作用）→系统技术特点（含技术参数）"的体系进行介绍。 由于现代气动设备及系统多采用可编程控制器或单片机及触摸屏技术进行控制，故对相关内容也进行了简要介绍。 全书气动系统原理图全部采用现行国标《流体传动系统及元件图形符号和回路图　第 1 部分：用于常规用途和数据处理的图形符号》（GB/T 786.1—2009）进行绘制。 全书叙述和表达，深入详细，图文并茂，新颖翔实，便于读者自学及触类旁通。

本书可供各行业气动液压机械设备（装置或设施）与系统的一线工作人员（科研设计、加工制造、安装调试、现场操作、使用维护与设备管理）参阅，还可供大专院校相关专业及方向的教师和研究生、大学生在科研及教学或实训中参考，也可作为液压系统使用维护与故障诊断技术的短期培训、上岗培训教材及自学读本，同时可供液压气动技术爱好者学习参阅。

　　本书由张利平编著。 张秀敏、张津、山峻参与了本书的前期策划及资料搜集整理、部分文稿的录入校对整理工作。 王金业和刘鹏程为本书精心绘制了部分插图。 参与本书相关工作的还有周湛学、黄涛、史玉芳、向其兴、窦赵明、史琳、赵丽娜等。

　　对于在本书编写出版工作中，给予大力支持与帮助的黄代忠高级工程师（深圳朱光波机械科技有限公司）、杨立志工程师（东莞嘉刚机电科技发展有限公司）、张黎明工程师（台湾好手科技股份有限公司）、编著者的同事周兰午和田志刚、国内外众多厂家（公司）（他们提供了最新的技术成果、信息、经验，以及翔实生动的现场资料或建设性意见）、参考文献的各位作者，在此一并致以诚挚谢意。 对于书中不足之处，欢迎流体传动与控制同行专家及广大读者不吝指正。

编著者

目 录

第6章　轻工机械与包装机械气动系统 ·················· 138

第7章　电子信息产业与机械手及机器人气动系统 ·············· 187

第1章
煤矿机械、电力机械与石油机械气动系统

1.1 概述

煤炭、电力、石油是能源工业的重要组成部分，也是国民经济赖以持续发展的基础工业。

由于气动技术具有防爆性好、可靠性高、安全环保、可过载保护等特点，故特别适合瓦斯、煤尘等易燃易爆环境工作的各类煤矿机械采用，其典型应用有煤矿防爆胶轮车（客货车）、架柱支撑手持式气动钻机及手持式锚杆钻机、便携式矿山救援裂石机、单轨吊、过道岔推车机、煤矿支架搬运车、矿山救援系统强排卫生间、防爆型矿用双锚索自动下料机、矿用连接器双工位自动注胶专机、矿用全气动迈步式行走机构、高负压抽采系统。

气动技术在提高电力机械装备自动化水平、提高安全可靠性和生产效率方面发挥着巨大作用，其典型应用有变压器线圈打磨设备、电缆剥皮机、动力锂电池生产工艺真空连续生产线等。

石油天然气工业也是能源工业的重要组成部分。石油天然气探采加工机械具有功率大，工况复杂，载荷变化剧烈，在野外和沙漠地区、海上、水下作业，工作环境条件恶劣等特点，故特别适合采用气动技术，满足其自动控制、易于变速、防火、防爆和防腐蚀等要求。其典型应用是石油钻机中钻压控制、中间变速、盘刹紧急刹车、气喇叭开关、转盘惯性刹车、自动送钻、防碰释放等。

本章介绍煤矿机械、电力机械及石油机械中14例典型气动系统。

1.2 煤矿机械气动系统

1.2.1 双锚索自动下料机气动系统

（1）主机功能结构

防爆型矿用双锚索自动下料机用于矿山行业锚索的下料作业。该机由放线盘（2个）、牵引系统、切割系统、卸料系统以及放线盘制动器（2个）等5部分组成。放线盘上装有锚索；放线盘制动器用于制动放线盘或限制放线盘的转速；牵引系统由液压减速马达驱动，用于牵引和输送待下料的锚索；切割系统通过连接高压水泵和磨料罐的水射流喷枪来完成对锚索的切割；卸料系统用于限定待下料锚索的长度（由防爆行程开关限定）、临时放置待下料锚索和将切断后的定长锚索卸料，卸料系统的挡板开启装置由气缸驱动。

双锚索自动下料机通过液压系统、气动系统及PLC电控系统的有效配合（图1-1），可

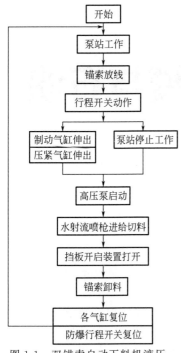

图 1-1　双锚索自动下料机液压、
气动、PLC 电控系统流程框图

实现锚索放线、牵引、切割和卸料的高度自动化。系统具有前单机、后单机及双机等 3 种工作模式可选；在工人的操作控制面板上设置有开始、总停、复位等按钮。

（2）液压系统原理

液压系统主要用于锚索的牵引和切割，其原理如图 1-2 所示。牵引部分的执行元件为变量马达 5，它通过传动轴带动链传动装置及与之相连接的牵引箱运转，从而实现锚索的牵引。马达 5 的油源为定量液压泵，泵的最高压力由先导式溢流阀限定，实现安全保护；单向阀 14 用于防止液体倒灌损坏液压泵；先导式减压阀 12 用于调整马达工作压力，二位二通电磁换向阀 10 与变量马达 5 相连接，用于马达油路的通断、运转和停止控制。

锚索切割部分采用水射流切割，其执行元件是喷枪 1 和 2，其水流的通断分别由二位三通电磁换向阀 3 和 4 控制。液压泵 20 为系统提供液压能，回路压力由卸荷阀 17 调节并通过压力表 16 进行监测。用于水流开关的二位二通电磁换向阀 13 通过管道与单向阀 15 相连接起到背压的作用。压力容器 7 中装有沙子，通过螺旋阀 8 的控制与从节流阀 11 流出的水在混合腔中进行混合之后，通过管道流至两个喷枪 1 和 2，对锚索进行水切割。

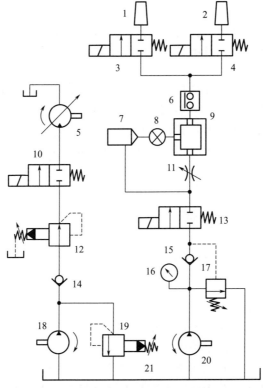

图 1-2　双锚索自动下料机液压系统原理图

1,2—喷枪；3,4,10,13—电磁换向阀；5—变量马达；6—开关；7—压力容器；8—螺旋阀；9—混合腔；11—节流阀；12—先导式减压阀；14,15—单向阀；16—压力表；17—卸荷阀；18,20—液压泵；19—先导式溢流阀；21—水箱

（3）气动系统原理

双锚索自动下料机气动系统原理如图 1-3 所示，系统主要包括 4 部分：一是用于控制转盘制动器上的气缸；二是用于控制牵引系统中气缸的伸缩；三是用于控制喷枪工作台往复运动的气缸；四是用于卸料系统 6 个气缸的控制。由于煤矿区空气中含有较多粉尘，故用空气过滤器 25 对来自气源中压缩空气进行过滤；先导式溢流阀 31 用于过载安全保护；蓄能器（储气罐）28 用作应急动力源，在气动系统正常运行中不工作，一旦气源发生紧急故障，蓄能器就开始工作，为气动系统提供气压能，使气动系统正常工作。4 个支路上分别设有减压阀 20～23，用于独立调节每个支路上的压力，以使每个气缸都能够无干扰地正常工作；三位四通电磁换向阀用于控制 4 组气缸的运动方向。安装在卸料架两侧的 6 个气缸 1～6 分为两个支路（每个支路 3 个气缸），当前单机或后单机工作时，可以控制需要卸料的这侧的气缸工作，另一侧停止工作，两侧的切换由二位二通电磁换向阀 7 和 8 进行控制，可避免资源的浪费。

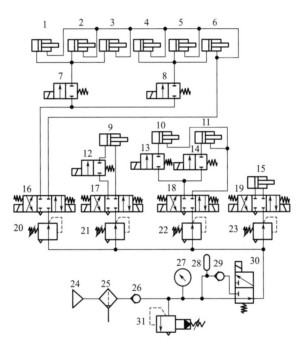

图 1-3　双锚索自动下料机气动系统原理图

1～6,9～11,15—双作用活塞式单杆气缸；7,8,12～14—二位二通电磁换向阀；16～19—三位四通电磁换向阀；
20～23—减压阀；24—气源；25—空气过滤器；26—单向阀；27—压力表；28—蓄能器（储气罐）；
29—单向阀；30—二位三通电磁换向阀；31—溢流阀

（4）系统技术特点

① 锚索自动下料机通过机、电、液、气一体化控制，可以完成锚索的放线、牵引、切割及卸料所需的各种动作，提高了自动化程度和生产效率。

② 锚索的压紧、喷枪工作台的进给运动和锚索的下料等采用气压传动，动作迅速可靠；切割采用水射流，节能环保，适用于井下作业，提高了锚索下料的安全性，克服了以往锚索下料机只能井上作业的缺陷。

③ 在系统中设有溢流阀、减压阀、卸荷阀及防爆行程开关等装置，提高了系统可靠性和安全性。

1.2.2　WC8E 型防爆胶轮车气动系统

（1）主机功能结构

WC8E 型防爆胶轮车是某单位研制的产品，因其工作环境具有瓦斯、煤尘，易燃、易爆，故要求其具有防爆性。根据 WC8E 型防爆胶轮车的使用要求，在启动、保护、换挡、换向及油门控制等方面均采用了环境适应性好及自动化程度高的气动技术。

（2）气动系统原理

WC8E 型防爆胶轮车气动系统原理如图 1-4 所示，其气压源为柴油机驱动的空压机 23，压缩空气储存于储气罐 24 中。系统包括气启动及安全保护回路、气动换挡换向回路、气动油门控制回路及其他辅助回路等。气动系统执行元件及其功用如表 1-1 所示。

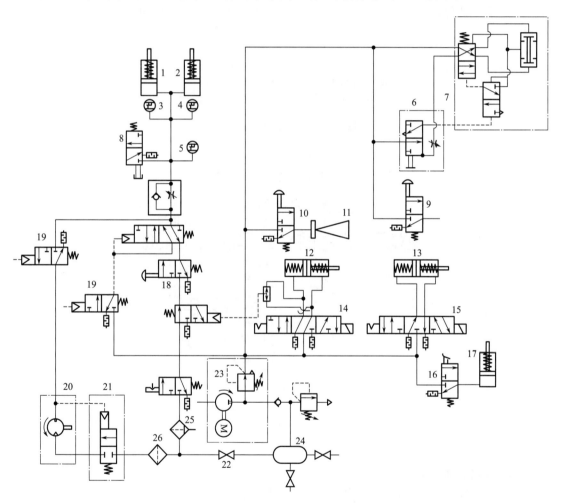

图 1-4　WC8E 型防爆胶轮车气动系统原理图

1—燃油控制气缸；2—柴油机风门气缸；3～5—温度传感器；6—雨刮开关阀；7—刮水器；8—水位控制阀；
9—紧急制动按钮阀；10—喇叭按钮阀；11—气喇叭；12—换向气缸；13—换挡气缸；14—换向阀；
15—换挡阀；16—脚踏调压阀；17—油门控制气缸；18—过载阀；19—启动阀；20—气马达；
21—延迟阀；22—总开关阀；23—空压机；24—储气罐；25,26—过滤器

① 气启动及安全保护回路。分为主回路和控制回路两部分。前者经主管路与气马达 20 连接，用于驱动气马达旋转；后者由各控制元件通过管道连接构成一气动顺序控制回路，以

实现各气动控制元件的顺序动作。

在车辆启动前，先打开总开关阀 22，储气罐 24 中的压缩空气分为两路：一路经主管路进入延迟阀 21；另一路进入控制回路，此时所有控制阀均处于关闭状态。在启动时，首先打开过载阀（二位三通电磁换向阀）18，控制气路进入柴油机风门气缸 2 和燃油控制气缸 1，再按下启动阀 19，控制气流通过该阀进入气马达 20 的控制口，打开通往气马达的气路，主气路的压缩空气进入气马达，驱动其运转，带动柴油机飞轮运转完成启动过程。在启动后，先松开启动阀 19，待发动机机油压力达到 0.2MPa 后，松开过载阀 18，控制气路一直通往柴油机风门气缸 2 和燃油控制气缸 1。车辆正常运转。

表 1-1　气动系统执行元件及其功用

元件	功用	元件	功用
气缸 1	燃油控制	气缸 13	换挡控制
气缸 2	柴油机风门控制	气缸 17	油门控制
气喇叭 11	喇叭	气马达 20	带动柴油机飞轮运转，产生发动机启动时所需的扭矩，完成启动过程
气缸 12	车辆的换向		

安全保护回路由温度传感器、水位保护阀等组成。各项指标正常的情况下，车辆正常行驶。当某项指标超标时，柴油机自动熄火停车。

② 气动换挡换向回路。在该回路中，换挡阀 15 与换挡气缸 13 控制车辆的进、退和挡位。换向阀中位为空挡，另两位分别为前进挡及后退挡；换挡阀中位为 I 挡，另两位分别为 II 挡及 III 挡，即车辆共有进退各 3 个挡。

为了车辆运行的安全，回路中增设了空挡启动保护，即只有在车辆处于空挡时，车辆才能启动，避免了在挂挡时启动，车辆突然进、退造成的事故。

③ 气动油门控制回路。气动油门控制回路由脚踏调压阀 16、油门控制气缸 17 以及管路附件等组成。油门控制气缸 17 与柴油机油门相连，油门开启的大小由油门控制气缸 17 的行程大小决定，而油门控制气缸 17 的行程取决于控制气压的大小。进入油门控制气缸的气压大小由脚踏调压阀控制。当逐渐踩下脚踏板时，脚踏调压阀 16 输出的气压逐渐增大，并进入油门控制气缸 17，油门控制气缸 17 的行程，从而控制油门的大小，实现气动油门控制的目的。气动油门控制具有布置方便，操作灵敏，安全可靠性高等特点。

④ 其他辅助回路。该胶轮车的许多辅助功能均采用气动元件组成的回路。例如，用喇叭按钮阀 10 控制气喇叭 11。紧急制动由紧急制动按钮阀 9 控制，当拉出按钮时，制动解除；当按下按钮时，车辆制动。车辆挡风玻璃的雨刮器由雨刮开关阀 6 及刮水器 7 组成，并能通过调节雨刮开关控制雨水刮得快慢。

（3）系统技术特点

① 系统采用涡轮式气马达，无须添加润滑油，简化了系统回路及维护点，而且与叶片式马达相比，具有重量轻、体积小、耗气量小等优点。

② 系统中的换向、换挡阀结构简单，体积小，操纵方便；脚踏调压阀及油门控制缸性能匹配，操纵性好，保证了车辆的加速可控性；换挡、换向缸根据变速箱的要求合理匹配，车辆换挡换向的灵活性和可靠性好。

③ 在主回路和控制回路中均设置了过滤器（图 1-4 中件 25 和 26），保证了工作介质的清洁度，提高了气动元件乃至整车工作的可靠性。

④ 尽量做大储气罐容积，保证了在条件恶劣的矿井中工作的车辆启动系统的要求。

1.2.3　MYNE PET6 整体车架式客货车气动控制系统

（1）主机功能结构

MYNE PET6 整体车架式客货车是从澳大利亚 DOMINO 公司引进的无轨胶轮车，其动力源是德国 DEUTZ-MWM 公司的 MWMD916-6 低污染防爆型柴油机，变速箱为美国 CLARKHURTH 公司生产的 18000 系列，还有 176 刚性驱动桥和先进的进排气防爆系统以及气动控制系统，该车技术先进、性能可靠。

（2）气动系统原理

MYNE PET6 整体车架式客货车气动系统原理如图 1-5 所示，它主要由充气、发动机启动、安全、制动、油门加速、喇叭、其他 7 个回路组成。

① 充气回路。柴油机启动前，通过启动压力表 63 观察启动气罐 10 内的气压是否在 0.69MPa 以上。若气压小于 0.69MPa，则需通过快速管接头 59 与外接气源连接，随后关闭过滤器 60 下方的放水阀（截止阀）11，打开开关阀（截止阀）61，经过滤器 60 给系统充气加压。当启动压力表 63 显示的压力≥0.69MPa 时，充气完毕，关闭开关阀 61，打开放水阀 11，将外接气源与快速管接头 59 分离。

② 发动机启动回路。发动机启动操作步骤如下。

a. 观察补水箱水位。若水位低于水位指示计的最低水位，则需要给补水箱补水。这样低水位水箱内的浮漂将会使低水位阀（二位三通阀）40 移至左位。

b. 将气压启动器开关阀（截止阀）12 打开，以保证气压启动器 14 进气通畅。

c. 将位于副驾驶室和车后工作人员座舱的二位三通急停按钮阀 35 的按钮拔出，关闭驾驶门，使起吊装置控制手柄置于非起吊位置，即将杠杆滚轮式机控二位三通驾驶门控制阀 29 和起吊装置互锁阀 31 切换至左位。

d. 将开/关阀 62 切换至开的位置，随后将前后换向手柄置于中位，其换向机构就会将杠杆滚轮式机控中位启动阀（二位三通阀）52 切换至左位，按住过载按钮阀 51，这样一来，经开/关阀 62、过滤器 7 过滤后的清洁控制气流就会通过阀 52、51、50、42、40 后将阻风门气缸 32 和手刹气缸 30 的活塞杆推出，即将发动机进气道打开，从而可以拉出手刹。同时，控制气流将会经启动闭锁阀 25 到达启动按钮阀 15，按住启动按钮阀 15 的按钮，控制气流经启动按钮阀 15 的左阀位进入气压启动器 14 的入口，使气压启动器小齿轮和柴油机的内齿圈进入啮合状态。随后，从气压启动器的出口出来的控制气流，进入气压启动器控制阀 13 的控制口，使该阀移至下阀位状态。这样，从主回路送来的高压大流量压缩空气经气压启动器开关阀 12 和阀 13 流向气压启动器 14 的气动马达，并使之高速旋转，经相啮合的齿轮副，从而启动发动机。当表 22 的机油压力升至 0.19MPa 时，从发动机机油过滤器 16 来的机油将使发动机机油先导阀 24 由常闭变为常通。这样，经过滤器 7 和发动机机油先导阀 24 的左阀位出口的控制气流将分两路，一路将会进入启动闭锁阀 25 的控制口，使阀 25 移至右阀位，以免因人为误操作，造成气压启动器的损坏；另一路将进入梭阀 27 左边的入口，从阀 27 的出口将两位三通气控阀 26 推至右阀位，然后从阀 26 的右阀位进入阀 50 的控制口，控制气流从阀 50 的左阀位流向单向节流阀 42。松开过载按钮阀 51，发动机启动完毕。

③ 安全回路。安全回路是该车气动控制系统中极其重要的回路。当车辆在行进过程中发生以下任何一种情况时，它都能起到维护低污染防爆柴油机良好工况和保护车辆、人员安全的作用。

a. 当发动机冷却水系统的冷却水不足时，冷却水控制阀 21 的控制口将失压而移至右位。从过滤器 16 来的发动机机油将会经阀 21 流回发动机油底，使发动机机油油压降低，导致发动机机油先导阀 24 的控制口失压，阀 24 复位，手刹气缸 30 和阻风门气缸 32 内的气流经阀 24 排出，发动机进气道关闭，发动机停机。

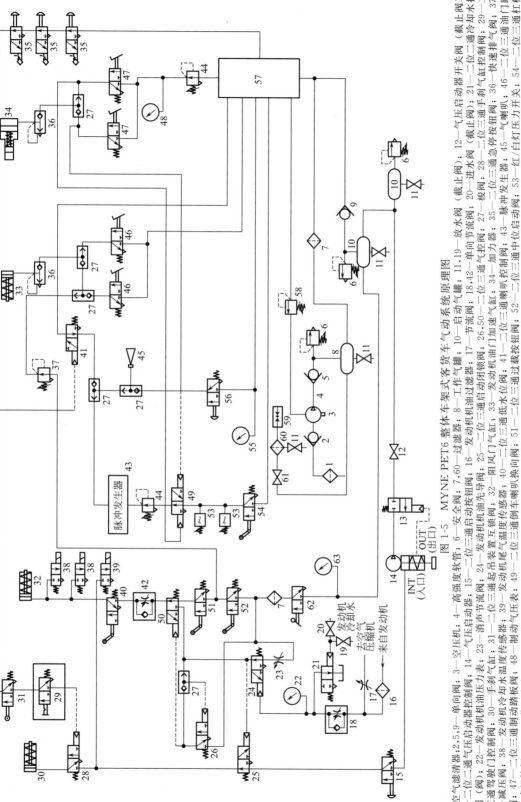

图 1-5　MYNE PET6 整体车架式客货车气动系统原理图

1—空气滤清器；2、5、9—单向阀；3—空压机；4—高强度软管；6—安全阀；7、60—过滤器；8—工作气罐；10—启动气罐；11、19—放水阀；12—气压启动器开关阀（截止阀）；13—二位三通气压启动器控制阀；14—气压启动器；15—二位三通启动按钮阀；16—发动机油压锁阀；17—节流阀；18、42—截止阀；20—进水阀；21—二位二通冷却水栓（阀）；22—驾驶门控制阀；23—消声节流阀；24—二位三通启动闭锁阀；25—二位三通急停按钮阀；26、50—气缸控制阀；27—二位三通气控阀；28—二位三通手刹气缸控制阀；29—二位三通阀；30—手刹控制阀；31—二位三通气缸；32—发动机油门控制阀；33—发动机油门闭风门气缸；34—加力器；35—二位三通急速排气阀；36—二位三通阀；37—二位三通气缸；38—发动机冷却水温度传感器；39—发动机尾气温度传感器；40—二位三通低压阀；41—二位三通喇叭控制阀；43—脉冲发生器；44—减压阀；45—气喇叭；46—二位三通油门踏杆；47—二位三通阀；48—制动气压；49—二位三通倒车喇叭换向阀；51—二位三通过载按钮阀；52—红/白灯压力开关；53—红/白灯压力开关；54—二位三通油门踏杆；55—工作压力压力表；56—二位三通喇叭按钮阀；57—分气块；58—空压机卸荷阀；59—快速管接头；61—开关阀；62—二位三通开/关阀（截止阀）；63—启动压力表；滚轮式控制阀

b. 当发动机机油短缺时，油压降低，发动机机油先导阀 24 的控制口失压而复位，气缸 30、32 的气流经阀 24 排出，发动机进气道关闭，发动机停机。

c. 当净化水箱缺水时，水箱内的浮漂下垂，低水位阀 40 将回到右位，气缸 30、32 的气体经阀 40 排出，发动机进气道关闭，发动机停机。

d. 当发动机尾气温度＞70℃时，发动机尾气温度传感器 39 的入口和出口将会连通，气缸 30、32 内的气流经传感器 39 的入口和出口排出。由于单向节流阀 42 的节流作用，传感器 39 的出口流量大于阀 42 出口的流量，气缸 30、32 复位，发动机进气道关闭，发动机停机。

e. 当发动机冷却水温度＞100℃时，发动机冷却水温度传感器 38 的入口和出口将会连通，气缸 30、32 内的气流经传感器 38 的入口和出口排出。由于单向节流阀 42 的节流作用，传感器 38 的出口流量大于阀 42 出口的流量，气缸 30、32 复位，发动机进气道关闭，发动机停机。

f. 在车辆行驶过程中，一旦有紧急情况发生而司机可能未意识到时，位于副驾驶室和车后座舱工作人员可以按下急停按钮阀 35，手刹气缸控制阀 28 失压复位，手刹气缸 30 内的气体经阀 28 排出，气缸 30 复位，作用于传动系统，车辆停止；同时，喇叭控制阀 41 失压复位，从分气块 57 来的控制气流经阀 41、31 到达气喇叭 45，气喇叭 45 鸣放。

④ 制动回路。为了方便该车双向驾驶，在主驾驶室设置了前后可以分别制动的制动踏板阀 47。踩下制动板阀 47，从分气块 57 来的气流经减压阀 44（制动气压应为 0.49MPa），通过梭阀 27 和快速排气阀 36 到达加力器 34，增压后的制动液将会作用于制动器，从而使车辆停止。车辆在逆向行驶时，踩下逆向制动踏板阀 47，不仅制动车辆，而且通过阀 49 使逆向行驶中不停鸣放的气喇叭 45 停止鸣放。

⑤ 油门加速回路。为了方便该车双向驾驶，在主驾驶室设置了前后可以分别操作的油门踏板阀 46。踩下油门踏板阀 46，从分气块 57 来的控制气流经梭阀 27 和快速排气阀 36 到达发动机油门加速气缸 33。

⑥ 喇叭回路。车辆在静止和正向行进过程中，按下喇叭按钮阀 56，气喇叭 45 就会鸣放。车辆需逆向行驶时，将前后换向手柄置于倒车位置，其换向机构就会将阀 54 移至左位。这样，从分气块 57 来的控制气流首先将触动红/白灯压力开关 53，使红/白灯转换；同时，控制气流经阀 49、44、脉冲发生器 43、阀 27 到达气喇叭 45。由于脉冲发生器 43 的作用，气喇叭 45 将会持续间断地鸣放，以提醒过往车辆和人员该车正在逆向行驶。

⑦ 其他回路。当发动机启动完毕后，空压机 3 将启动，经单向阀 5 给工作气罐 8 和启动气罐 10 充气。当启动压力表 63 显示的气压达到 0.83MPa 时，卸荷阀 58 将使空气压缩机卸荷，停止充气；当启动压力表 63 显示的气压下降到 0.55MPa 时，阀 58 将使空压机恢复给气罐 8 和 10 充气。

发动机启动完毕后，可以通过调节减压阀 37 控制气流的压力大小，从而调整发动机的转速。

(3) 系统技术特点

MYNE PET6 整体车架式客货车气动系统采用了气压启动器为核心的先进技术，使得启动更迅捷，操作更方便；系统用了多种安全保护装置，有效地保证了低污染防爆柴油机的良好工况，以及保护了车辆和人员的安全；系统采用了两个制动踏板阀和两个油门踏板阀，便于驾驶员前、后双向驾驶，改善了驾驶的舒适性；充分考虑了倒车行驶中的实际困难，该系统设置了倒车行驶时可持续间断鸣放的喇叭，并且倒车行驶中，如遇紧急情况时，可踩制动踏板阀和按急停按钮阀，这时喇叭将停止鸣放，以提醒驾驶员和其他车上人员。

1.2.4　矿用架柱支撑手持式钻机气动系统

（1）主机功能结构

矿用架柱支撑手持式气动钻机是一种便携式设备，它以压缩空气为动力，并利用架柱来承担钻机自重和打钻过程中产生的反作用力，主要用于具有煤与瓦斯突出和爆炸危险性的煤矿，也可用于煤巷、半煤巷进行排水、排瓦斯作业时使用，还可辅助拧紧螺母等。该气动钻机的支架由主要通过销轴连接的前支腿、滑道、小车、后支腿组成；关键部位通过螺栓、螺母连接，以保障机架的刚度。另外，支架可灵活调节高度和倾斜度。

（2）气动系统原理

架柱支撑手持式气动钻机的气动系统原理较为简单，如图 1-6 所示。气源 1 的压缩空气经快速接头 2、油雾器 3 和二位二通手动换向阀 4 进入气马达 5 驱动其回转。操纵阀 4，即可控制气马达 5 的运转和停止。气马达旋转时，经两级减速后驱动主轴旋转，从而带动钻头工作。

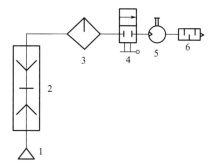

图 1-6　钻机气动系统原理图

1—气源；2—快速接头；3—油雾器；4—二位二通手动换向阀；5—气马达；6—消声器

（3）系统技术特点

采用气动技术的钻机，与煤电钻相比，具有安全防爆使用范围宽等特点；与乳化液钻机相比，具有配套设施少、管路移动方便、安全性能高等特点；和普通气动钻机相比，仅增加了一个支架，但支架分解了钻机本身的重力，降低了工人的劳动强度，支架支撑提高了打钻的精确度，降低了钻机的事故率，提高了钻机的使用寿命。

该机的不足及有待改进之处是：废气排放口设置在钻机尾部，包含油渍的废气恰好排放在操作者肩膀部位，会污染操作者的衣物，并使工人吸入的空气质量降低；气动齿轮马达损坏后，维修费用较高；机体输出轴段强度低，打钻过程中，输出轴和主机连接处易断裂。

1.2.5　便携式矿山救援裂石机气动系统

（1）主机功能结构

裂石机是一种破碎大块岩石或煤块的机械，它采用楔形机构将孔口的动力传入孔内，并将压力转换成对孔壁的拉力，从而轻松地将岩石从孔口裂开。裂石机的核心部件是由楔子 2 和楔块 3 组成的楔形机构（图 1-7），楔块 3 与外壳（图中未画出）相连。机器工作时，楔子 2 在与之相连的传动机构（图中未画出）作用下向下移动的同时将楔块向两边胀开，通过楔块逐步向岩石 1 施加分裂力；随着分裂力的增加，孔壁周围首先发生弹性变形，当孔壁某处的拉应力达到强度极限时，就在该处首先产生半椭圆形裂纹源；随着楔子继续往下移，裂纹先沿着孔壁向孔底扩展，然后沿着水平方向向两边扩展，最后使孔底以上部分全部贯穿；当楔子继续向下移动，到某一时刻，当裂纹前端应力强度因子大于岩石的断裂韧性时，裂纹就会向下扩展至岩石底部，将岩石彻底分裂开来。

（2）气动系统原理

裂石机动力源为瓶装的压缩气体，传动机构为摩擦阻力小、传动效率较高的滚珠丝杆副和交错斜齿轮减速传动，以满足便携、适用狭窄空间作业的要求。图 1-8 所示为气动系统及裂石机原理图。机器工作时，从气瓶 1 供出的压缩气体经减压阀 2 进入气动马达 3 使之旋转，并通过斜齿轮副 4 将动力传递给滚珠丝杆副 5，带动楔形机构 6 中的楔子移动实现裂石功能。

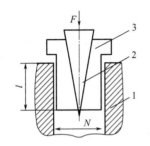
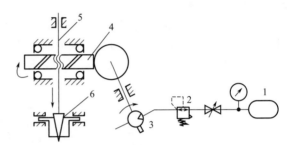

图 1-7　裂石机楔形机构示意图　　　　图 1-8　气动系统及裂石机原理图
1—岩石；2—楔子；3—楔块　　　　　　1—压缩气瓶；2—减压阀；3—气动马达；4—斜齿
　　　　　　　　　　　　　　　　　　轮副；5—滚珠丝杆副；6—楔形机构

（3）系统技术特点

① 以气瓶存储的压缩空气为动力的便携式裂石机，非常适合于矿山救援中遇到的岩石或煤块的破碎，具有无须电力、可在狭窄空间作业、便携等优点，对提高救援效率，减少安全隐患具有重要意义。例如，当采用外径 $d = 36\text{mm}$、有效长度 $l = 200\text{mm}$ 的楔块对抗拉强度 25MPa 的花岗岩分裂时，需丝杆推进力 $F \approx 2 \times 10^5 \text{N}$，丝杆直径 50mm，传动比 $i = 10$，气动马达功率 750W，扭矩 47N·m，耗气量为 1200L/min，若一次携带两个 9L、30MPa的气瓶，最多可完成 4 次裂石工作。

② 裂石机的机械传动机构摩擦阻力小，传动效率高；楔形机构在一定条件下具有径向自锁功能，但无轴向自锁功能，故在工作时，楔子不会在楔块的挤压下回退，当裂石完毕后需要向上收回楔子时，可手动操作而不需耗气；斜齿轮组呈 90°空间交错布置，可在由气动马达驱动的斜齿轮的另一端安装可拆的手动摇柄，从而轻松实现手动驱动与气动驱动结合，大大提高使用的灵活性和效率。

1.2.6　煤矿气动单轨吊驱动部系统

（1）主机功能结构

单轨吊作为煤矿井下辅助运输的重要组成部分，气动单轨吊以井下气源管路提供压缩空气为动力，适用于运输距离 300m 以内，轨道坡度 20°以内的轻载运输。驱动部是气动单轨吊机车行驶的动力来源，其主要由机架 1、马达减速器 2、制动臂 4、制动弹簧 5、制动缸 6、驱动轮 7、制动闸块 8、气动马达（图中未画出）和连接组件等组成。

气动马达由法兰连接于马达弯架，机架两侧马达弯架一端通过销轴固定于机架，另一端通过弹簧螺杆连接，可用来调节驱动轮的夹紧力。驱动轮由弹簧提供的夹紧力紧压于轨道上，由气动马达通过减速器带动驱动轮转动为机车提供动力。制动臂采用 1:3:3 的杠杆结构，以获得较大的制动力。机车通过制动闸块与导轨的摩擦力进行制动，由制动弹簧与制动缸通过制动臂控制制动闸块制动及解除制动。气动单轨吊驱动部结构原理如图 1-9 所示，在机车行走时，制动缸 6 有杆腔进气、活塞杆缩回，压缩制动弹簧 5，通过制动臂 4 的杠杆机构，使制动闸块 8 远离导轨 9，解除制动，机车行走。当机车制动时，制动缸 6 无杆腔进气，活塞杆伸出，制动弹簧 5 在自身弹力作用下展开，制动闸块 8 压紧导轨 9，由制动闸块与导轨的摩擦力实现机车的制动。

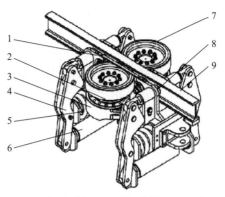

图 1-9　气动单轨吊驱动部结构原理示意图

1—机架；2—马达减速器；3—马达弯架；4—制动臂；
5—制动弹簧；6—制动缸；7—驱动轮；
8—制动闸块；9—导轨

（2）气动系统原理

气动单轨吊驱动部系统原理如图 1-10 所示。系统的执行元件为行走气动马达 7 和制动气缸 10，前者采用三位五通气控换向阀 6 控制转向，后者则采用二位五通气控换向阀 11 控制其运动方向（制动及解除），阀 6 和 11 的控制气流方向共用三位五通电磁换向阀 8 先导控制。

在机车行走时，压缩空气由气源 1 经气动三联件 3，进入二位三通手动紧急制动阀 4（非紧急制动时，此阀保持下位工作）和三位五通电磁换向阀 8。机车前进时，电磁铁 1YA 通电使换向阀 8 切换至右位，压缩空气由阀 8 进入三位五通气控换向阀 6 的右侧控制腔（左侧控制腔经阀 8 及消声器排气），使阀 6 切换至右位，则行走气动马达 7 由右侧进气（左侧经阀 6 及消声器排气），实现正转，带动驱动轮旋转。同时，另一部分压缩空气经换向阀 8 和梭阀 5 进入二位五通气控换向阀 11 的右侧控制腔，将阀 11 切换至右位，则压缩空气经阀 11、快速放气阀 9，进入制动气缸 10 的活塞杆腔，制动缸活塞杆缩回，压缩制动弹簧，通

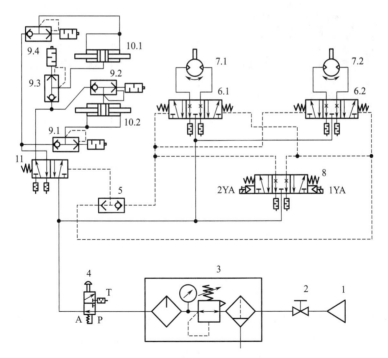

图 1-10　气动单轨吊驱动部系统原理图

1—气源；2—截止阀；3—气动三联件（过滤器、减压阀、油雾器）；4—二位三通手动紧急制动阀；5—梭阀；6—三位五通气控换向阀；7—行走气动马达；8—三位五通电磁换向阀；9—快速放气阀；10—制动气缸；11—二位五通气控换向阀

过制动臂的杠杆机构使制动闸块远离轨道，解除机车制动，机车前进。机车反向行驶时，电磁铁 2YA 通电使换向阀 8 切换至左位，压缩空气进入气动马达左侧，驱动轮反转，制动系统同样处于解除状态，机车后退。

　　在机车制动时，所有电磁铁断电使换向阀 8 处于中位，换向阀 6 由复位弹簧作用也复至中位，行走气动马达 7 停止转动。同时，换向阀 11 因弹簧作用复至左位，压缩空气进入制动缸无杆腔，活塞杆伸出，解除对于制动弹簧的压缩，制动弹簧伸开，由于制动臂杠杆作用，刹车片抱紧导轨，由刹车片与导轨间摩擦力实现刹车。在遇到危急状况时，可通过按紧急制动按钮将二位三通手动紧急制动阀 4 切换至上位，切断整个气控系统供气，以实现紧急制动。

（3）系统技术特点

　　① 系统的行走气动马达和制动气缸均采用气控换向阀控制其运动状态，控制气流共用一只三位五通电磁换向阀进行先导控制，并用梭阀 5 实现压力气体和排气的隔离。

　　② 通过二位三通手动换向阀实现断气紧急制动。

　　③ 在冲击气缸的进排气口分别设置有快速排气阀，以提高制动及其解除的快速性。

　　④ 各换向阀的排气口均设有消声器，有利于减小系统工作时的高频排气噪声。

1.2.7　矿用连接器双工位自动注胶机气动系统

（1）主机功能结构

连接器是矿用液压支架电液控制系统各电气部件之间的连接介质，其铜头需要注胶密封，自动注胶机就是一种用于连接器注胶作业的专用设备，该机采用了气压传动和 PLC 控制。连接器双工位自动注胶专机实物如图 1-11 所示，该机由架体 6、A 工位注胶滑台模块 1、B 工位注胶滑台模块 3、控制面板 5、操作面板 2、电控系统 7 和气动系统 4 等组成。注胶用胶枪固定在注胶滑台上，通过 PLC 控制气动滑台的运动，将胶枪嘴对准注胶模具实现自动注胶。其工作过程为：在 A 工位注胶滑台模块端的连接器铜头完成装夹后，按动设备工作按钮，此时滑台运动到胶枪位置，胶枪下降开始注胶；同时 B 工位注胶滑台模块自动运动到操作员工装夹位置，便可对连接器铜头进行装夹，在装夹完成后，再次按动设备工作按钮，B 工位注胶滑台运动到注胶位置进行注胶，而已完成注胶且冷却的 A 工位注胶滑台回到装夹位置，进行工件装卸，依此循环。

图 1-11　连接器双工位自动注胶专机实物外形图
1—A 工位注胶滑台模块；2—操作面板；3—B 工位注胶滑台模块；4—气动系统（内部）；5—控制面板；6—架体；7—电控系统（内部）

（2）气动系统原理

　　该专机的主要运动均由气缸完成，其气动系统原理如图 1-12 所示。从气源 1 引入的压缩空气，经过气动三联件向后通过总控二位三通电磁换向阀 4 分配到各个执行元件。A 工位 X 及 Y 滑台气缸和 B 工位 X 及 Y 滑台气缸的运动方向分别由二位五通电磁换向阀 7 及 8、9 及 10 控制，分别采用单向节流阀 15 及 16、17 及 18、19 及 20、21 及 22 进行双向回油节流调速。A 工位和 B 工位的两把胶枪的注胶分别由一个二位三通电磁换向阀 5 和 6 控制，分别利用减压阀 11 和 12 调节胶枪内部的压力。各换向阀排气口附带的消声器 23～33 用于降低排气噪声。

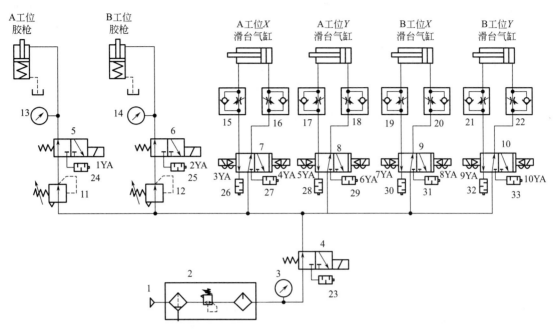

图 1-12 连接器双工位自动注胶专机气动系统原理图

1—气源；2—气动三联件；3,13,14—压力表；4~6—二位三通电磁换向阀；7~10—二位五通
电磁换向阀；11,12—减压阀；15~22—单向节流阀；23~33—消声器

(3) PLC 电控系统

该机采用 PLC 电控系统对气动系统及整机进行控制，控制系统（见图 1-13）的核心为西门子 S7-200 型 PLC，包括操作面板、接近传感器、报警装置、工作状态指示灯、中间继电器等硬件，PLC 通过 RS-232 接口与操作面板（威纶通液晶显示屏）连接。除接收来自操作面板的信息外，也可通过 RS-232 串行通信方式接收操作面板的操作信息，经程序处理后输出控制信号。PLC 采集的信息经过程序运算后显示于操作面板，并能对整屏电气参数进行储存，方便调试。

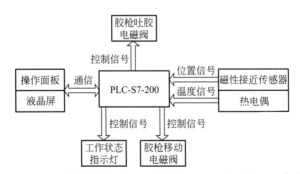

图 1-13 连接器双工位自动注胶专机 PLC 电控系统原理框图

控制系统有自动控制和手动控制两套工作程序，正常生产时为自动控制模式，胶枪按照逻辑控制程序自动运行，便于生产，同时各动作之间存在逻辑互锁关系，保证了安全；检修时将工作方式旋钮改为手动控制，可实现单步动作，便于人员处理故障、维护设备。

(4) 系统技术特点

① 矿用连接器双工位自动注胶专机通过对机、电、气系统的集成，实现了操作人员与

胶枪的脱离，在保证操作过程的安全性的同时，也保证了产品的质量稳定性，而且该专机铜头注胶过程与装夹过程同时进行，节约了大量操作时间，提高了工效。若对工件装夹进行优化改进后，还可实现自动抓夹和上下料和整机的自动化。

② 气动系统采用单向节流阀对气缸进行双向排气节流，其排气背压有利于提高执行机构的运行平稳性。

1.2.8　煤矿支架搬运车电源开关气动系统

（1）主机功能结构

煤矿支架搬运车是以防爆柴油机作为动力装置的一种车辆，电源开关控制着整车电气系统（图 1-14）的通断。由于煤矿井下支架搬运车柴油机启动系统是气启动系统，故不能利用传统的电气自动控制开关，而采用单作用摆动气马达控制的电源开关。

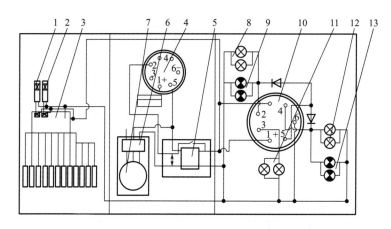

图 1-14　煤矿支架搬运车电气系统原理图

1,2—电磁阀；3—柴油机保护装置主机；4—电源开关；5—备用电源箱；6—电压调节器；7—永磁发电机；
8—前远光灯；9—后信号灯；10—照明开关；11—前近光灯；12—后远光灯；13—前信号灯

（2）气动系统及气动控制电源开关原理

支架搬运车气动系统及气动控制电源开关原理如图 1-15 所示，其执行元件有用于柴油机启停的柴油灭火气缸 14、风门灭火气缸 15 和发动机启动马达 12，以及驱动电源开关通、断的弹簧复位单作用摆动气马达 16。

① 气动系统原理。如图 1-15 所示，储气罐 3 为气动系统储存高压气体，用作气动系统动力源，罐体上安装有控制系统最高压力的安全阀 1、将储气罐内积水排出的放水球阀 2、用于储气罐与外界高压气源的通断的充气球阀 4 和单向阀 5。单向阀安装于储气罐和空压机之间，防止储气罐内高压气体通过空压机 7 泄气。空压机 7 一般为柴油机自带，在发动机启动情况下，经过单向阀给储气罐充气，保证了储气罐内有足够的气压。总开关阀 9 控制系统的气源通、断。储气罐内的气体经过阀 9 后分为两路：一路通过空气处理单元 8 进行过滤及去除水分；另一路通过 Y 型过滤器 10 到二位二通延时阀 11 到达启动马达 12。压力表 6 用于气动系统压力检测显示。

二位三通手动开关阀 17 控制到启动阀 13 的气源；单作用的柴油灭火气缸 14 与风门灭火气缸 15 分别控制油门与风门的通、断。该系统主要采用的是电保护系统，电保护主要通过二位五通电磁换向阀 18、缸 14 和 15 实现。车辆启动后，电磁换向阀 18 通电切换至右位，气缸 14 和 15 伸出，将风门与油门打开，车辆可以正常启动。如果柴油机某项指标失

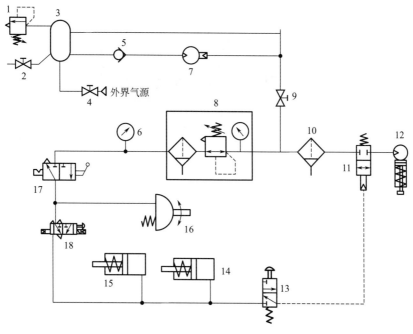

图 1-15　支架搬运车气动系统及气动控制电源开关原理图

1—安全阀；2—放水球阀；3—储气罐；4—充气球阀；5—单向阀；6—压力表；7—空压机；8—空气处理单元；
9—总开关阀；10—Y 型过滤器；11—二位二通延时阀；12—启动马达；13—二位三通启动阀；14—柴油灭火
气缸；15—风门灭火气缸；16—单作用摆动气马达；17—二位三通手动开关阀；18—二位五通电磁换向阀

常，保护主机接收到这一信号，电磁换向阀 18 就断电复至图示左位，则通往灭火气缸的气体通过电磁阀泄气，缸 14 和 15 分别在弹簧力作用下复位，将风门和油门关闭，柴油机熄火，起到保护柴油机的作用。按下二位三通启动阀 13，则来自手动开关阀 17 的高压控制气流进入延时阀 11 的控制腔并将其切换至下位，储气罐 3 提供的高压气体经过滤器 10 进入启动马达 12，推动马达带动发动机飞轮旋转，发动机正常启动；当开关阀 17 切换至图示左位时，缸 14 与 15 无杆腔泄气，因而在缸内弹簧力的作用下自动复位，气门与油门关闭，柴油机熄火。

　　② 气动控制电源开关原理。气动系统摆动气马达 16 的功用是车辆电源开关的打开和关闭，气马达 16 将柴油机启动系统与电源开关相互关联起来。驾驶员每次在启动车辆时，首先将总开关阀 9 打开，然后将手动开关阀 17 切换至右位，摆动气马达旋转，电源开关打开，电磁换向阀 18 通电，按下启动阀 13，则车辆就可以正常启动；开关阀切换至图示右位关闭，则摆动气马达在弹簧力作用下反向旋转复位，电源开关关闭，电磁换向阀 18 断电，气缸 14 和 15 复位，气门和油门关闭，柴油机熄火。

　　在启动车辆时，驾驶员首先打开开关阀 17（切换至右位），高压气体作用于摆动气马达 16，气马达 16 带动电源开关一起转动，电源打开，支架搬运车电气系统启动；停车时，关掉开关阀 17（切换至左位），切断气源，摆动气马达自动复位，电源开关跟随马达一起动作，电源切断，电气系统停止工作。因而，驾驶员在工作中只需关心发动机的启动和停机，节省了起车时间，即便驾驶员在停车时忘记关掉电源开关，也不会造成蓄电池亏电的问题。

　　电源开关自动控制装置主要包括摆动气马达、安装板、连接轴和电源开关等，如图 1-16所示，固定在车辆机架上的安装板一侧固定摆动气马达，另一侧固定电源开关，气马达通过

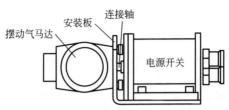

图 1-16   电源开关自动控制装置安装连接图

连接轴与电源开关过渡连接。在车辆启动后，摆动气马达通过连接轴带动电源开关动作，电气系统开始工作。

（3）系统技术特点

① 气动电源开关自动控制装置解决了煤矿井下支架搬运车在停机时遗忘关闭电源开关，造成蓄电池亏电的问题，可以延长蓄电池使用寿命，提高整机工作效率，为煤矿井下支架搬运车的正常运转提供保证。

② 煤矿井下支架搬运车气动系统具有一举两得的双重作用：一是车辆柴油发动机的启动与熄火控制；二是电控系统电源开关的通、断。结合煤矿井下支架搬运车的使用特征以及柴油机启动系统，各执行元件的动作通过手动换向阀、电磁换向阀及气控换向阀配合进行操控。

③ 执行元件采用单作用摆动气马达。

1.2.9   矿山安全救援设备强排卫生间气动系统

（1）主机功能结构

在煤矿等易燃、易爆、易水淹等高危生产环境使用的安全救援装备中，需要与之相配的一套完善的卫生间（设备），以保证较长时间的生存。根据矿山救援系统的技术规范及设计要求，结合其使用环境和空间条件，与之配套设计的卫生间组成如图 1-17 所示。其功能和工作过程是，在 PLC 控制下，利用压缩空气经气-水增压器将水箱中的水（为减少异味，在水中加入变色除臭剂）变为压力冲洗水，经环形管道及专用喷嘴，在便盆内表面产生旋流冲洗，将污物经上气动闸阀冲入污物箱；当污物箱内容量储存达到一定量后，在上、下气动闸阀关闭的前提下，对污物箱加入压缩空气，当污物箱内压力达到一定时，打开下气动闸阀，

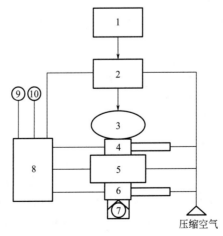

图 1-17   矿山安全救援设备强排卫生间组成示意图

1—水箱组件；2—气-水增压器组件；3—便盆组件；4—上气动闸阀；5—耐压污物
箱组件；6—下气动闸阀；7—单向阀；8—电控单元；9,10—防爆按钮

在气压的作用下，污物箱内的污粪经下气动闸阀和单向阀从救援系统底部对外强制排出，图中单向阀的作用是防止救援设备外部液体倒灌而影响系统安全。

（2）气动系统原理

矿山安全救援设备强排卫生间气动系统原理如图 1-18 所示。系统的气源是根据使用要求（最大满员及生存时间）经过计算容量自带的压缩气瓶，其压缩空气经一次减压并经气动三联件 1 过滤减压和润滑油雾化后，分别进入各执行部分。气-水增压器 4、耐压污物箱 8、上气动闸阀 10 和下气动闸阀 12 是系统的 4 个执行部分，其工作状态分别由二位三通电磁换向阀 3、7 和二位五通电磁换向阀 9 和 11 控制。系统中各电磁铁的通断电顺序动作均由 PLC 控制。气动系统的动作状态如表 1-2 所示。

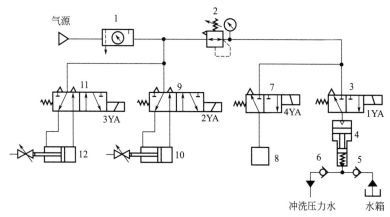

图 1-18　矿山安全救援设备强排卫生间气动系统原理图

1—气动三联件；2—二级减压阀；3,7—二位三通电磁换向阀；4—气-水增压器；5,6—单向阀；8—耐压污物箱；
9,11—二位五通电磁换向阀；10—上气动闸阀（气缸）；12—下气动闸阀（气缸）

表 1-2　矿山安全救援设备强排卫生间气动系统动作状态表

工况		气-水增压器 4	上气动闸阀（气缸）10	下气动闸阀（气缸）12	耐压污物箱 8
		电磁阀 3	电磁阀 9	电磁阀 11	电磁阀 7
序号	动作	1YA	2YA	3YA	4YA
1	湿盆	+	−	−	−
2	冲洗	+	+	−	−
3	强制排污 加压	−	−	−	+
4		排污	−	−	+	+

注：+为通电，−为断电。

系统动作过程如下。

① 湿盆。为了节约用水和一次把便盆冲洗干净，需要在大便前按湿盆按钮。PLC 控制电磁铁 1YA 通电使二位三通电磁换向阀 3 切换至右位后的停留时间，在气压的作用下，气-水增压器 4 小腔的水被增压，冲洗水通过单向阀 6 冲入便盆内部环形管道，再经专用喷嘴在便盆内表面产生旋流冲洗。以少量的水（约 0.2L）预先冲洗便盆，润滑便盆表面，且此时上气动闸阀 10 尚未打开，使便盆底部留有水，有效防止污物黏附，降低污物冲洗难度。湿盆信号结束，1YA 断电使换向阀 3 复至图示左位，气-水增压器活塞在小腔复位弹簧的作用下上行复位，小腔产生部分真空，故水箱打开单向阀 5 从水箱吸水充满，为下次动作做准备。

② 冲洗。当如厕完毕按下冲洗按钮后，PLC 控制电磁铁 1YA 和 2YA 同时通电，使换向阀 3 和二位五通电磁换向阀 9 同时切换至右位。压缩空气经阀 9 进入上气动闸阀 10 的无杆腔（有杆腔经阀 9 排气），将其打开的同时，压缩空气还经阀 3 进入气-水增压器 4 使其增压，其小腔的压力冲洗水把便盆内的污物冲入污物箱。冲洗完毕后，电磁铁 1YA 和 2YA 同时断电使换向阀 3 和 9 复至图示左位，相应地上气动闸阀 10 有杆腔进气（无杆腔经阀 9 排气）而后退复位，气-水增压器 4 大腔排气而复位，为下次动作做准备。通过 PLC 时间控制，可控制每次冲洗水量约 0.6L，即可将便盆冲洗干净，同时实现了节约用水的目的。

③ 强制排污。当进行多次如厕，PLC 对湿盆和冲洗定量计数之和大于表示污物箱内的预定容量后，PLC 启动强制排污程序。首先是 PLC 控制电磁铁 4YA 通电使二位三通换向阀 7 切换至右位，压缩空气经阀 7 进入密封的耐压污物箱 8 进行加压。数秒后 PLC 控制同时使电磁铁 3YA 通电，换向阀 11 切换至右位，压缩空气经阀 11 进入下气动闸阀 12 的无杆腔（有杆腔经阀 7 排气），污物箱 8 内的污物在压缩空气压力的作用下向外排出。延时数秒后，排污完毕，电磁铁 4YA 和 3YA 同时断电，阀 11 和 7 同时复至图示左位，相应地污物箱 8 增压结束，下气动闸阀 12 的有杆腔进气（无杆腔经阀 11 排气）复位关闭。对污物箱增压的目的是，在其内部建立起约 0.4MPa 的压力，使救援系统在低于 40m 深的水下仍能排污，以达到强制排污的效果。

（3）PLC 电控系统

电控系统采用西门子 S7-200 系列 PLC（CPU-222），其 I/O 地址分配如表 1-3 所示；硬件接线如图 1-19 所示，PLC 控制程序设计的顺序功能如图 1-20 所示。

表 1-3　PLC I/O 地址分配表

序号	输入信号		输出信号	
	功能	地址代号	功能	地址代号
1	湿盆按钮 SB1	I0.0	电磁铁 1YA(进水电磁阀)	Q0.0
2	冲洗按钮 SB2	I0.1	电磁铁 2YA(上气动闸阀)	Q0.1
3			电磁铁 3YA(下气动闸阀)	Q0.2
4			电磁铁 4YA(增压电磁阀)	Q0.3

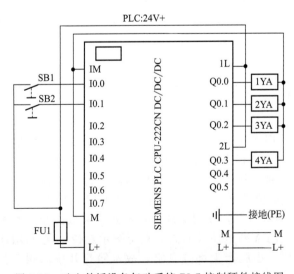

图 1-19　矿山救援设备气动系统 PLC 控制硬件接线图

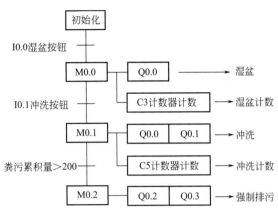

图 1-20　矿山救援设备气动系统 PLC 控制软件顺序功能图

（4）系统技术特点

① 矿山安全救援设备强排卫生间采用气动传动和 PLC 控制，操作简便、成本低、防爆防臭、节水环保、能收集污物。

② 气动系统采用弹簧复位单作用气-水增压器产生冲洗压力水；通过气缸驱动气动闸阀开关，简单可靠。

1.3　电力机械气动系统

1.3.1　变压器线圈自动打磨设备气动系统

（1）主机功能结构

线圈打磨设备是一种专用设备，用于打磨变压器上面的线圈，以便去掉线圈浇注后存在的毛刺，使其变得光滑。该设备采用气压传动和 PLC 电气控制，实现了全自动化。

图 1-21 所示为变压器线圈自动打磨设备机械结构示意图。该设备主机由 X 轴装置（主要含伺服电机、伺服减速器、齿轮齿条、滑轨滑块和支板等）、Z 轴装置（主要含伺服电机、伺服减速器、齿轮齿条、滑轨滑块和滑板等）、夹紧装置（主要含夹紧气缸、对中夹紧机构和支座等）、运送装置（主要含步进电机、步进减速器、传送滚子、链轮链条和支腿架等）等 4 部分组成。其工作过程为：当系统检测到有输入信号时，伺服电机旋转，并通过齿轮齿条的啮合实现 X 轴装置的左右移动，当打磨机械手到达指定位置时，Z 轴伺服电机通过另一对齿轮齿条啮合实现打磨机械

图 1-21　变压器线圈自动
打磨设备机械结构示意图

手上下移动，在 Z 轴装置向下移动的同时，打磨电机启动并运行，此时打磨依靠 X 轴的左右移动实现，磨到另一端，打磨机械手提起并延时 2s，按照原路返回，从而系统完成打磨动作。此时打磨机械手等待下一次打磨命令，当检测不到有输入信号时，设备回到原点，直至再次检测到输入信号时执行再次打磨。为了防止设备失电之后下滑或是左右晃动，两个伺服电机和一个步进电机（YK1115A）都带有电磁抱闸，实现自动停止刹车。

（2）气动系统原理

自动打磨设备气动系统原理较为简单（原理图从略），其功能是通过气缸对机械手的夹

紧和松开进行控制。气动系统由空压机、双网过滤器、先导式溢流阀、单向阀、二位二通电磁换向阀、三位四通电磁换向阀、进口节流调速阀、出口节流调速阀、对中夹紧气缸（活塞式）等组成。

空压机是整个系统的气源，当其为气动系统补充气体压力达到压力表指针指示压力范围时，其普通电机自动停止。由先导式溢流阀和二位二通电磁换向阀构成的限压卸载装置可以防止系统过压引起事故，保证系统安全。

气动系统工作过程为：空压机为系统提供压缩空气。当系统检测到有输入信号时，电磁铁 1YA 通电使三位四通电磁换向阀切换至左位，对中夹紧机械手气缸活塞杆缩回执行夹紧动作；当往复执行完一次打磨任务时，电磁铁 2YA 通电使三位四通电磁换向阀切换至右位，对中夹紧机械手松开。当系统压力过大时，电磁铁 3YA 通电使二位二通电磁换向阀切换至右位，从而使气源多余的气体通过先导式溢流阀阀口和二位二通电磁换向阀流出，维持气动系统正常压力范围。

（3）PLC 电控系统

自动控制线圈打磨设备采用西门子 S7-1200 系列 PLC，可通过 RS-232/RS-485 通信端口与计算机相连，也可以通过以太网直接无线传输程序。PLC 作为整个系统的控制中心，主要负责所有输入信号的采集、运算以及完成输出实现对伺服电机的位置控制，步进电机和空压机的气压范围控制及各电磁阀开、关控制等，从而实现机械手动作的有序执行。

变压器线圈自动打磨设备 PLC 硬件外部接线如图 1-22 所示；图 1-23 所示为变压器线圈自动打磨设备 X 轴伺服电机与伺服驱动器接线图（Z 轴移动方向的伺服电动机安装接线与此雷同）。采用 Tia Portal V13 软件对 PLC 编制的自动运转顺序功能如图 1-24 所示。

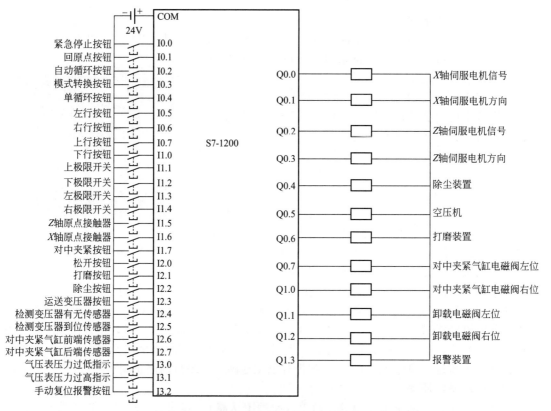

图 1-22　变压器线圈自动打磨设备 PLC 硬件外部接线图

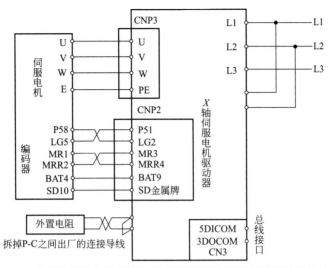

图 1-23　变压器线圈自动打磨设备 *X* 轴伺服电机和伺服驱动器接线图

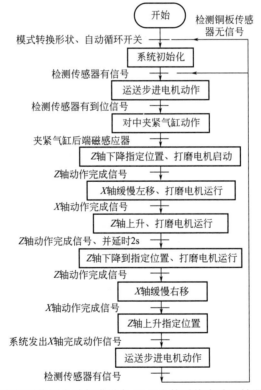

图 1-24　变压器线圈自动打磨设备 PLC 电控系统自动运转顺序功能图

(4) 系统技术特点

① 变压器线圈打磨设备采用气压传动＋伺服电机及步进电机与机械减速器传动＋PLC 控制，系统带有失电电磁抱闸及限压卸载装置功能，自动化程度、生产效率和安全可靠性高；通过局部结构或软件编程，还可满足打磨不同工件的需求，适用性好。

② 气动系统采用远程控制原理，通过先导式溢流阀和二位二通电磁换向阀构成的限压

卸载装置防止系统过压损坏关键部件引起事故，保证系统安全，并维持系统正常压力范围。

1.3.2 电缆剥皮机气动系统

（1）主机功能结构

电缆剥皮机的功能是对电缆直径在 10～30mm 范围内等长圆形材料的外皮加工，快速高效地去除电缆外皮，达到较高的精度和粗糙度。该机采用了气动技术和 PLC 控制。

机器工作时，电缆的一端固定，另一端则由气缸通过相对的多排 V 字形装置夹紧→夹紧后，切断缸前进，通过上下两个圆弧刀片组成的切割装置裹紧切断电缆→而后摆动气缸通过皮带轮带动夹紧装置扭转，被切断的电缆皮扭转，实现可靠剥除电缆外皮，同时不伤害金属导线→之后，卸料气缸把被切断的电缆皮推下去→拉回气缸把安装有切断缸、扭转气缸、卸料气缸的装置拉回→拉回缸、卸料缸、夹紧缸、切断缸、扭转缸复位。切断不同直径的电缆时，需更换相应型号的圆弧切刀。

（2）气动系统原理

电缆剥皮机气动系统原理如图 1-25 所示，系统有夹紧气缸 11、扭转气缸 12、切断气缸 13、拉回气缸 14 和卸料气缸 15 等 5 个执行元件，缸 13 为摆动缸（摆动气马达），缸 15 为弹簧复位的单作用缸，其余则为双作用活塞缸。上述气缸依次分别由二位四通电磁换向阀 6～10 控制其运动状态。

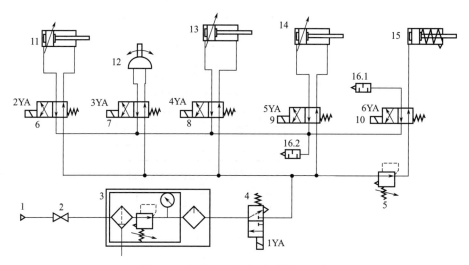

图 1-25 电缆剥皮机气动系统原理图

1—气源；2—截止阀（总开关）；3—气动三联件；4—二位三通电磁换向阀；5—减压阀；6～10—二位四通电磁换向阀；
11—夹紧气缸；12—扭转气缸（气马达）；13—切断气缸；14—拉回气缸；15—卸料气缸；16—消声器

系统的气源 1 经总开关（截止阀）2 和气动三联件 3 及二位三通电磁换向阀 4 向各气缸提供压缩空气。由于卸料气缸 15 支路所需的压力比其他支路的压力低，故在卸料缸支路安装有减压阀 5，以便将主回路的压力降低到其支气动回路需要的压力大小。

机器在对电缆剥皮时，其动作顺序为夹紧→切断→扭转→拉回→卸料→复位，其气动系统动作状态如表 1-4 所示。

夹紧时，电缆一端固定，另一端由夹紧气缸带动多排可交叉的 V 字形装置夹紧。切断时，切断缸伸出，由两个圆弧刀片组成的切割装置裹紧切割电缆。为保证可靠切割，进一步添加电缆扭转动作，由摆动气缸通过皮带轮带动夹紧装置整体旋转，此时被裹紧的电缆皮也跟着扭转。之后进行拉拔动作，拉回缸把安装有切断缸、扭转缸、卸料缸的装置拉回，同时实现定长电缆剥皮工作，卸料缸把被切断的电缆皮推入收料盒，各气缸复位。

表 1-4　电缆剥皮机气动系统动作状态表

工况		电磁阀 4	夹紧气缸 11	扭转气缸 12	切断气缸 13	拉回气缸 14	卸料气缸 15
			电磁阀 6	电磁阀 7	电磁阀 8	电磁阀 9	电磁阀 10
序号	动作	1YA	2YA	3YA	4YA	5YA	6YA
1	夹紧	+	+	−	−	−	−
2	切断	+	+	−	+	−	−
3	扭转	+	+	+	−	−	−
4	拉回	+	+	+	+	+	−
5	卸料	+	+	+	+	+	+
6	复位	+	−	−	−	−	−

注：＋为通电，－为断电。

电缆剥皮机 PLC 电控系统 I/O 接线如图 1-26 所示。

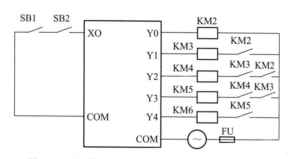

图 1-26　电缆剥皮机 PLC 电控系统 I/O 接线图

SB1—总开关；SB2—脚踏板方向阀；KM2—夹紧装置换向阀电磁铁；KM3—切断装置换向阀电磁铁；
KM4—扭转装置换向阀电磁铁；KM5—拉回装置的换向阀电磁铁；KM6—卸料装置换向阀电磁铁

（3）系统技术特点

① 电缆剥皮机采用气压传动和 PLC 电气控制，可实现电缆自动定长剥皮，工作效率高，能耗少，绿色环保。

② 机器的气动系统结构简明。由于 5 个气缸均采用二位四通电磁换向阀控制其运动状态，若采用气动阀岛，则可减少系统管路和电气接线的数量，更加便于实现集中控制和系统安装及使用维护。

1.4　石油机械气动系统

1.4.1　J70/4500DB 钻机阀岛集成气动系统

（1）主机功能结构

ZJ70/4500DB 钻机采用了气动阀岛控制系统（图 1-27），以便提高钻机自动化程度，并节省因采用传统气动阀需大量的气路控制软管的连接时间。如图 1-27 中右上角所示，该阀岛为 FESTO 公司 10P-18-6A-MP-R-V-CHCH10 型，它安装在绞车底座的控制箱内，阀岛由 4 组功能阀片、气路板、多针插头和安装附件等组成。4 组功能阀片的每一片代表 2 个二位三通电控气阀，故该阀岛共有 8 个二位三通电控气阀。阀岛顶盖上的多针插头为 27 芯 EXA11T4，其作用是将控制信号通过多芯电缆传输到阀岛，控制阀岛完成各项设定的功能。

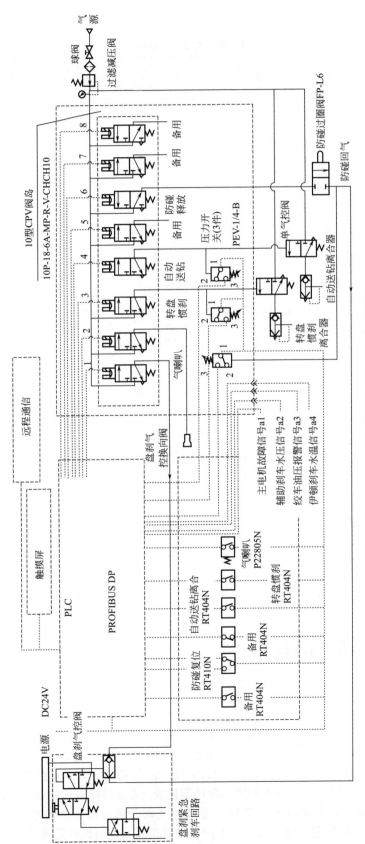

图 1-27　J70/4500DB 钻机阀岛集成气动系统原理图

1～8—二位三通电控气阀

① 液压盘刹紧急刹车。该钻机配备液压盘式刹车，当系统处于正常工作状态，即无信号输入时，阀 1 无电控信号，处于关闭状态，司钻通过操纵刹车手柄可完成盘刹刹车和释放。当系统出现下列状况时：a. 绞车油压过高或过低；b. 伊顿刹车水压过高或过低；c. 伊顿刹车水温过高；d. 系统采集到主电机故障，电控系统分别发出电信号 a1（主电机故障，电控系统输入给 PLC）、a2、a3、a4 给 PLC，PLC 则输出电信号到阀 1，阀 1 打开，主气通过梭阀到盘刹气控换向阀，实现紧急刹车。同时 PLC 把电信号传输给阀 4 或电控系统，实现自动送钻离合器的摘离或主电机停机。另外，若游车上升到限定高度时（距天车 6～7m），防碰过圈阀 FP-L6 的肘杆因受到钢丝绳的碰撞而打开，气压信号经过梭阀作用于盘刹气控换向阀，盘刹也可实现紧急刹车功能。待故障排除且故障信号消失后，再重新启动主电机。

② 气喇叭开关。当司钻提醒井队工作人员注意时，按下面板上的气喇叭开关（P22805N），开关输入电信号到 PLC，PLC 则给阀 2 电信号，阀 2 打开，供气给气喇叭，使其鸣叫，松开气喇叭开关后，电信号消失，气喇叭停止鸣叫。

③ 转盘惯性刹车。当转盘惯刹开关（RT404N）处于刹车位置时，PLC 发出电信号给阀 3，阀 3 打开，输入气信号到转盘惯刹离合器，同时输入信号给转盘电机，使电机停转，实现转盘惯性刹车。只有当开关复位后，电机才可以再次启动。

④ 自动送钻。当面板上自动送钻开关（RT404N）处于离合位置时，输出电信号到 PLC，PLC 把电信号传给电控系统，使主电机停止运转，启动自动送钻电机，同时，阀 4 受到电信号控制而打开，把气控制信号输入单气控阀，主压缩空气便通过气控阀到自动送钻离合器，实现自动送钻功能。自动送钻离合器与主电机互锁，可有效避免误操作。

⑤ 防碰释放。当游车上升到限定位置时，因过圈阀打开而使盘刹紧急刹车，这时，如果要下放游车，先将盘刹刹把拉至"刹"位，再操纵驻车制动阀，然后按下面板上防碰复位开关（RT410N），输出电信号给 PLC，PLC 把电信号传到阀 6，阀 6 打开放气，安全钳的紧急制动解除，此时司钻操作刹把，方可缓慢下放游车。待游车下放到安全高度时，将防碰过圈阀（FP-L6）和防碰释放开关（RT410N）复位，钻机回到正常工作状态。

（2）系统技术特点

采用阀岛控制的钻机气控系统，其电控信号更易于实现钻机的数字化控制，控制精准；同时连接时只需一根多芯电缆，不用一一核查铭牌对接，连接简便，进一步提高了钻机的自动化程度和工作效率。

因阀岛应用于石油钻机的控制系统，故在阀岛设计中，必须考虑阀岛箱的正压防爆，以防可燃性气体的侵入。同时预留备用开关（RT404N），当需要实现其他功能或某些阀出现故障时，打开备用开关输出电信号给 PLC，PLC 则打开阀 5、阀 7 和阀 8，这些备用阀可以完成其他功能或替换故障阀。

1.4.2　石油钻机 JC50 绞车气动系统

（1）主机功能结构

绞车作为石油钻机的核心部件，用于起下钻具、控制钻压和中间变速等，其绞车换挡、防碰天车、辅助刹车等装置通常采用气动控制。

（2）气动系统原理

① 绞车换挡气控回路。JC50 绞车依据钻井工况有 6＋2R 挡变速，图 1-28 为绞车换挡气控回路原理图。执行元件为换挡气缸 3，用于其中 3 个挡位变速和倒挡，其换向由排挡开

关阀（三位五通手动换向阀）4 操控。司钻通过操纵阀 4 的手柄，气缸 3 即推动输入轴和滚筒轴上的拨叉机构完成 I、II、III 挡变速和倒挡动作。排挡开关阀 4 的操纵手柄上的两个钢球和一根圆柱销构成互锁装置，故每次只允许一个挡位换挡，以确保操作安全。钻进时，司钻通过操纵限位组合调压阀（二位三通阀）9 输出控制气体，来自绞车集气管的气流便经调压继气器 7 进入滚筒轴两端的高低速离合器，这样整个绞车就实现了 6+2R 挡变速。只要任何挡位换挡成功，顶杆阀 5 就处于接通状态，通过梭阀 6，司钻台上的气压表就显示换挡气压，司钻由此可以更好地掌握换挡情况。

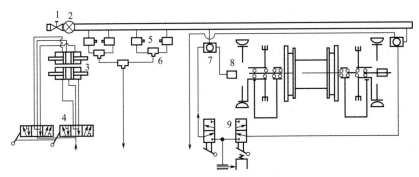

图 1-28　绞车换挡气控回路原理图

1—闸阀；2—过滤器；3—换挡气缸；4—排挡开关阀；5—顶杆阀；

6—梭阀；7—调压继气器；8—导气龙头；9—组合调压阀

② 防碰天车气控回路。该绞车为液压盘式主刹车。正常工作时，司钻拉动刹把，工作钳刹住滚筒，实现工作制动。钻机上安装有防碰天车装置，可更进一步实现安全控制。图 1-29 所示为防碰天车气控回路原理图。当大钩提升钻具到某一位置，由于误操作或其他原因，应工作制动而未实施制动时，滚筒轴上方安装的防碰过圈阀（二位三通机动阀）3 由于缠在滚筒上的钢丝绳的碰撞而动作（切换至右位），从而集气管 I 中的压缩空气一路经过常闭气控阀 1 进入紧急按钮阀 6，切断液压盘式刹车气源，使得其系统内的气控换向阀复位，实现安全钳制动，而液控部分的换向阀由于控制端失压而换向，压力油进入工作钳，实现工作钳的制动，即完成了盘刹的紧急制动功能；同时集气管 I 中的另一路气体使常开气控阀 4 换向，集气管 II 断气，切断进入滚筒高、低速离合器的气源，各离合器因放气而摘开，防止了游车碰天车事故的发生。防碰天车作用后，欲下放游动系统，先手动防碰过圈阀的顶杆，使其复位，同时操纵余气释放阀的手柄，放掉防碰过圈阀回气管道内的余气，停止给液

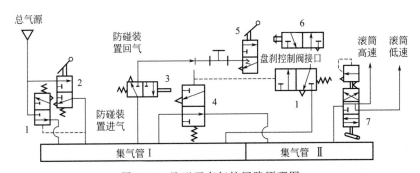

图 1-29　防碰天车气控回路原理图

1—二位三通常闭气控阀；2—二位三通气源开关阀；3—二位三通机动防碰过圈阀；4—二位三通常

开气控阀；5—二位三通手动余气释放阀；6—二位三通紧急按钮阀；7—三位四通组合调压阀

压盘式刹车系统供气，液压系统的刹车钳打开，游动系统才可以继续下放。

③ 辅助刹车气控回路。该绞车配置有 EATON 辅助刹车装置，通过减压阀减压后，由手柄调压阀直接给 EATON 辅助刹车供气，以满足钻井工作中下放钻具（特别是下放较重的钻具）时的操作安全性的要求，提高刹车系统的可靠性和使用寿命。通过操作手柄调节供气可达到不同的刹车要求。

（3）系统技术特点

① 绞车气动系统主要通过手动和气控操纵阀对执行元件和其他动作进行控制。

② 作为钻机的重要部件，绞车气控系统的操控部分集中在司钻房内，为了满足气胎离合器对进、排气时间的要求，各气动执行元件直接从绞车的集气管进气，可避免因气控元件与执行元件之间的距离造成气动元件反应慢问题。

1.4.3　车载式重锤震源气动液控系统

（1）主机功能结构

车载式重锤震源气动液控系统主要用于中浅地层石油勘探，其主要工作部件是一套由气动和液控两部分组成的振动器（图 1-30）。气动部分主要用于驱动重锤加速向下冲击；液控部分主要用于支撑车身为冲击做准备、回收气体以及夹持丢手并为下次冲击做准备、收回砧板实现悬停。在震源车行驶到预定区域后，选择好震源点，将砧板组件（砧板 6、冲击台 4、支撑板 7）预位；砧板预位过程靠砧板支撑液压缸 1 将砧板组件从车桥 10 下方推出，将整个震源车抬起，然后释放重锤 5 震击冲击台 4 制造地震波，之后靠锤头起升液压缸 3 将重锤回收到初始位置，结合需要继续震击或结束收尾，结束收尾工作是借助砧板支撑液压缸将砧板组件收回至初始位，完成目标震击点的作业。

（2）气动系统原理

重锤气动执行系统主要用于提供重锤冲击力并满足系统的快速响应要求，其气动系统原理如图 1-31 所示，系统的执行元件为一端完全开放的冲击气缸，用于驱动重锤输出冲击力。系统的高压气源由氮气瓶 4 和储气罐 3 提供，氮气瓶的输出压力由减压阀 6 设定。系统尚有气动位置传感器（图中未画出）。

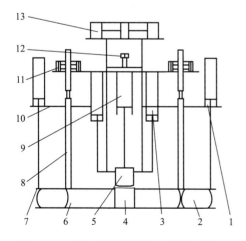

图 1-30　车载式重锤震源气动液控系统振动器结构图
1—砧板支撑液压缸；2—空气弹簧；3—锤头起升液压缸；
4—冲击台；5—重锤；6—砧板；7—支撑板；8—导向柱；
9—气缸；10—车桥；11—砧板悬挂液压缸；
12—丢手；13—丢手夹持液压缸

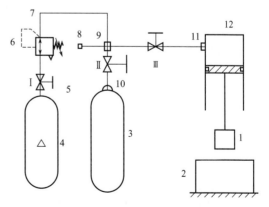

图 1-31　车载式重锤震源气动系统原理图
1—锤头；2—砧板；3—储气罐；4—氮气瓶；5—手动
截止阀；6—减压阀；7—二通接头；8—快换二通
接头；9—转换接头；10—储气罐接头；
11—冲击气缸接头；12—冲击气缸

在运输时或冲击作用前重锤被悬挂机构悬置。工作时，打开手动截止阀Ⅰ、Ⅱ对储气罐充气，储气罐压力达到一定值时，关闭手动截止阀Ⅰ，并打开手动截止阀Ⅲ，气体进入气缸 12 上腔；压力一定时，重锤被释放，并在高压气体对气缸活塞产生的推力和自重作用下加速推出后冲击砧台；当冲击结束后，借助锤头回收装置将重锤回收至初始位置，并依靠悬挂机构悬置，同时将气缸内的氮气压回到储气罐内，完成反压回收过程。

(3) 液压系统原理

液压系统的功能主要为实现各个执行元件的顺序动作提供驱动能量，确保可以完成 4 次冲击，其震源液压系统原理如图 1-32 所示。系统油源为汽车取力机构驱动的定量液压泵 1 和蓄能器 4；执行元件有控制锤头组件提升的锤头起升液压缸、控制砧板升降的砧板支撑液压缸、砧板在车桥悬停夹持运输时的砧板悬挂液压缸、控制锤头释放的丢手夹持液压缸等各 2 组，每 2 组液压缸的动作都用相同原理阀组（包括三位四通电磁换向阀 6、双向液压锁 7、单向节流阀 8 及 9、节流阀 10 及 11 和 12 及 13）进行控制；系统尚有实现各执行液缸的行程检测的位置传感器（图中未画出）。上述锤头起升液压缸、砧板支撑液压缸、丢手夹持液压缸各辅助装置的控制机理相同。汽车取力器驱动液压泵给蓄能器 4 和其他液压元件提供液压能。震源车按同一目标位 4 次连续冲击振动，各液压缸靠蓄能器供液而不启动液压泵。同时设低压油箱，回收 4 次冲击作业的动力液体，动力液体循环使用。震源系统的工作过程如下。

① 准备过程。将震源车行驶至目标震击点，电磁铁 6YA 通电使换向阀 23 切换至右位，砧板悬挂液压缸活塞杆回收，悬挂系统松开 4 根导向柱，到达 S31 位置；电磁铁 4YA 通电，使砧板支撑液压缸向下运动并达到撑起车身作为压重的效果，此时到达 S22 位置，砧板预位完成准备过程。

② 锤头起升液压缸预位。电磁铁 2YA 通电使换向阀 6 切换至右位，锤头起升液压缸向下推出到达预定位置，即大于锤头行程的距离 S12，防止干涉锤头向下冲击。

③ 冲击过程。电磁铁 7YA 通电，夹持液缸活塞杆回收装置释放锤头组件，到达 S41 位置，制造一次人工地震。

④ 锤头复位。此时电磁铁 1YA 通电使换向阀 6 切换至左位，锤头起升液压缸将锤头组件向上抬起到预定位置 S11，触发传感器发出信号使电磁铁 8YA 通电，夹持液压缸夹紧锤头组件，将冲击气缸内气体压回储气罐并使其复位，这样就完成一次锤击。

⑤ 连续震击。结合人工地震需要，如需继续震击，返回步骤②，可完成连续 4 次冲击而不启动液压泵，直到目标点完成震击。

⑥ 砧板复位。完成物探工作后需要将砧板收回，此时电磁铁 3YA 通电，砧板升降液压缸向上运动，收回砧板，到达一定位置 S21，砧板悬挂液压缸作用夹持导向柱，实现砧板复位与悬停。

(4) 系统技术特点

① 车载式重锤震源液压系统采用一端全部开放的气缸，使重锤在高压氮气以及自重共同作用下加速向下，冲击迅速、震击能力强；液压系统综合实现 4 次冲击，无须启动液压泵，实现了作业速度快的作业效果。

② 液压系统采用 P 型中位机能的电磁换向阀，可以保证双向液压锁对液压缸位置的可靠锁紧；通过进回油路上的单向节流阀实现液压缸的双向排油节流调速，有利于提高液压缸及其驱动的工作机构的工作平稳性。

③ 车载式重锤震源气动系统及液压系统部分技术参数见表 1-5。

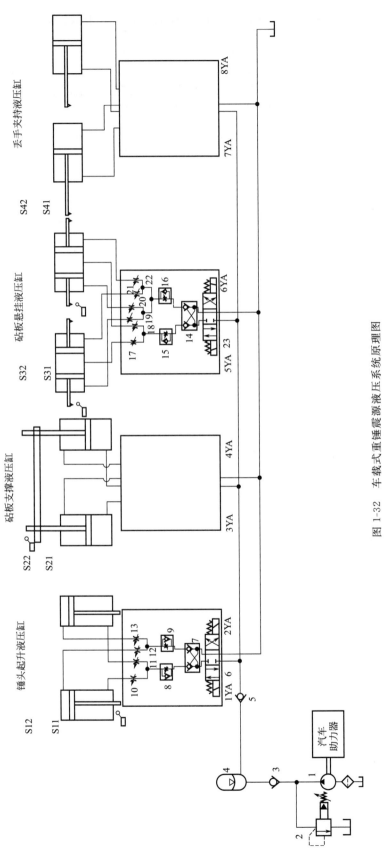

图 1-32　车载式重锤震源液压系统原理图

1—定量液压泵；2—先导式溢流阀；3、5—单向阀；4—蓄能器；6、23—三位四通电磁换向阀；
7、14—双向液压锁；8、9、15、16—单向节流阀；10～13、17～22—节流阀

表 1-5　车载式重锤震源气动系统及液压系统部分技术参数

气动系统技术参数				液压系统技术参数		
序号	参数	数值	单位	参数		数值	单位
1	冲击能量 E	60	kJ	系统最高工作压力		16	MPa
2	重锤质量 M	500	kg	系统最低工作压力		9	MPa
3	气缸缸径 D	200	mm	缸径 D\活塞杆径 d\行程 L\耗液量 V	锤头起升液压缸	125\63\700\15	mm\mm\mm\L
4	气缸行程 L	700	mm		砧板支撑液压缸	125\63\600\13	
5	气缸工作压力	4.6	MPa		砧板悬挂液压缸	63\32\80\0.4	
6	储气罐容积	30×4＝120	L		丢手夹持液压缸	63\32\45\0.45	
7				蓄能器容积 V_m		41.5×4＝166	L

第2章
冶金机械与金属材料成型
机械气动系统

2.1 概述

冶金工业是为制造业提供一定形状（板材、管材、线材、棒材及其他型材）和牌号的各类金属原材料的重型基础工业，它包括黑色金属（钢铁）和有色金属（铜、铝等）的生产加工。在冶金工业生产过程中，要使用诸如冶炼、轧制、型材整理、堆垛及试验等大型、重型机械设备。这些设备及其附属辅助工作机构（装置）一般在高温、多尘的恶劣环境下工作，对控制精度和自动化程度要求较高。而气动技术的特点正符合上述要求，故在冶金工业中显示出其独特的优越性。其典型应用有连铸结晶器、棒材连轧机组活套系统、钢管修磨机、带材纠偏系统、板材配重系统、烧结矿打散与卸料装置、热轧带钢表面质量检测设备、连轧棒材齐头机、铜冶炼转炉捅风眼机、电解铝车间多功能天车等。

金属材料成型涉及铸造、压力加工（锻压）、焊接与热处理等机械设备，是机械制造行业获取毛坯、产品成型及提高零件机械性能的重要生产手段。此类机械设备的生产作业环境一般具有温度高、粉尘多、湿度大、有腐蚀性气体、振动噪声大的特点，故要求设备具有良好的适应性、可靠性和维护性。在型砂处理、造型制芯、熔炼、浇铸及其生产线的驱动装置等铸造机械中，在焊接机械设备（如焊条生产及包装、送料等装置）中，主要利用气动技术防火防爆、便于无级调速和远距离遥控的优势，以减轻操作者劳动强度，避免和减少热辐射和有害气体对人身的侵袭，提高生产率；在中小型锻造机、压力机、折弯机及剪切机等压力加工设备中，主要是利用气动技术输出力不大但反应快捷，便于调压调速和过载保护的特点，进行下料、成型加工及送料、下料等作业。其典型应用有铸造制芯机、低压铸造机液面加压系统、曲轴铸造翻转式壳型机、熔铁高炉热风阀门、冲床上下料机械手、冲孔模具、板料折弯机、气动控制焊条包装线、送料器、石油钢管通径机等。

本章介绍冶金机械和金属材料成型机械中14例典型的气动系统。

2.2 冶金机械气动系统

2.2.1 钢管修磨机气动系统

（1）主机功能结构

精整修磨是提高钢管成品的外观质量及外径尺寸精度的典型工艺。一条修磨线设置有3台修磨机，前两道为砂轮修磨机，第三道为砂带修磨机。每台修磨机配有一套与压送轮相同的驱动装置及一套修磨装置，使用砂带修磨时，需用气动装置张紧砂带。修磨后的钢管，经后压送轮站驱动，再经输送辊道进入二次超声波探伤装置的进料辊道上，再次被超声波探伤装置检验。如果钢管局部外表面缺陷不能修磨去除，则由双向翻板装置自动地拨入位于精整修磨线尾端的输出辊道旁废料管内；经检验合格的钢管，则进入成品区。在钢管精整修磨线上，除由电机实现的压送轮、磨头砂轮及砂带驱动外，主要动作均由气动系统实现。钢管精整修磨线各个工位主要动作见表 2-1。

表 2-1　钢管精整修磨线各个工位主要动作

序号	工位	主要动作
1	输入端单向翻板	用气缸实现待修磨钢管的逐根进料
2	托辊调整及锁紧	为适应不同直径规格的钢管,用气缸推动实现两排托辊的不同错位量并用气动制动器锁紧
3	前、后压送轮站	根据不同规格的钢管,用长行程气缸调整其升降的幅度,压送轮采用胶轮,其回转轴线与钢管前行方向成一不超过 15° 的异面夹角,实现钢管的摩擦进给
4	砂轮、砂带修磨机	含有一套压送轮以及一套砂轮或砂带修磨装置,工作原理同压送轮
5	输出端双向翻板装置	用气缸实现合格品及废品的分拣

（2）气动系统原理

修磨机及压轮的气动系统是钢管精整线的典型组成部分，其原理如图 2-1 所示。系统的执行元件有短行程气缸 8.1、长行程气缸 8.2 及单作用锁紧气缸 9。气缸 8.1 和气缸 8.2 通过其尾端的安装法兰连为一体。气缸 8.1 的行程为 10mm，以便钢管过来时抬起，待钢管一过磨头砂轮或压轮，磨头砂轮或压轮即落下，以达高效生产的目的；气缸 9 安装于气缸 8.2 的活塞杆外伸处，气缸 8.2 可以根据被修磨钢管的规格不同，调整磨头砂轮及压轮抬起的距离，调整好后，用气缸 9 锁紧其活塞杆。

二位五通电磁换向阀 5.1～5.3 安装于阀岛 3 上，分别用于控制气缸 8.1、8.2 及气缸 9 的运动方向，手动减压阀 6 用于给气缸 8.1 及 8.2 活塞腔供气，可使磨头砂轮或压轮抬起，由比例减压阀 2 产生的气源，用于换向阀动作时的气缸 8.1 及 8.2 活塞杆腔的供气，通过远程电信号调整其输出压力，可以实现磨头砂轮及压轮的无冲击下降以及磨头砂轮及压轮对钢

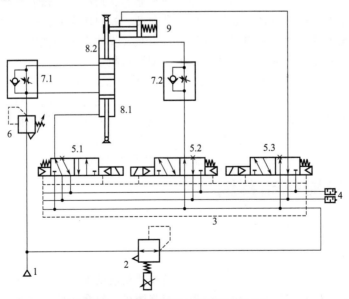

图 2-1　钢管修磨机气动系统原理图

1—气源；2—比例减压阀；3—阀岛；4—消声器；5—二位五通电磁换向阀；
6—手动减压阀；7—单向节流阀；8—气缸；9—锁紧气缸

管的压紧力调整。单向节流阀 7.1 及 7.2 用于气缸 8.2 的双向排气节流缓冲。

（3）系统技术特点

气动系统是钢管精整修磨设备的技术核心，它采用阀岛和电液比例控制技术，集成化、自动化程度和机电一体化水平高，管线布置简单。

2.2.2　采用负压气动传感器的带材纠偏系统（气液伺服导向器）

（1）负压气动传感器的结构原理

如图 2-2 所示，负压气动传感器由气泵 9、渐缩管 10、喉管 7、渐扩管 8、上感应口 3、下感应口 4 等组成。其中气泵需要配备必要的调压回路（图中未画出），以保证气泵输出的压力和流量恒定。气泵、渐缩管、喉管、渐扩管依次相连，上感应口和喉管相通，并且和膜片 6 的右腔相通，下感应口和膜片的左腔相通。

当气泵 9 产生的气流经过渐缩管 10 通过喉管 7 时，由于喉管断面缩小，气流流速增加，产生负压（负压）。负压传递到膜片 6 的右腔，并且经上感应口 3 和下感应口 4 传递到膜片的左腔。如果上感应口和下感应口之间的带材 2 位置保持不变，则膜片的右腔和左腔的负压之差就保持不变。若带材向右边跑偏，则上感应口 3 的开度减小，使得膜片右腔的负压增大（绝对压力减小），膜片就会向右偏斜，带动伺服阀阀芯 5 右移，控制油缸 1 有杆腔进油，把带材向左边调整。反之，如果带材向左边跑偏，则上感应口 3 的开度增大，使得膜片左腔的负压减小（绝对压力增大），膜片就会向左偏斜，带动伺服阀阀芯 5 左移，控制油缸 1 无杆腔进油，把带材向右边调整，从而实现带材自动纠偏。

（2）气动系统原理

图 2-3 所示为一种采用负压气动传感器的带材纠偏系统（气液伺服导向器）工作原理。

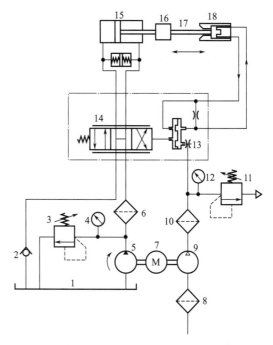

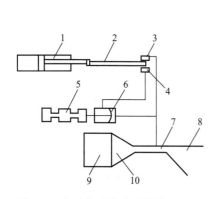

图 2-2　负压气动传感器结构原理图
1—油缸；2—带材；3—上感应口；4—下感应口；5—伺服阀阀芯；6—膜片；7—喉管；8—渐扩管；9—气泵（空压机）；10—渐缩管

图 2-3　采用负压气动传感器的带材纠偏系统工作原理图
1—油箱；2—单向阀；3,11—溢流阀；4,12—压力表；5—油泵；6—油液过滤器；7—电机；8,10—空气过滤器；9—气泵；13—喉管；14—气液伺服阀；15—油缸；16—导向机构；17—带材；18—感应口

它将液压油源、气泵、气液伺服阀与负压式气动传感器等元件，结合组成一个独立完整的气动检测和液压伺服控制系统，能够较好地完成指令、测量、反馈、纠偏等一系列功能动作，主要用于带材纠偏控制，使带材边保持恒定的位置，可应用于纸张、胶片、胶带、磁带、皮带、薄膜、箔材等带材的卷料、分切、涂布、收料等过程的纠偏。结合图 2-2 不难对其工作原理做出分析，此处从略。

(3) 系统技术特点

实验表明，采用负压气动传感器的纠偏系统具有纠偏精度高、灵敏性和稳定性好、噪声低、耗能少、运行可靠等特点。

2.2.3　铜板配重系统中的真空吸盘技术

(1) 主机功能结构

铜板配重系统用于阴极铜板包装生产线的自动配重，以满足国际铜板统一定量交易中对每包高纯度铜板质量为 (2500 ± 100)kg 的要求。图 2-4 所示为阴极铜板包装生产线配重系统的结构原理图。该系统主要通过液压缸 2 的垂直运动和真空吸盘 6 对铜板的吸取，液压缸 1 的水平运动，完成加一减一的配重过程。由于电解单片阴极铜板的质量误差较大（140kg±10kg），不能完全通过确定的片数保证单垛的重量要求。单垛铜板先在升降台 4 上，通过电子秤 5 称重。单垛铜板质量在 2400～2600kg 时不进行加减操作。当单垛铜板质量大于 2600kg 时，减去一片铜板，放在存料台 3 上；当单垛铜板质量小于 2400kg 时，从存料台 3 上取下一片铜板放在单垛铜板上。

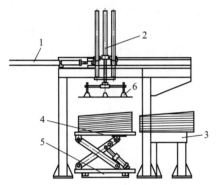

图 2-4　阴极铜板包装生产线
配重系统结构原理图
1,2—液压缸；3—存料台；4—升降台；
5—电子秤；6—真空吸盘

(2) 真空吸附系统

① 吸盘的分布与选型。由于铜板的质量较大（140kg±10kg），加之表面吸附环境不佳［表面有图 2-5 所示分布的铜豆和凹槽（凸棱）］，传统的吸盘分布形式难以完全保证配重系统抓取铜板和运送铜板时的稳定，为此需对吸盘分布进行分析计算和设计。

按铜板最大质量 $m = 150$kg，提升系统的加速度为 0.5m/s^2，计算出的吸盘吸住铜板垂直运动时的吸力为 $F_1 = 1546.5$N。主要考虑 3 方面的因素来选取真空吸盘：a. 由于在铜板表面存在凹槽和铜豆，吸盘的直径不应过大，数量不应过少，以降低吸盘在吸附铜板时碰到凹槽和铜豆的概率；b. 使用的吸盘数量宜多，当其中一个或少数几个失效时，其余吸盘不受影响，依然保持对于铜板的抓取；c. 吸盘的分布应当符合铜板表面凹槽（凸棱）的分布规律，尽量避免整列吸盘与其接触。综上所述，该配重系统选用 10 个吸盘，并采取图 2-6 所示的两种不同的吸盘分布方式。

根据样本数量为 100 的测量统计结果，第 2 与第 3 条凹槽（凸棱），第 3 与第 4 条凹槽（凸棱），第 6 与第 7 条凹槽（凸棱），第 7 与第 8 条凹槽（凸棱）之间的间距最宽，分别为 160mm、115mm、115mm、160mm。故第 1 列吸盘位于第 2 与第 3 条凹槽之间的中心处，第 2 列吸盘位于第 3 与第 4 条凹槽之间的中心处，第 3 列吸盘位于第 6 与第 7 条凹槽之间的中心处，第 4 列吸盘位于第 7 与第 8 条凹槽之间的中心处。10 个吸盘中第 1 与第 4 列的吸盘构成了一个正方形，第 2 与第 3 列的吸盘分别在其正方形的对角线上。所以第 1 与第 2 列吸盘的距离为 137.5mm，第 2 列吸盘与中心线之间的距离为 167.5mm。单个吸盘的吸力 $F =$

$F_1/10 = 154.65\text{N}$。

根据吸盘的形状和吸力 F_1 值，选定费斯托（Festo）公司 VAS-100 型圆形吸盘，其有效直径为 85mm，在真空度为 70kPa 时理论吸力为 397N。吸盘材料为聚氨酯（PUR），该材料柔软，传送轻柔。便于将表面平均为 1.5～2mm 凹槽（凸棱）的铜板填充（包裹），形成良好的密封性，保证吸附的可靠性。

按极端状态对铜板的力矩平衡分析，表明 10 个 VAS-100 型吸盘采用图 2-6 的分布方案可行，要求的最大吸力为 386.63N，小于 VAS-100 型吸盘的理论吸力 397N，说明 10 个吸盘分布方案可行。

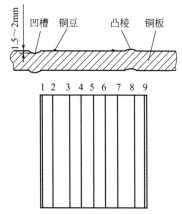

图 2-5　铜板表面铜豆与凹槽（凸棱）分布

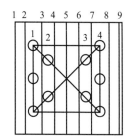

图 2-6　真空吸盘的分布

② 真空发生器的选择。按吸盘的最大理论吸力计算得到的真空度为 68.17kPa 和提取铜板的时间要求（小于 2s），考虑真空发生器的抽气时间，选择 VADMI-140 型真空发生器，其最大真空度可以达到 88kPa，抽气时间 0.067s，满足设计要求。

（3）系统技术特点

该真空吸附系统的 10 个真空吸盘采用两种分布方式，系统采用费斯托 VAS-100 型圆形聚氨酯（PUR）吸盘作为执行元件，以 VADMI-140 型真空发生器作为真空源，可有效地提高真空吸盘工作的可靠性，以满足铜板配重的实际要求。

2.2.4　烧结矿自动打散与卸料装置气动系统

（1）主机功能结构

烧结矿是将多种粉料混合配料后经高温烧结而成的块状物。为了便于运输，烧结矿出炉后需要打散，并将打散后的矿倒于指定容器内。烧结矿自动打散与卸料装置（图 2-7）主要由机架、打散机构、夹持机构、翻转机构、Y 移动机构、Z 移动机构、Z' 移动机构和电控系统组成。机架用于支撑其他机构，可根据现场作业高度进行调整。打散机构由一大规格双作用气缸推动法兰盘，带动锥形锤插入坩埚内，将烧结后的矿物块打散，便于卸料。夹持机构采用两个单作用气缸推动机械手将盛放烧结矿的坩埚抱紧，实现移动和卸料。翻转机构由步进电机驱动，将夹持机构抱起的坩埚翻转一定角度，实现倒料与坩埚回正。Y 移动机构在 Y 方向左右移动，将传送带上的坩埚移动到倒料位置。Z 移动机构在 Z 方向上下移动，实现坩埚的提起与放下。Z' 移动机构也在 Z 方向上下移动，实现打散机构上下移动的功能。该打散与卸料装置有自动和手动两种工作方式。在手动模式下，该装置的各个机构可分别通过触摸屏上的对应部分进行控制。同时，为了设备的安全性，各移动机构具有机械硬限位和软限位。

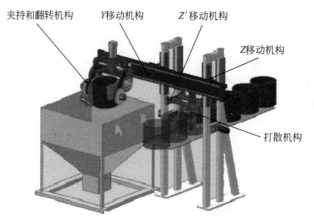

图 2-7　烧结矿自动打散与卸料装置结构原理图

（2）气动系统原理

烧结矿自动打散与卸料装置的气动系统包括夹持机构气动系统和打散机构气动系统。

夹持机构气动系统原理如图 2-8 所示，系统的执行元件是两个弹簧复位的单作用夹持气缸 1 和 2，其功用是驱动夹持机构的机械手将盛放烧结矿的坩埚抱紧，缸 1 和缸 2 的运动方向分别由二位三通电磁换向阀 3 和 4 控制。系统工作时，用一个继电器控制电磁铁 1YA 与 2YA 同时通与断。当 1YA 与 2YA 均断电使阀 3 和阀 4 均处于图示左位时，气源 6 的压缩空气经过滤器 5 和阀 3、阀 4 分别流入气缸 1 和 2 的无杆腔，活塞压缩有杆腔弹簧，并带动机械手将坩埚夹紧；而当电磁铁 1YA 与 2YA 均通电使阀 3 和阀 4 切换至左位时，缸 1 和缸 2 有杆腔内的弹簧复位，将缸 1 和缸 2 无杆腔气体挤出并经阀 3 和阀 4 及消声器 7 和 8 排向大气，机械手松开坩埚。

打散机构气动系统原理如图 2-9 所示，系统的执行元件为带动打散机构上的锥形锤上下往复运动的双作用气缸 1，其运动状态由单电控的二位五通电磁换向阀 2 控制，实现烧结矿块的打散。系统工作时，电磁铁 YA 通电使换向阀切换至左位，气源 5 的压缩空气经阀 2 进入气缸 1 的无杆腔（有杆腔经阀 2 和消声器 4 排气），推动活塞杆向下运动，实现锥形锤击打矿块的功能；电磁铁断电时，换向阀复至图示右位，压缩空气经阀 2 进入气

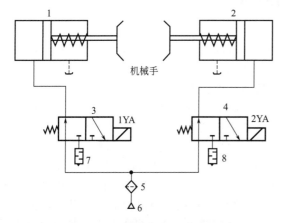

图 2-8　夹持机构气动系统原理图
1—夹持气缸 1；2—夹持气缸 2；3,4—二位三通电磁
换向阀；5—过滤器；6—气源；7,8—消声器

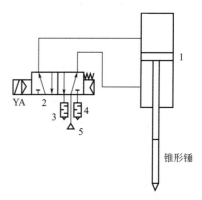

图 2-9　打散机构气动系统原理图
1—打散气缸；2—二位五通电磁
换向阀；3,4—消声器；5—气源

缸有杆腔（无杆腔经阀 2 和消声器 3 排气），顶动活塞杆向上运动，将锥形锤拉回至初始位置。

（3）PLC 电控系统

在该系统中，由于要用 PLC 发送脉冲来控制步进电机，故电控系统须采用晶体管输出方式的 PLC。本电控系统采用 DELTA 公司 DVP40EH00T3 型 PLC，其 I/O 为 24/16，且输出口中有 6 个为 200kHz 高速脉冲输出口，有 2 个 10kHz 脉冲输出口，满足控制要求。系统步进电机采用 Hamderburg 公司的两相混合式步进电机和配套驱动器（一个控制 Y 移动机构，2 个分别控制 Z 移动机构和 Z' 移动机构，一个控制翻转机构）。触摸屏采用 DELTA 的 DOP-B08S515 型 8 寸高彩宽屏，工作过程可在屏上动态显示。系统组成框图和硬件接线分别如图 2-10 和图 2-11 所示。

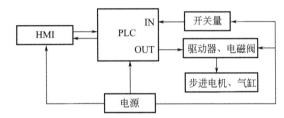

图 2-10　烧结矿自动打散与卸料装置 PLC 电控系统组成框图

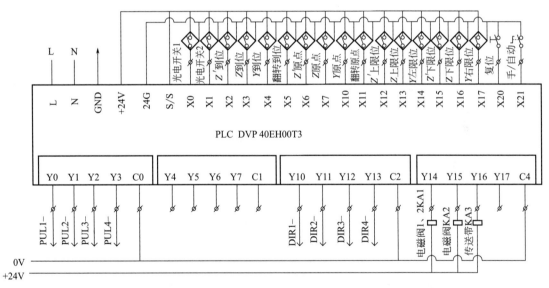

图 2-11　烧结矿自动打散与卸料装置 PLC 电控系统硬件接线图

系统控制程序有 3 个环节（其程序框图见图 2-12）：复位程序、手动模式操作程序和自动模式操作程序。其中手动操作和自动运行是通过旋转开关进行切换。

触摸屏界面（图 2-13）上设有各机构的原点指示灯以及到位指示灯和手动操作单步执行的按钮。当各机构回归原点或到达到位开关后，相应的指示灯会变亮，指示装置的运动情况。当手/自动选择开关旋转到手动挡时，按触摸屏上手动操作的相应按钮可操作 Z 与 Z' 轴的上升与下降、Y 轴的左右移动、夹手的夹紧与松开以及翻转机构的翻转与回位等。

系统在自动控制模式下的工作过程：当光电开关 1 检测到坩埚到位后，传送带停止运动，Z' 轴将打散机构从原点处下降到到位开关处，PLC 控制电磁阀推动锥形锤，将烧结块打散，接着拉起锥形锤，将打散机构上升到原点位置。传送带带动坩埚移动，当光电开关 2 检测到坩埚到位后停止移动，PLC 控制电磁阀 1 和 2 将机械手松开，准备抱坩埚，然后 Z 轴带动 Y 轴、夹持机构和翻转机构从原点处下降到到位开关处，左右气缸推动夹手夹紧坩埚。Z 轴运动提升坩埚到原点处，然后 Y 轴移动将坩埚带到料斗上方，由翻转机构的电机驱动使坩埚翻转 180°，将烧结块倒下。接着翻转机构将坩埚回转到位，Y 轴运动到传送带上方，Z 轴下降到位，气缸松开，坩埚放回到传送带上。

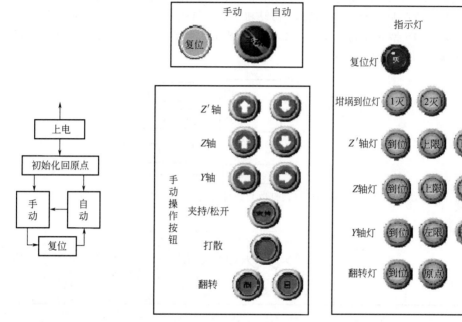

图 2-12 烧结矿自动打散与卸料装置 PLC 电控系统控制程序框图　　图 2-13 烧结矿自动打散与卸料装置 PLC 控制触摸屏界面图

(4) 系统技术特点

① 烧结矿自动打散与卸料装置采用气动技术和触摸屏、PLC 控制技术，自动化程度高，减轻了操作者在恶劣环境下的作业强度。

② 气动系统气路结构简单，使用元件少；其中夹持机构气动系统采用了二位三通常开电磁换向阀，可以保证电磁铁在电源意外中断时，只要气源充足，坩埚就不会夹持不掉，减少了不必要的损失。

2.2.5　热轧带钢表面质量检测系统导向翻板装置气动系统

(1) 主机功能结构

导向翻板装置是热轧厂带钢表面质量检测系统的配套装置之一，用于对带钢头部通过此区域时进行导向，防止带钢头部落下，带钢头部通过后，导向翻板瞬间翻下，为下部检测单元提供一个检测视区，检测完毕后，导向翻板上翻，整个运行过程要求精准、快速，该装置采用了气压传动。导向翻板组件由翻板 1 及 2、支架 3、转动轴 6、轴承座 4 和连接杆 7 等部件组成，如图 2-14 所示。两个气缸通过连接杆与转动轴用键连接。在无带钢通过时，导向翻板处于水平状态；当带钢的头部通过导向翻板后第 1 个轨道时，气缸带动导向翻板快速自动翻下；当带钢的尾部通过导向翻板后第 1 个轨道时，气缸带动导向翻板自动复位水平状态。

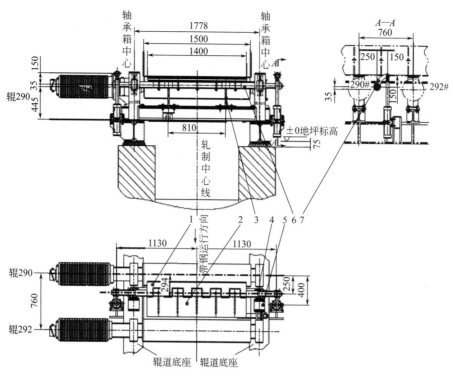

图 2-14 导向翻板组件

1—固定翻板；2—活动翻板；3—活动翻板支架；4—轴承座；

5—轴承座支架；6—转动轴；7—连接杆

(2) 气动系统原理

导向翻板装置气动系统原理如图 2-15 所示。系统的气源 10 通过球阀 1 和气动三联件 2 向系统提供符合要求的压缩空气。系统的执行元件是 2 个并联的导向翻板气缸 9，缸 9 的运动方向由二位五通电磁换向阀 4 控制，其运动速度由进出气口的单向节流阀双向排气节流调节，快速排气阀 7 可实现气缸非工作腔气体的快速排放，提高翻板速度。换向阀及各快排阀排气口分别装有消声器 3 和 8，以降低排气噪声强度。电磁铁 1YA 通电使换向阀 4 切换至右位时，气源 10 的压缩空气经阀 1、气动三联件 2、阀 4、阀 5.2 及 5.4 的节流阀和快速排气阀 7.2 及 7.4 进入气缸 9.1 和 9.2 的有杆腔，二气缸活塞杆缩回打开翻板；电磁铁 1YA 断电时，阀 4 复至图示左位，气缸 9 上行伸出关闭翻板。

导向翻板装置气动系统部分技术参数及元器件型号规格如表 2-2 所示。

表 2-2 导向翻板装置气动系统部分技术参数及元器件型号规格

技术参数				元器件型号规格		
序号	参数	数值	单位	元器件名称	型号	技术规格
1	两侧气缸闭合翻板推力 F_1	1.5	kN	气缸	MDBT80TF-350-Z73	缸径 80mm 行程 350mm
2	两侧气缸打开翻板拉力 F_2	1.5	kN	电磁换向阀	VFR5141-5DZA-B06F	通径 20mm 额定流量 $5.5555 \times 10^{-3} \, m^3/s$
3	气缸工作行程 L	300	mm	单向节流阀	AS420-04	
4	翻板打开时间 t	≤0.6	s	快速排气阀	AQ5000-F04-L	
5	气缸速度 v	0.5	m/s	消声器	AN500-06	

技术参数				元器件型号规格		
序号	参数	数值	单位	元器件名称	型号	技术规格
6	系统气压	0.4	MPa			
7	单个气缸单行程耗气量	2.512×10^{-3}	m³/s			
8	气缸进气口管径	15	mm			
9	气源入口管径	25	mm			

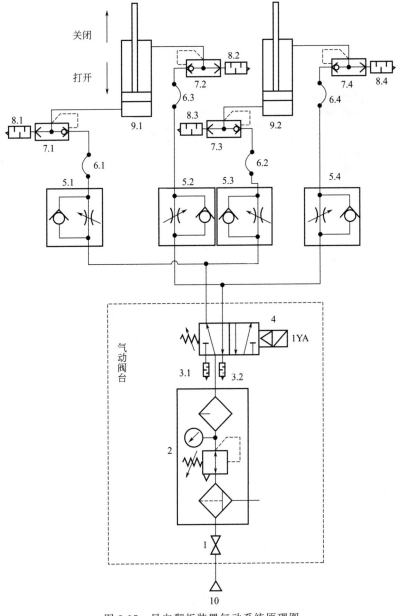

图 2-15　导向翻板装置气动系统原理图

1—球阀；2—气动三联件；3,8—消声器；4—二位五通电磁换向阀；

5—单向节流阀；6—软管；7—快速排气阀；9—气缸；10—气源

（3）系统技术特点

① 气动导向翻板装置原理简单、性能可靠、使用和更换维修方便。

② 气动系统采用快速排气阀，可提高气缸运行速度和翻板速度。

③ 系统气源直接从车间钢带卷取机附近区域的压缩空气总管上引出，送至导向翻板装置（图 2-16），供其用气，无须另行增设独立动力源，节省了投资成本，经济性好。

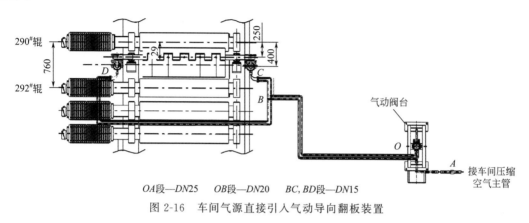

OA段—DN25　　OB段—DN20　　BC,BD段—DN15

图 2-16　车间气源直接引入气动导向翻板装置

2.2.6　连轧棒材齐头机气动系统

（1）主机功能结构

连轧棒材齐头机是一种承重平车装置，通过气动系统对成捆棒材进行冲击，使其端部达到一端齐平（定尺：约为 $\phi500mm \times 6000mm$；非定尺：直径 $\leqslant 500mm$，长度 $\leqslant 6000mm$；捆质量：$\leqslant 3000kg$；定尺两端齐，非定尺一端齐；其他成品材的端头齐平），以达出厂交货要求。根据棒材包装的要求，该机采用气动平车承载、手动操控、端面固定基础冲击面的齐头方式，齐头机总体结构如图 2-17 所示，平车尺寸为 4500mm × 1600mm × 600mm；轨距 1200mm，轮距 3700mm；车轮直径 $\phi500mm$，单轮缘平车全部采用型钢焊接；自重 85kN，额定载重 150kN。设置冲击挡块和缓冲装置；基础冲击装置设 40mm 齐头冲击钢板，钢板中间夹 40mm 橡胶缓冲垫。

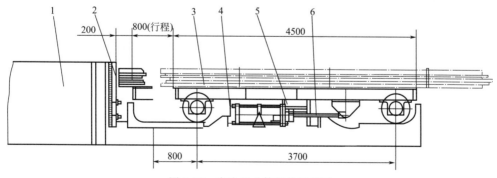

图 2-17　齐头机总体结构示意图

1—冲击基础；2—冲击面；3—平车；4—止挡；5—气动系统（气缸）；6—缓冲装置

（2）气动系统原理

齐头机气动系统原理如图 2-18 所示，气缸 12 为系统唯一执行元件，用于驱动平车承载，

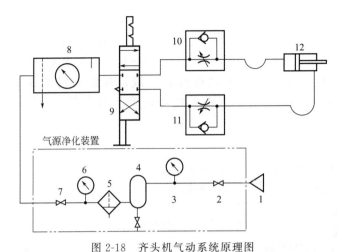

图 2-18　齐头机气动系统原理图

1—气源；2,7—截止阀；3,6—压力表；4—储气罐；5—空气过滤器；8—气动
三联件；9—三位四通手动换向阀；10,11—单向节流阀；12—气缸

缸 12 的运动方向由三位四通手动换向阀 9 控制，采用单向节流阀 10 和 11 双向节流调速。从工厂集中气源 1 引出的压缩空气经过简易气源净化装置（内包括截止阀 2 和 7、压力表 3 和 6、储气罐 4、空气过滤器 5 等）过滤（定期放水）及设备近旁的气动三联件供给气缸使用。当换向阀 9 切换至下位时，压缩空气经阀 9 和阀 11 的单向阀进入气缸 12 有杆腔（无杆腔经阀 10 的节流阀和阀 9 排气），活塞杆驱动平车及车载的成捆棒材进行冲击齐头作业。

(3) 系统技术特点

① 与原通过行车吊一捆钢在过跨平车侧面冲击使得棒材端面齐平的方法相比较，气动齐头机简单实用，成本低，操作方便可靠。

② 气动系统气路结构简单，使用元器件较少（连轧棒材齐头机气动系统部分技术参数及元器件型号规格见表 2-3）；气源经二次净化和定期放水，保证了气源的清洁度，保证了气动系统乃至整机的可靠性和要求的冲击速度。

③ 气动系统采用单向节流阀对执行气缸双向排气节流调速，有利于提高工作机构的平稳性。

④ 气缸采用操控手动换向阀换向，需要一定技巧且有一定的劳动强度，若改为电磁换向阀，则有利于提高自动化程度，降低劳动强度。

表 2-3　连轧棒材齐头机气动系统部分技术参数及元器件型号规格

序号	参数		数值	单位
1	平车运行摩擦阻力		2.707	kN
2	气缸	型号	QGBI(320/80)×900	
3		驱动力	1.5	kN
4		工作行程 L	800	mm
5		单行程时间 t	1	s
6		速度 v	1	m/s
7		气压	0.39	MPa
8		自由空气耗气量	30.3	m^3/min
9		进气口管径	25	mm

续表

序号	参数		数值	单位
10	手动换向阀	型号		Q34SR2-L25
		通径	25	mm
11	单向节流阀	通径	25	mm

2.3 金属材料成型机械气动系统

2.3.1 焊条包装线气动系统

(1) 主机功能结构

焊条包装线是一条采用 PLC 控制和气动技术的焊条自动化包装生产线。该生产线主要是由传动部分（V 带及同步带）、计数部分（滚珠丝杠组件）、包装部分（推料气缸、举焊条组件）等结构组成（图 2-19）。主要完成如下功能：从料炉内输出的焊条输送到焊条自动包装线的传动部分，传感器检测到设定数量的焊条后，定位气缸执行动作 1（上下往复运动）定位焊条→在伺服电机的作用下，定位气缸随焊条一起运动，到达设定位置后，挡料气缸执行动作 2（上下往复运动），挡料气缸上移挡住焊条，定位气缸退回到起点位置，焊条落入料盒中→挡料气缸到达最高点时，振动气缸执行动作 3（上下往复运动）使料盒中的焊条整齐紧凑→振动气缸停止动作回到最低位后，推料气缸执行动作 4（水平往复运动）将焊条推出料盒→焊条被推出后，两个抱爪气缸执行动作 5（水平往复运动）将焊条抱紧，举焊条气缸执行动作 6（上下往复运动），举焊条组件向上翻转 90°，待焊条装盒后，完成整套焊条自动包装过程。

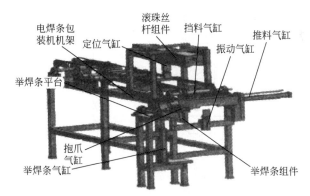

图 2-19 焊条包装线的结构组成与布局示意图

(2) 气动系统原理

图 2-20 所示为焊条包装线气动系统原理图，气动三联件 1 用于为启动系统提供清洁、稳定、润滑气源。系统的执行元件有 6 组（7 个），它们分别是：振动气缸 2 主要用于将料盒中的焊条抖动整齐；推焊条气缸 3 主要用于将料盒中的焊条推出；举焊条气缸 4 主要用于将举焊条组件举起；左、右抱爪气缸 5、6 主要用于将推焊条气缸推来的焊条抱紧、抬起，方便工人装盒操作；挡焊条气缸 7 主要用于将多余的焊条挡在传送带上；定位气缸 8 主要用于为确定每一料盒的根数，根据设定值，确定每一包的焊条数量。上述 6 组气缸的动作，分别采用 6 个二位五通电磁换向阀进行控制，通过 PLC 的输入输出信号来控制其动作的先后顺序。为实现焊条简单准确的定位、计数与包装，在焊条推和举时，采用磁性开关配合完成整套动作，如果要改变整套动作的顺序，只需要改变控制程序即可。

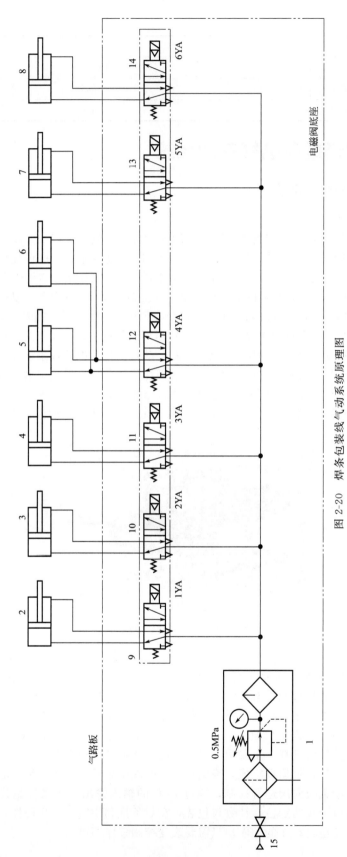

图 2-20 焊条包装线气动系统原理图

1—气动三联件；2—振动气缸；3—推焊条气缸；4—举焊条气缸；5—左抱爪气缸；6—右抱爪气缸；7—挡焊条气缸；8—定位气缸；9～14—二位五通电磁换向阀；15—气源

（3）PLC 自动控制系统

根据 PLC 的特点及焊条自动包装控制系统的要求，本控制系统需要输入输出点数分别为 15 个和 12 个。其采用的 PLC 配置为 FPO-C32CPU，输入和输出均为 16 点，电源电压 DC24V，输入电压 DC24V±公共端，晶体管输出 NPNO0.1A。其输入输出点如表 2-4 所示。图 2-21 所示为焊条自动包装线控制系统的硬件框图。

表 2-4　焊条自动包装线 PLC 控制输入、输出点分配表

输入			输出		
序号	输入点代号	名称	序号	输出点代号	名称
0	X0	旋转编码器信号	0	Y0	伺服信号
1	X1	启动	1	Y1	伺服方向
2	X2	焊条计数	2	Y2	伺服复位
3	X3	停止	3	Y3	传送电机速度一
4	X4	丝杠原点	4	Y4	传送电机速度二
5	X5	急停	5	Y5	定位气缸电磁阀
6	X6	丝杠终点	6	Y6	挡料气缸电磁阀
7	X7	伺服 OK	7	Y7	抖动气缸电磁阀
8	X8	伺服报警	8	Y8	抱爪气缸电磁阀
9	X9	脚踏开关	9	Y9	推气缸电磁阀
10	XA	磁性开关1(抖动下)	10	YA	举气缸电磁阀
11	XB	磁性开关2(推料后)	11	YB	电机使能
12	XC	磁性开关3(举起下)			
13	XD	脚踏开关			
14	232 串口	文本屏			

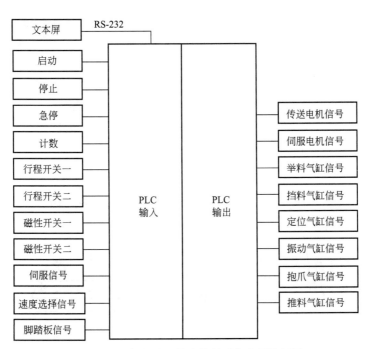

图 2-21　焊条自动包装线控制系统的硬件框图

（4）系统技术特点

① 焊条包装线的气动系统的执行元件仅有气缸，气路较为简单；各组气缸分别采用电磁换向阀进行控制，并通过 PLC 控制其动作的先后顺序；在焊条推和举时，采用磁性开关配合完成整套动作，即可实现焊条简单准确的定位、计数与包装；通过改变控制程序，即可改变整套动作的顺序。

② 采用 PLC 控制气压传动的焊条包装线工作效率高、劳动力和成本低、经济效益高；计数准确，安全可靠，自动化水平高，稳定性好；易于扩展和进行二次开发。

2.3.2 冲床上下料气动机械手系统

（1）主机功能结构

冲床是各种金属薄板的冲压成型机械。在冲床加工过程中，利用上料机械手可显著地提高生产效率，同时能有效地避免操作者的工伤事故。图 2-22 所示为冲床上下料机械手的总体结构示意图，图 2-23 为 3 个自由度的机械手的圆柱坐标形式，含腰部回转气缸（摆动气马达）、垂直升降气缸、手臂伸缩气缸和末端夹持气缸及底座等。

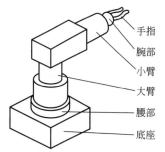

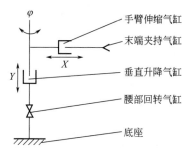

图 2-22 冲床上下料机械手的总体结构示意图   图 2-23 3 个自由度的机械手的圆柱坐标形式

机械手末端执行机构（夹持器）有可换指端夹持器和真空吸盘两种形式（图 2-24），可视被抓工件形状选定。前者适用于立体形被抓工件，这种夹持方式柔性较好，用户可据被抓工件的不同形状结构，通过螺栓连接更换各种手指，如 V 形钳口手指、弧形手指等，从而扩大夹持器的使用范围。后者适用于平面板材被抓工件，真空吸盘体积小，吸力强，能广泛适用于各种规格不同形状和不同材料的平板冲件。

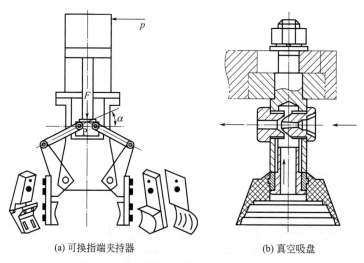

(a) 可换指端夹持器   (b) 真空吸盘

图 2-24 机械手末端执行机构（夹持器）

上下料机械手所需要完成的动作及工作流程如图 2-25 所示。

（2）气动系统原理

图 2-26 所示为上下料机械手气动系统原理图。三联件 3（分水滤气器、减压阀、油雾器）将气源 1 经截止阀 2 提供的压缩空气进行净化、调压和润滑油的雾化，为系统提供洁净的工作介质。系统的 4 个执行元件为垂直升降气缸 8、手臂伸缩气缸 9、腰部回转气缸 10 和末端夹持气缸 11。3 个双作用气缸（缸 8、9、11）与腰部回转缸 10 均采用二位五通脉冲式电磁换向阀作为运动方向的主控元件并无复位弹簧，电磁铁断电后，阀芯不会自动复位；行程开关 ST1～ST8 将作为各电磁铁的信号源，将机械位移转变为电信号，实现机械手的定位和行程控制。缸 8 和缸 11 的活塞杆伸、缩的速度及腰部回转气缸（摆动气马达）10 的回转速度分别采用单向节流阀 12、13，18、19 和 16、17 进行排气节流调速，其排气背压有利于提高运动平

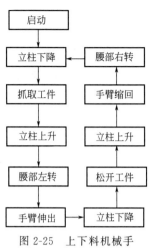

图 2-25　上下料机械手的动作及工作流程框图

稳平稳性；在垂直升降气缸 8 的回路中，二位五通电磁换向阀 4 和二位二通电磁换向阀 20 的电路互锁，可防止气路突然失压时，垂直升降气缸 8 立即下落；手臂伸缩气缸 9 的回路中有两个快速排气节流阀，既可加快手臂伸缩气缸的启动速度，又可全程调速，快速排气阀安装在换向阀 5 和手臂伸缩气缸 9 之间，使手臂伸缩气缸的排气不用通过漫长的管道和换向阀而直接从快排阀排出，从而加快气缸往复运动的速度。为防止末端夹持气缸 11 手指夹紧力受系统压力波动影响，压力过高导致夹紧力过大损坏工件，压力过低则无法夹紧工件，在该回路上设有减压阀 21 进行减压稳压，保证手指夹紧时工作压力恒定。消声器 22 和 23 用于消除系统总的排气管路的高频噪声。

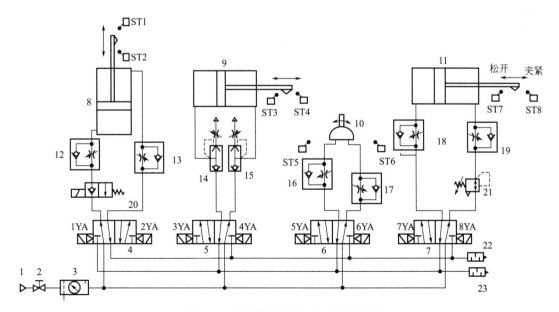

图 2-26　上下料机械手气动系统原理图

1—气源；2—截止阀；3—三联件（分水滤气器、减压阀、油雾器）；4～7—二位五通电磁换向阀；8—垂直升降气缸；9—手臂伸缩气缸；10—腰部回转气缸；11—末端夹持气缸；12,13,16～19—单向节流阀；14,15—快速排气节流阀；20—二位二通电磁换向阀；21—减压阀；22,23—消声器

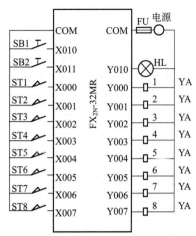

图 2-27 PLC 硬件输入和输出接线图

(3) PLC 控制系统

控制系统采用三菱公司 FX 系列 PLC，其输入点和输出点的分配如表 2-5 所示，PLC 硬件输入和输出接线如图 2-27 所示。用 PLC 的 8 个输出端与换向阀的 8 块电磁铁 1YA～8YA 的线圈相连，通过编程，使电磁阀各线圈按一定序列通电激励，从而使机械手按图 2-25 给定的工作流程自动完成动作序列，即按下启动按钮，机械手从原点开始，按工序自动反复连续工作，直到按下停止按钮，机械手在完成最后一个周期的动作后，返回原点自动停机。上下料机械手 PLC 控制系统指令如表 2-6 所示，若需改变机械手的动作，只需将程序中动作代码及顺序进行修改即可。

表 2-5　上下料机械手 PLC 控制输入、输出点分配表

输入			输出	
代号	输入点代号	名称	电磁铁编号	输出点代号
SB1	X010	停止按钮		Y010
SB2	X011	停止按钮		
ST1	X000	立柱上升	1YA	Y000
ST2	X001	立柱下降	2YA	Y001
ST3	X002	手臂伸出	3YA	Y002
ST4	X003	手臂缩回	4YA	Y003
ST5	X004	腰部左转	5YA	Y004
ST6	X005	腰部右转	6YA	Y005
ST7	X006	抓取工件	7YA	Y006
ST8	X007	松开工件	8YA	Y007

表 2-6　上下料机械手 PLC 控制系统指令表

序号	指令	序号	指令	序号	指令
0	LD X010	12	RST M1	24	SET M3
1	OR M0	13	LD M2	25	RST Y007
2	ANI X011	14	AND Y007	26	MPP
3	OUT M0	15	LD M7	27	ANI M2
4	LD X080	16	AND Y006	28	RST M7
5	AND X005	17	AND X004	29	SET M8
6	ANB X003	18	ORB	30	LD M3
7	SET M1	19	OUT Y001	31	SET Y006
8	LD M0	20	AND X001	32	MPS
9	AND M1	21	MPS	33	AND X006
10	ANI Y006	22	ANI M7	34	RST M3
11	SET M2	23	RST M2	35	MPP

续表

序号	指令	序号	指令	序号	指令
36	SET M4	52	SET M10	67	RST M8
37	LD M4	53	LD M5	68	SET M9
38	AND Y006	54	AND Y006	69	LB M10
39	LD M9	55	OUT Y004	70	AND Y007
40	AND Y007	56	AND X004	71	OUT Y003
41	AND X004	57	RST M5	72	AND X003
42	ORB	58	SET M6	73	RST M10
43	OUT Y000	59	LD M6	74	SET M11
44	AND X000	60	AND Y006	75	SET M11
45	MPS	61	OUT Y002	76	AND Y007
46	ANI M9	61	AND X002	77	OUT Y005
47	RST M4	62	RST M6	78	AND X005
48	SET M5	63	SET M7	79	RST M11
49	MPP	64	LD M8	80	END
50	ANI M4	65	SET Y007		
51	RST M9	66	AND X007		

（4）系统技术特点

① PLC 控制的冲床上下料气动机械手自动化程度高，安全防护性好。

② 气压传动，动作迅速，反应灵敏，能实现过载保护，便于自动控制，阻力损失和泄漏较小，绿色环保。

③ 采用 PLC 对气动系统实施控制，结构简单、成本低，当被加工零件或工艺发生变更时，不需要改变硬件，只需重新编程调试控制系统指令即可，调试维护方便，效率高。

④ 该机械手气动系统的执行元件（气缸）换向均采用无复位弹簧的二位五通脉冲式电磁换向阀进行控制；垂直升降气缸 8 采用电磁换向阀 4 和电磁换向阀 20 的电路互锁，以防气路突然失压，致使垂直升降气缸 8 立即下落；除手臂伸缩气缸 9 采用快速排气节流阀快排调速外，其余 3 个气缸均采用单向节流阀的排气节流，不仅可利用背压提高缸的运动平稳性，而且有利于系统散热。

⑤ 机械手的末端夹持器既可采用夹持手指抓取一般形状结构的工件，也可更换真空吸盘吸附薄型或平板型工件，拓宽了机械手的使用范围。

2.3.3 送料器气动系统

（1）主机功能结构

气动送料器是一种以压缩空气为动力，实现步进送料的一种装置，它能与卷（放）料架、校平机等一起组成冲压自动化送料系统，经过适当选型和改进，还可用于异型断面及非金属材料的步进送料。按送料形式的不同，气动送料器可分为推料式与拉料式两大类型送料器。前者在送料时，条料为受压状态，一般用于条料刚性较好的场合；而后者在送料时条料为受拉状态，适用于刚性较差的条料及非金属等的送料。在这两种类型中，按送料器的控制方式不同还可细分为多种形式，其中标准型送料器是送料器系列中的基本型。标准型送料器的先导阀是二位三通机控换向阀，其信号源是安装在压机滑块上的压杆。

（2）气动系统原理

图 2-28 所示为标准型送料器气动系统原理图，其中图 2-28（a）所示的推料式和图 2-28（b）所示的拉料式的执行元件均为固定夹紧气缸 3、移动夹紧气缸 4 及送料气缸 5。开停阀 1 直接控制气源与系统的通断；二位三通机控换向阀 2 为先导阀，它采用气动复位，在压机滑块下行至一定行程时，便可将其压下而切换至上位，滑块通过下止点上行后，在气压力作用下复位。二位三通气控换向阀 7 是差压控制型（左端控制腔面积大于右腔面积），当两端均接压缩空气时，在压差力的作用下，切换至左位；若左端通大气，则在右端气压的作用下切换至右位。推料式与拉料式气动系统的区别是阀 7 的通断机能不同，前者的阀 7 为常闭型，而后者的阀 7 为常开型。

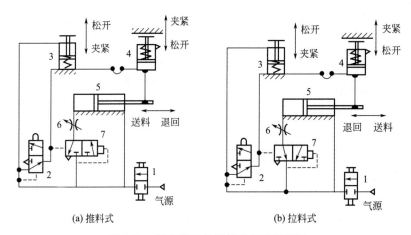

图 2-28　标准型送料器气动系统原理图
1—二位二通开停阀；2—二位三通机控换向阀（先导阀）；3—固定夹紧气缸；
4—移动夹紧气缸；5—送料气缸；6—节流阀；7—二位三通气控换向阀

对于图 2-28(a) 所示的推料式系统，在图示状态，压机滑块处于上止点，未压下先导阀 2。操纵开停阀 1 使其切换至上位，则气源的压缩空气经先导阀 2 分别进入固定夹紧气缸 3 和移动夹紧气缸 4 的无杆腔，在弹簧及气压的作用下，固定夹紧钳松开，移动夹紧钳夹紧条料。同时，压缩空气直接进入送料气缸 5 的有杆腔（无杆腔排气），在右腔气压力的作用下，带动夹紧钳左移送料（推料）。随着压机滑块下行，压下先导阀 2 使其切换至上位后，则缸 3 和缸 4 无杆腔及阀 7 左端控制腔排气，固定夹紧钳在上腔气压力作用下夹紧条料，移动夹紧钳在弹簧作用下松开，同时阀 7 在右端气压力作用下切换至右位，使送料气缸 5 在压差的作用下带动移动夹钳右移退回，为下一次送料循环做好准备。当压机滑块通过下止点上行至一定行程时，放开先导阀，又复至下位，送料器又夹住条料左移送料。

对图 2-28(b) 所示拉料式系统，其动作原理与前述大致相同。在图示状态，压机滑块处于上止点，未压下先导阀 2，故下位工作，固定夹紧气缸 3 松开，移动夹紧气缸 4 夹紧条料，同时送料气缸 5 带动夹住条料的移动夹紧气缸 4 右移送料（拉料）。当先导阀 2 被压下至上位后，固定夹紧气缸 3 夹紧条料，移动夹紧气缸 4 松开，同时送料气缸 5 左移，带动移动夹紧气缸 4 左移退回，为下一次送料循环做好准备。压机滑块上、下运动，压下和松开先导阀 2，重复以上送料—退回—送料动作。

（3）系统技术特点

气动送料器有多种类型，但其气动系统采用了机-气先导控制和差压气控原理，因而具有送料灵敏，反应迅速，调整方便的特点。气动送料器的另一显著特点是集成度高，拓展性强，送料气缸、固定气缸、移动气缸和差压式换向阀等气动元器件可集成为一体，结构紧凑，体积小，安装调试方便；经适当调整和变更，还可适用于不同料厚、不同料宽，甚至不同异型断面材料的送料作业。

2.3.4　石油钢管通径机气动系统

(1) 主机功能结构

通径机是石油钢管生产线上的一种专用检测设备，用于石油钻探和采油用钢管的质量（直线度和内径尺寸）检验及不合格钢管的剔除，以降低石油开采的风险。

采用气压传动的通径机的主机结构见图 2-29，前通径枪 2 和后通径枪 6 的枪筒内固定安装有通径规套筒（图中未画出），通径规套筒内径与管子内径相同、中心一致；前通径枪或后通径枪枪筒内的通径规套筒中装有通径规（图中未画出）；测试钢管在压紧装置 4 的作用下固定在台架 5 上，前通径枪与钢管左端面对接，后通径枪与钢管右端面对接；后通径枪和后储气罐 7 直接安装在移动小车 6 上；前通径枪通过管路与储气罐连接；移动小车上设有刹车装置（图中未画出）。

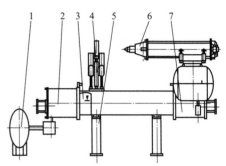

图 2-29　气动通径机的主机结构布局
1—前储气罐；2—前通径枪；3—通径芯棒；
4—压紧装置；5—台架；6—移动
小车和后通径枪；7—后储气罐

(2) 气动系统及通径原理

气动系统及通径原理如图 2-30 所示，前通径枪 2 和后通径枪 8 互为接收腔和发射腔。在通径作业时，发射腔的气缸缓冲装置 1 将通径规（图中未画出）送入通径枪套筒内，接收腔缓冲缸进到接收位；发射腔的二位二通排气阀 5 关闭，二位二通进气阀 4 打开；与此同时，接收腔的二位二通进气阀 4 关闭，二位二通排气阀 5 打开，通径规在压缩空气的推动下从钢管一端进入，向另一端运动，最后进入钢管另一端的接收腔，并推动接收腔的气缸缓冲装置 1。通过气缸缓冲装置上装有位置检测开关，可以确认通径规的到位情况，从而判断通径是否成功，钢管是否合格，达到钢管通径的目的。

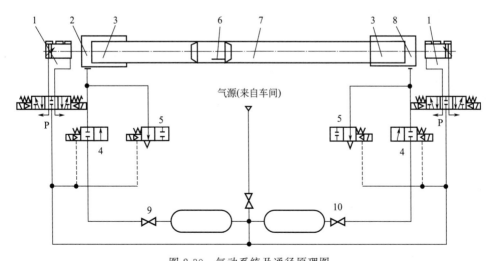

图 2-30　气动系统及通径原理图
1—气缸缓冲装置；2—前通径枪；3—通径枪套筒；4—二位二通进气阀；5—二位二通
排气阀；6—通径芯棒；7—测试钢管；8—后通径枪；9,10—截止阀

(3) 电控流程

图 2-31 为气动通径机控制流程框图。以前通径枪为发射端，后通径枪为接收端为例进行说明：工作时，首先判断通径位是否有钢管，如在通径位前设置有钢管→根据钢管的长度控制升起浮动台架的个数→钢管压紧→前通径枪前进至钢管前端面线（固定距离），后通径小车前进至钢管后端面线（后通径小车前进的长度及定位是根据钢管长度、移动小车编码器控制以及后通径枪前端的光电开关确定），到位后刹车锁紧→检测前后通径枪都到位后，前通径枪缓冲缸将通经规推到发射位，后缓冲缸前进到通径规接收位→前通径枪进气阀打开，后通径枪排气阀打开→后通径枪通过缓冲缸位置变化，检测通径规是否进到后通径枪套筒内，同时设定了一个时间限制，在规定的时间内，如果没有接收到通径规的信号，就在上位机上报警，并显示通径不合格，此时可以手动干预检查通径规的位置。如果接收到通径规，延时吹气一段时间，前通径枪后退，通径小车抱闸松开，通径小车后退（后退的长度根据下一根要通径钢管的长度确定，这样可以节省通径的时间，提高生产效率），后缓冲缸退到位→前通径枪退到位后，钢管压紧装置松开；后通径小车退到位，压紧装置松开到位→通径完成。

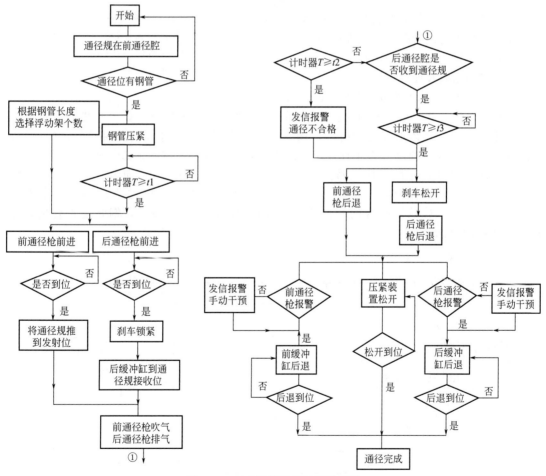

图 2-31 气动通径机控制流程框图

(4) 系统技术特点

与采用单台空压机供气的通径机相比，该气动通径机采用集中空压气源（车间提供的压缩空气）作为动力源，可以两端通径，且可根据下一根来管长度，确定通径小车的后退位置，小车移动时间短，工作效率高。

2.3.5　气动控制半自动冲孔模具

（1）主机功能结构

气动控制半自动冲孔模是使用气动元件通过机床光栅的通、断电来控制其动作的模具。由于零件形状接近对称，在放置零件时容易将零件放反，造成零件报废，在模具中部设有气动控制开关及机床光栅旁的小气缸来控制零件的放置。

图 2-32 所示为要加工的空心管件，该管件在 X、Y、Z 向均有变形。零件形状为 S 形，左边有两个 10mm 孔，右边有两个 12mm 和一个 10mm 孔。孔距要满足图纸所标注的尺寸，管件与水平面以 53°摆放时，5 个孔均在同一平面上。根据零件的这些特点，为了保证孔在圆周上的角度及孔距尺寸，提高零件的生产效率和质量，制定了将 5 个孔一次性冲出的冲压工艺及模具结构。

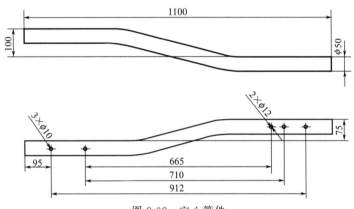

图 2-32　空心管件

图 2-33 为气动冲孔模具图，为了满足机床的装模高度，模具采用上、下模架结构。上模结构因与一般的冲孔模一样，此处从略。下模两侧分别装有两个气缸 2，气缸前部安装冲孔凹模 14；两个气缸控制开关 11、36 分别控制气缸 27、33，下模中部安装一个控制开关 17，控制气缸 31，防止管件被放反；另设 3 个小气缸，安装在机床的光栅旁，分别控制机床光栅的通、断电状态，有效地控制机床上滑块的动作；在下模板上装有两个气动开关。

（2）气动模具工作过程

当零件放置在下模后，定位板 37 进行纵向定位，下模垫块 16 为零件的型面定位。气缸 2 通过控制开关 34、35 将冲孔凹模 14 送入管内，通过橡胶 9（类似于压料弹性元件）的伸缩，可消除管件在长度方向的误差。当冲孔凹模 14 接触控制开关 11 时，气缸 27 的活塞向后运动使挡板 29 离开机床光栅。当零件放置位置正确时，零件的斜面将触动控制开关 17，使挡板 30 向后运动，离开机床光栅。如零件位置不正确，零件的斜面不能触动控制开关 17，挡板 30 不能离开机床光栅，将会使零件报废。当挡板 29、30、32 的 3 个挡片全部离开机床光栅时，模具处于正常工作状态。操作人员即可按下机床按钮进行工作，模具的小导柱 7 在运动中对冲孔凹模 14 进行精定位，使冲孔凹模 14 准确无误地进入工作位置。当挡板 29、30、32 的 3 个挡片中有一个未能离开机床光栅时，机床上滑块就不能下行，以免机床的误动作。

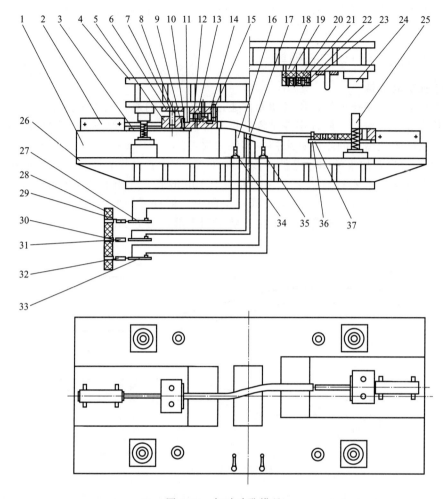

图 2-33 气动冲孔模具

1—垫块；2,27,31,33—气缸；3—导板；4—上模架；5—下滑块；6—固定板；7,22—小导柱；8,23,24—导套；
9—橡胶；10,37—定位板；11,17,34～36—控制开关；12—上模垫块；13—凹模导套；14—冲孔凹模；
15—冲孔凸模；16—下模垫块；18—卸料板；19—固定板；20—卸料弹簧；21—冲孔凸模；
25—导柱；26—下模架；28—光栅；29,30,32—挡板

（3）系统技术特点

采用气动控制元件使模具实现了半自动化，能够准确控制模具在工作中的各动作协调。可防止零件放反而导致报废。提高了生产效率，降低了零件的报废率，保证了零件的质量。

2.3.6 板料折弯机气动系统

（1）主机功能结构

折弯机是将板料折弯成具有一定角度、曲率半径和形状的专用机械。折弯机结构原理及板料折弯如图 2-34 所示，如图 2-34（a）所示，折弯机在工作时，当工件端部到达 a_2 位置时，若按下启动按钮，气缸下行伸出，将工件在 a_1 位置按要求 V 形自由折弯［图 2-34（b）］，然后快速上升退回，完成一个工作循环；若工件未到达指定 a_2 位置，则即使按下按钮气缸，也不会动作。板料折弯力（即气缸负载）可由 $F=650S^2l/V$ 或 $F=1.42S^2l\sigma_b/V$ 计算确定［式中，l 为板料折弯长度，m；σ_b 为板料拉伸强度，MPa；其余符号意义见图 2-34。

一般定模开口宽度 V 是板料厚度 S 的 8～10 倍，折弯工件内径 $r=(0.16～0.17)V$]。

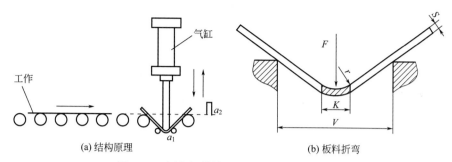

图 2-34 折弯机结构原理及板料折弯示意图

F—折弯力，kN；S—板料厚度，mm；V—定模开口宽度，mm；r—折弯工件内径，mm；K—动模作用宽度，mm

（2）气动系统原理

折弯机气动系统原理如图 2-35 所示。系统的压缩空气由气源 1 经气动三联件 2 提供。系统唯一的执行元件是双作用单活塞杆气缸 10，其主控换向阀是二位五通气控换向阀 7，其控制气流的信号源为手动阀和行程阀。信号左腔控制气流由二位三通手动换向阀 3、二位三通机动换向阀 4 及双压阀 6 控制，以确保气缸下行折弯加工时负载较大工况的安全；右腔控制气流则由二位三通机动换向阀 5 控制。气缸折弯结束空载快速返回时，无杆腔气体的快速排放由快速排气阀 8 控制。

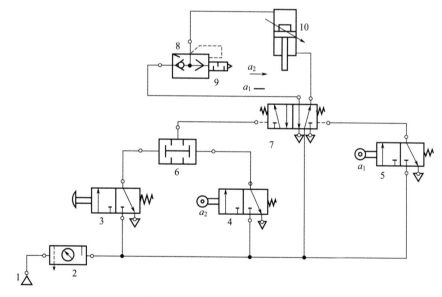

图 2-35 折弯机气动系统原理图

1—气源；2—气动三联件；3—二位三通手动换向阀；4,5—二位三通机动换向阀（行程阀）；6—双压阀；
7—二位五通气控换向阀；8—快速排气阀；9—消声器；10—双作用单活塞杆气缸

气动系统的工作过程：当板料运动到 a_2 位置时，压下换向阀 4，按下换向阀 3；控制气流经阀 3 和阀 4 进入双压阀 6，进入阀 7 左端气控腔（右端控制腔经阀 5 排气），阀 7 切换至左位；主气路的压缩空气经阀 7、快速排气阀 8 进入气缸 10 无杆腔（有杆腔经阀 7 排气），活塞杆下行伸出，带动动模对工件进行折弯。

当板料折弯压到 a_1 位置时，阀 8 切换至左位而打开，控制气流压缩空气经阀 8 进入阀 7

右端气控腔（左端控制腔经阀 6 和阀 4 排气），阀 7 切换至右位，主气路的压缩空气经阀 7 进入气缸有杆腔（无杆腔经快速排气阀 8 和消声器 9 排气），活塞杆带动动模空载快速上升退回。

(3) 系统技术特点

① 折弯机采用气压传动动作迅速可靠，操控方便，节能环保，适用于负载不大的板料折弯加工。

② 折弯机气动系统采用气控主阀行程导控，便于通过调节行程阀的位置改变信号源发出的时间，以适应不同加工要求；快速排气阀加快了活塞杆带动动模空载快速上升退回的速度，减少了辅助时间。通过系统工作气压的调节可适应不同材料和尺寸的工件折弯加工。

③ 板材折弯机气动系统部分技术参数见表 2-7。

表 2-7　板材折弯机气动系统部分技术参数

序号	参数		数值	单位
1	折弯力		416	kN
2	系统气压		1	MPa
3	气缸负载率		75%	
4	气缸缸径	理论值	221	mm
		标准值	250	
5	气缸活塞杆直径		80	mm

2.3.7　水平分型覆膜砂制芯机气动系统

(1) 主机功能结构

水平分型覆膜砂制芯机是铸造车间一种造型设备，它采用气压传动，可以实现开合模、射砂、打料等动作，其工艺过程框图如图 2-36 所示，其工况及动作说明如表 2-8 所示。

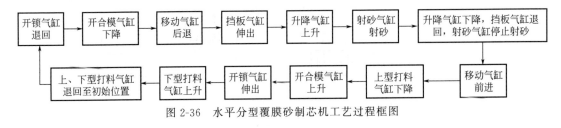

图 2-36　水平分型覆膜砂制芯机工艺过程框图

表 2-8　水平分型覆膜砂制芯机工况及动作说明

序号	工况	执行元件	动作说明
1	模具的解锁和锁紧	开锁气缸	当开锁气缸退回（伸出）时，将上型模具解锁（锁紧）。在工作状态应该处于解锁状态，当砂型加工完成后，将上型模具锁紧，或者当按下急停开关后，开锁气缸伸出处于锁紧状态
2	模具的开合	开合模气缸	当开合模气缸向下伸出（向上退回）时，将上、下型模具合模（开模）
3	小车前进后退	移动气缸	移动气缸带动小车上的模具实现前进和后退动作。当移动气缸向右（左）移动时，小车后退（前进）；当小车前进到位后，要求停留 20s，即砂子需要固化 20s，固化时间的长短依据砂型形状、大小来决定
4	挡砂板动作	挡板气缸	处于射砂状态时，挡砂板是伸出的，此时将储砂斗封住，关闭砂子出口。挡砂板的动作靠挡板气缸驱动。当挡板气缸伸出（退回）时，挡砂板处于关闭（打开）状态

序号	工况	执行元件	动作说明
5	整体模具的升降	升降气缸	当升降气缸伸出时,带动整体模具上升,使模具进砂口与射砂板紧密接触,同时压缩空气顶住,挡板气缸的挡板下端,封住储砂斗,为下一步的射砂动作做准备。射砂动作完成后,升降气缸退回,下降至初始状态
6	射砂动作	射砂气缸	射砂动作通过射砂气缸来完成,射砂时间为 2～3s。射砂气缸根据工作需要自行设计(图 2-37)。射砂气缸的进气口和储气罐相接,出气口 29 与射砂头相接。处于射砂状态时,即左控制口 16 通压缩空气,右控制口 9 与大气相通。如图 2-37 所示,当左控制口 16 通入压缩空气后,克服弹簧 19 的作用,通过排气端膜片 15 的变形与阀体 6 贴紧,从而使出气口 29 与大气不通;右控制 9 与大气相通,进气 5 上 0.2～0.4MPa 的压缩空气作用在进气端膜片 7 上,进气端膜片 7 变形向右运动,此时进气 5 中的 0.2～0.4MPa 的压缩空气与出气口 29 相通,即进入射砂头,完成射砂动作。当图中的右控制口 9 通入压缩空气时,进气端膜片 7 堵住进气 5 和出气口 29 的通道;左控制口 16 与大气相通,弹簧 19 拉着排气端膜片 15 变形向左移动,将出气口 29 与大气接通,处于非射砂状态
7	砂型成型取料	打料气缸	成型后的砂型,通过上、下型打料气缸的动作将砂型顶出上、下型模具。当打料气缸下降(上升)时,将砂型与上(下)型模具脱开

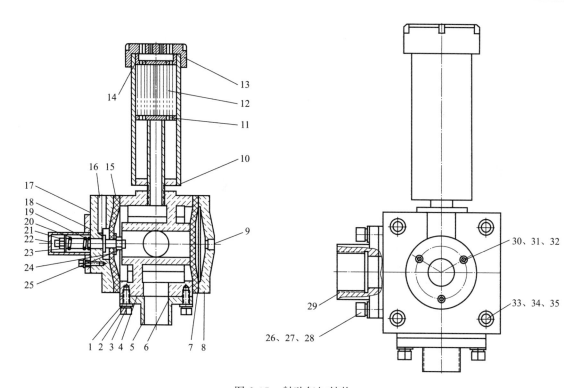

图 2-37　射砂气缸结构

1,26,30,33—平垫;2,27,31,34—弹簧垫;3,28,32,35—内六角螺钉;4,18—O 形密封条;5—进气口;6—阀体;
7—进气端膜片;8—进气端盖;9—右控制口;10—消声器外壳;11—消声器挡片;12—清洁球;13—消声器上盖;
14—垫环;15—排气端膜片;16—左控制口;17—排气端盖;19,24—弹簧;20—阀杆;
21,25—六角螺母;22—阀杆外罩;23—弹簧挡片;24—密封压片;29—出气口

(2) 气动系统原理

水平分型覆膜砂制芯机气动系统原理如图 2-38 所示,系统的执行元件有开锁气缸 19、

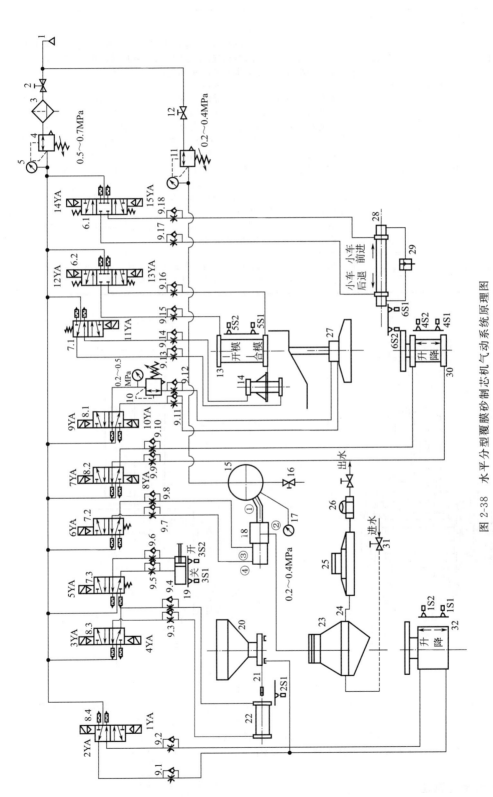

图 2-38　水平分型覆膜砂制芯机气动系统原理图

1—气源；2、12、16—开关阀；3—分水滤气器；4、11—减压阀；5、17—压力表；6—三位五通先导式双电控电磁换向阀；7—二位五通先导式单电控电磁换向阀；8—二位五通先导式双电控电磁换向阀；9—单向节流阀；10—二次减压阀；13—开合模阀；14—模具翻转阀；15—储气罐；18—射砂气缸；19—开锁气缸；20—储砂斗；21—挡砂板；22—挡板气缸；23—射砂头；24—射砂板；25—模具上型固定板；26—流量计；27—上型打料气缸；28—移动气缸；29—液压缓冲装置；30—下型打料气缸；31—进水开关阀；32—升降气缸开合模气缸 13、模具翻转气缸 14、移动气缸 28、挡板气缸 22、升降气缸 32、射砂气缸 18 和上型打料气缸 27 及下型打料气缸 30 等 9 个气缸，其运动状态依次分别由电磁换向阀 7.3、6.2、7.1、6.1、8.3、8.4、7.2、8.1、8.2 控制，各缸依次分别采用单向节流阀 9.5 和 9.6、9.15 和 9.16、9.13 和 9.14、9.17 和 9.18、9.3 和 9.4、9.1 和 9.2、9.7 和 9.8、9.11 和 9.12、9.9 和 9.10 等进行双向排气节流调速。

系统气源 1 分为两路向系统提供不同压力的压缩空气，一路是经减压阀 4 提供 0.5～0.7MPa 的压缩空气，通过电磁阀控制各气缸动作；另一路是经减压阀 11 提供 0.2～0.4MPa 的压缩空气给储气罐 15，在此工作压力下完成射砂动作。该气动系统属典型的顺序控制，电磁换向阀的信号源主要来自各缸行程端点的行程开关，通过欧姆龙 PLC 实现砂型成型的手动和自动控制。系统工况及动作说明如表 2-9 所示。

表 2-9　水平分型覆膜砂制芯机气动系统工况及动作说明

序号	工况动作	主控电磁阀		执行气缸编号	动作说明
		编号	电磁铁信号形式		
1	开锁	7.3	持续	19	开锁气缸 19 的初始位置为伸出位，即锁紧模具的位置 3S2。当电磁铁 5YA 通电使换向阀 7.3 切换至上位时，气缸 19 退回将上型模具打开解锁。当电磁铁 5YA 断电处于图示下位时，气缸 19 伸出将上型模具锁紧。解锁(锁紧)的速度由单向节流阀 9.5(9.6)的开度决定
2	开合模	6.2	持续	13	开合模气缸 13 的初始位置为退回的 5S2 位置。当电磁铁 12YA(13YA)通电时，气缸 13 实现向下合模(向上开模)运动。合模(开模)的速度由单向节流阀 9.16(9.15)的开度决定。当出现紧急状况断电时，气缸 13 立刻停在当前位置
3	小车进退	6.1	持续	28	移动气缸 28 的初始位置为前进位置(行程开关 6S1 位置)。当电磁铁 14YA(15YA)通电使换向阀 6.1 切换至上位(下位)时，气缸 28 带动小车上的模具实现向右前进(向左后退)运动，小车进(退)速度由单向节流阀 9.18(9.17)的开度决定。若出现紧急状况断电时，气缸 28 立刻停在当前位置。通过液压缓冲装置 29 来实现对气缸 28 的缓冲
4	挡板移动	8.3	脉冲	22	挡板气缸 22 的初始位置为退回行程开关 2S1 位置。当电磁铁 3YA(4YA)通电使换向阀 8.3 切换至上位(下位)时，挡板气缸 22 带动挡砂板 21 向右(向左)移动，向右(向左)速度由单向节流阀 9.4(9.3)的开度决定。若出现紧急状况断电时，气缸 22 总是维持原有的运动状态(即气缸处于伸出时，继续伸出直至到端点停止)。当射砂气缸 18 处于射砂状态时，气缸 22 应处于伸出状态，即挡砂板 21 封住储砂斗 20；不射砂时，气缸 22 始终处于退回状态，即挡砂板 21 离开储砂斗 20
5	模具整体升降	8.4	脉冲	32	升降气缸 32 的初始位置为下端的行程开关 1S1 位置。当电磁铁 1YA(2YA)通电使换向阀 8.4 切换至下位(上位)时，气缸 32 带动模具整体上升(下降)，上升(下降)速度由单向节流阀 9.1(9.2)的开度决定。当气缸 32 处于上升状态时，左路的压缩空气顶住挡砂板 21 的下部，从而封住储砂斗 20。若出现紧急状况断电时，升降气缸 32 总是维持原有的运动状态(即气缸处于上升时，继续上升直至到端点停止)
6	射砂	7.2	持续	18	射砂气缸 18 的动作见表 2-8。当电磁铁 6YA 通电使阀 7.2 切换至上位时，压缩空气经阀 7.2 和阀 9.7 的单向阀进入射砂气缸 18 的左侧控制口④，右侧控制口③经阀 9.8 的节流阀排气，此时完成射砂动作，进入射砂动作的快慢由单向节流阀 9.8 的开度决定。通过冷却装置对空芯射砂板 24 冷却，起到将模具降温的作用。当电磁铁 6YA 断电使阀 7.2 复至图示下位时，射砂动作结束

序号	工况动作	主控电磁阀		执行气缸编号	动作说明
		编号	电磁铁信号形式		
7	上型、下型打料	8.1 (8.2)	脉冲	27 (30)	当电磁铁 9YA(7YA)通电使换向阀 8.1(阀 8.2)切换至上位时,上型打料气缸 27(下型打料气缸 30)伸出向下(上)运动,将成型的砂型脱模,打料速度由单向节流阀 9.11(9.10)的开度决定。上型打料脱模时的供气压力通过二次减压阀 10 来设定(按产品不同一般调整为 0.2~0.5MPa)。当电磁铁 10YA(8YA)通电时,上型打料气缸 27(下型打料气缸 30)退回向上(下)运动,回到初始位置
8	模具翻转	7.1	持续	14	当电磁铁 11YA 通电使换向阀 7.1 切换至上位时,翻转气缸 14 带动模具翻转 45°,便于修理模具;模具翻转速度由单向节流阀 9.13 的开度决定。当电磁铁 11YA 断电使换向阀 7.1 复至下位时,气缸 14 回至初始状态

(3) 系统技术特点

① 铸件砂模水平成型机气动系统采用 PLC 控制,实现了生产过程自动化。

② 执行气缸和储气罐分别采用独立的供气系统。

③ 气路结构简单明了,多数为标准元件;射砂薄膜气缸自行设计,可生产形状复杂、尺寸精度高的多种覆膜砂砂型,提高了砂型的产品质量和生产效率。

2.3.8 低压铸造机液面加压气动系统

(1) 主机功能结构

低压铸造机是采用在密闭容器中形成气压,通过压差作用迫使金属液体进入型腔内,完成充型、凝固过程而获得铸件的工艺方式进行生产的一种铸造设备,其主要的工艺过程为升液、充型、增压、保压和卸压等,并依靠液面加压气动系统对压力的控制来完成。在气动系统对液面加压中,根据铸件壁厚、合金牌号和模具情况建立的保温炉内低压铸造液面加压过程压力-时间关系曲线(图 2-39),反映了液面在上述升液→充型→增压→保压→卸压不同工况阶段的参数,它应保证充型平稳、排气,在尽可能大的压头下凝固结晶,并能重复再现(每次加压工艺曲线相同)。

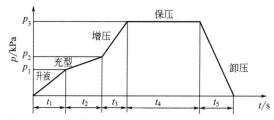

图 2-39 低压铸造液面加压过程压力-时间关系曲线

(2) 气动系统原理

低压铸造液面加压气动系统的原理框图如图 2-40 所示,其气动系统原理图见图 2-41。

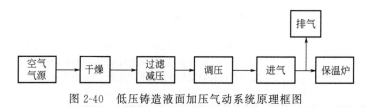

图 2-40 低压铸造液面加压气动系统原理框图

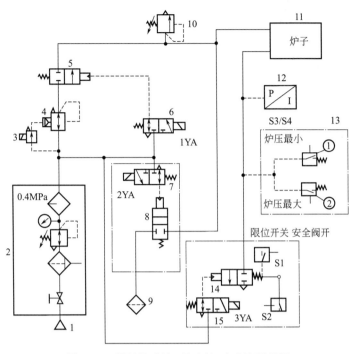

图 2-41　低压铸造液面加压气动系统原理图

1—气源；2—气动三联件；3—电-气转换器；4—减压阀；5,8,14—二位二通气控换向阀；6,7,15—二位三通
电磁换向阀；9—过滤器；10—溢流阀；11—炉子；12—压力传感器；13—压力继电器

① 气源经气动三联件（过滤、减压和雾化）向系统提供干燥洁净的压缩空气。

② 炉子气流的通断控制。炉子的气流由二位二通气控换向阀 5 控制其通断，阀 5 的控制气流则由二位三通电磁换向阀 6 控制。当电磁铁 1YA 通电使换向阀 6 切换至右位时，控制气流经阀 6 进入二位二通气控换向阀 5 的右端控制腔，使其切换至右位，压力气源 1 经气动三联件 2 和减压阀 4 及阀 5 将金属液压入铸模中。

③ 炉内压力调控。气动系统在工作过程中的铸造压力采取闭环控制。由压力传感器 12 检测的炉内压力与实际所需压力比较产生的偏差转化为电流信号。该电流信号反馈传递到电-气转换器 3，使电流信号转化为先导式减压阀 4 的气压控制信号，对整个气动系统的铸造压力随动调控。

④ 炉内气体的排放控制。二位二通气控换向阀 8 用于炉内气体的排放控制，二位三通电磁换向阀 7 用于控制气流的通断。当进行低压铸造时，电磁铁 2YA 断电使换向阀 7 复至图示右位，阀 8 控制气流经阀 7 排放复至图示下位而截止排气，保持整个系统压力稳定。当完成低压铸造时，电磁铁 2YA 通电使阀 7 切换至左位，控制气流使气控阀 8 切换至上位，炉内气体排出。

⑤ 安全保护措施。为了防止系统压力过高，保证安全，系统可采用以下 3 个方面的安全措施：a. 溢流阀 10 在炉内压力达到设定压力时溢流泄压。b. 压力继电器 13 设定上限压力和下限压力，当压力达到上限压力时，压力继电器 13 发信使电磁铁 3YA 通电，换向阀 15 切换至右位，二位二通气控换向阀 14 切换至右位，炉内气体排出，压力降低。当压力降低到压力继电器 13 下限值时，电磁铁 3YA 断电使换向阀复至图示左位，阀 14 复至图示左位，系统压力回升。c. 电磁反馈装置是防止压力继电器 13 达到上限压力值时，换向阀 15 通电未动作，阀 14 未切换至左位，造成动作失灵事故。阀 14 近旁设反馈装置。压力继电器 13 给

换向阀 15 发信号的同时，给反馈装置发出信号，阀 14 切换至左位，系统压力降低。上述 3 个安全措施不仅可互相配合起作用，以保证系统压力安全，也可在两种方式失去作用的情况下，单独作用保证系统安全，防止发生事故。

（3）**系统技术特点**

① 低压铸造机液面加压气动系统的进气、排气和泄压均采用电磁导阀＋气控主阀的控制方式。

② 系统压力采取带反馈的闭环自动控制，反应快，精度高。

③ 采取 3 种并行泄压方式，保证系统安全。

第3章
化工机械与橡塑机械气动系统

3.1 概述

在各类化工与橡胶塑料生产中，其工作环境往往温度高、湿度大；经常以易燃、易爆溶剂、粉末等作原料或产品，有的在生产过程中，会产生各种易燃、易爆的粉尘、蒸汽或气体，其电气设备产生的电弧、火花或发热，都有可能引起燃烧或爆炸事故。因此采用气压传动与控制更为安全可靠。为了改善劳动条件，实现生产过程的机械化、自动化、智能化、连续化，多种化工与橡塑机械设备采用了气动技术。例如化工药浆浇注设备、膏体产品连续灌装机、高黏高稠物料输送设备、磨料造粒机、铅管封口机、桶装亚砷酸自动打包机、防爆药柱包覆机、丁腈橡胶目标靶布料器、开炼机翻胶装置、橡胶密炼机、塑料吹塑成型机、注塑机送料机械手等。

本章介绍化工机械与橡胶塑料机械中的 9 例典型气动系统。

3.2 化工机械气动系统

3.2.1 化工药浆浇注设备气动系统

(1) 主机功能结构

浇注设备是化工药浆浇注工序的关键设备。此处介绍的浇注设备是一种适用于多种混合釜型号，气动控制自动升降和翻转的浇注设备，该设备由主机和气动控制系统组成。主机包括水平移动机构、升降机构及翻转机构等，如图 3-1 所示，各部分组成及整机工作过程如下。

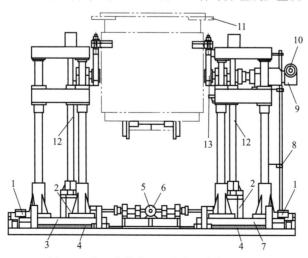

图 3-1　化工药浆浇注设备主机结构示意图

1—多位气缸；2—直角减速器；3—左移动板；4—直线导轨；5—升降马达及制动器组件；6—分动箱；7—右移动板；8—位置检测杠杆阀；9—蜗轮蜗杆减速器；10—翻转马达及制动器组件；11—混合釜；12—丝杆；13—旋转体

　　水平移动机构由左、右移动板 3、7，气缸 1 和直线导轨 4 等组成。通过控制气缸，可实现左、右移动板沿水平方向移动。为了满足不同型号的混合釜浇注需求，本机采用多位气缸 1（图 3-2），通过控制气缸多个活塞杆的伸缩状态，调节移动机构处于多种位置，满足相应混合釜的尺寸要求。

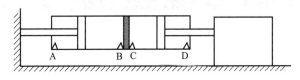

图 3-2　多位气缸示意图

　　升降机构采用气动马达作为驱动单元，主要由升降马达及制动器组件 5、分动箱 6、直角减速器 2 及丝杆 12 等部件组成。气动马达的输出动力由分动箱分成左右两部分，经直角减速器带动丝杆运动，从而实现混合釜 11 的升降运动。采用断气制动式制动器保证在气源供气不足时传动轴制动，避免了混合釜自重下滑。

　　翻转机构采用气动马达作为驱动单元，主要包括翻转马达及制动器组件 10、蜗轮蜗杆减速器 9 及旋转体 13 等部件。马达经两级减速后带动旋转体运动，从而实现混合釜的翻转。为了避免在气源供气不足时出现混合釜自由翻转的故障，同样采用断气制动式制动器，以提高系统可靠性。

　　根据浇注工序的操作流程，该设备主要实现水平机构的移动、混合釜的升降和翻转动作，可满足 3 种不同尺寸类型的混合釜的浇注需求。其工作过程为：①选择混合釜型号，控制水平移动机构在两端气缸的推动下沿导轨运动到相应位置；②将混合釜放置于浇注设备旋转体上部并固定，控制升降马达使混合釜升高到调定位置后自动停止；③根据浇注需求，控制翻转马达使混合釜向指定方向翻转倒料，当混合釜翻转到设定角度自动停止；④浇注完毕后，控制混合釜在翻转马达的驱动下回转到垂直位置；⑤将混合釜降低到调定位置并自动停止；⑥将混合釜移出浇注设备，完成浇注过程。

（2）气动系统原理

　　化工药浆浇注设备气动系统原理如图 3-3 所示。该系统可切换现场操控（通过安装在现场操作柜面板上的手动操作阀控制浇注设备的相应动作，为全气动控制）和远程控制（通过 PLC 柜的电气按钮控制远程气动柜的电磁阀切换气路，从而控制现场浇注设备的相应动作，为现场全气动的电气动控制）。且该气动系统的水平机构（多位气缸 2.1 和 2.2）、升降机构（气动马达 8.1 及升降制动器 9.1）和翻转机构（气动马达 8.2 及翻转制动器 9.2）分别采用三位五通双气控换向阀 3.1 及 3.2、3.3 及 3.4 作为主控阀控制其运动方向，而水平机构、升降机构和翻转机构的运转速度则用主控阀出口的消声排气节流阀进行调节。

　　① 全气动控制。现场操作时为全气动控制方式，通过气控阀、气缸、气动马达及制动器组件控制浇注设备的正常工作。现场操作柜内布有气动三联件 1.2、旋钮式手动换向阀 7.1～7.3、水平转柄式换向阀 11.1 和 11.2、梭阀 4.1～4.11、双气控换向阀 3.1～3.4。通过切换水平旋钮式手动换向阀 7.1～7.3 控制水平移动机构的 3 种位置，通过切换水平转柄式换向阀 11.1～11.2 控制混合釜的升降和停止。为了解决系统管路较长带来的系统响应较慢等问题，在相应的支路上增加了快速排气阀。

　　a. 水平移动控制。压缩空气经气动三联件 1.2、水平转柄式换向阀 13，通过切换旋钮式手动换向阀 7.1～7.3，可使多位气缸 2.1 和 2.2 获得 3 种位置，从而调节水平移动机构的

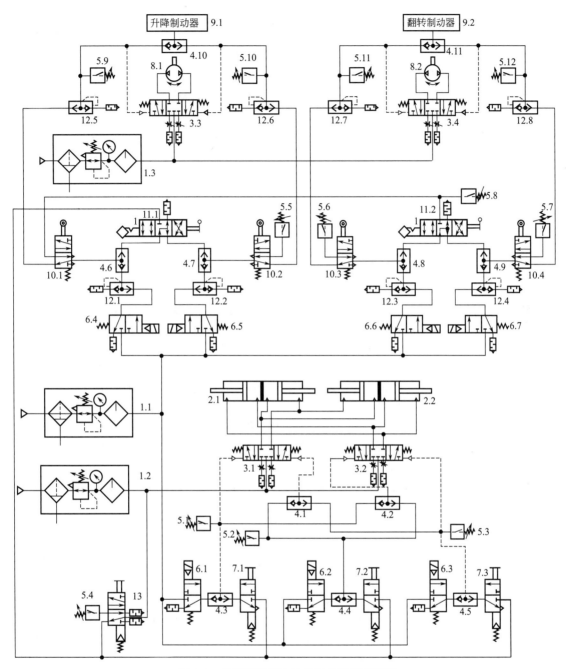

图 3-3　化工药浆浇注设备气动系统原理图

1—气动三联件（过滤器、减压阀、油雾器）；2—多位气缸；3—三位五通双气控换向阀；
4—梭阀；5—压力继电器；6—二位三通电磁换向阀；7—二位三通旋钮式手动换向阀；
8—气动马达；9—气动制动式制动器；10—二位五通杠杆滚轮式换向阀；11—三位
四通水平转柄式换向阀；12—快速排气阀；13—二位五通水平转柄式换向阀

位置，满足不同型号混合釜的浇注需求（阀 7.1、7.2 和 7.3 分别对应 1 号、2 号和 3 号混合釜）。多位气缸的 A、B、C、D 4 个工作气口及其对应的工作腔进排气控制如表 3-1 所示。通过调节阀 3.1 和 3.2 中的排气节流消声器可以调控气缸的伸缩速度，从而控制水平移动机构的移动速度。

表 3-1   多位气缸进排气控制表

混合釜代号	多位气缸工作气口			
	A	B	C	D
1	−	+	+	−
2	−	+	−	+
3	+	−	−	+

注：+表示进气；−表示排气。

b.升降控制。压缩空气经气动三联件 1.2、水平转柄式换向阀 13、11.1 和用于检测升降位置的杠杆滚轮式换向阀 10.1 与 10.2 来控制双气控换向阀 3.3 和升降制动器 9.1 的动作。动力气源经过气动三联件 1.3 和双气控换向阀 3.3 为气动马达 8.1 提供压缩空气。升降速度可通过调节安装在双气控换向阀 3.3 上的排气节流消声器进行调节。通过操作水平转柄式换向阀 11.1 回到中位，可实现混合釜在任意位置停止。混合釜升降到杠杆阀调定位置后，可双气控换向阀 3.3 回到中位，升降自动停止。

c.翻转控制。为了保证浇注过程安全可靠，混合釜未上升到指定位置时不能翻转。当混合釜上升到指定位置时，位置检测用杠杆滚轮式换向阀 10.1 有效，翻转控制气源有效。控制气源经过水平转柄式换向阀 11.2 和用于检测翻转位置的杠杆滚轮式换向阀 10.3 与 10.4 来控制双气控换向阀 3.4 和翻转制动器的动作。动力气源经过气动三联件 1.3 和双气控换向阀 3.4 为气动马达 8.2 提供压缩空气。切换水平转柄式换向阀 11.2 可分别控制混合釜从垂直位向两个方向翻转，并可控制混合釜在任意翻转位停止。混合釜翻转到两个方向指定位置时，阀 10.3、10.4 有效，翻转过程自动停止。

② 电-气控制。远程操作时为电-气控制方式，采用单电控先导电磁阀作为驱动气缸、气马达及制动器控制气源的主控阀，用 PLC 控制电磁阀实现上述动作。远程气动柜包含气动三联件 1.1、电磁换向阀 6.1～6.7、压力继电器 5.1～5.12。

a.现场浇注设备各个位置的信号可通过压力继电器 5.1～5.12 反馈到 PLC 中，从而实现远程对浇注设备 3 种位置的监测。

b.PLC 通过检测 PLC 柜上的电气按钮输入信号，控制电磁换向阀 6.1～6.7 动作，从而控制压缩空气的流动，实现浇注设备气缸、气马达和制动器的所有动作。

c.由于远程控制管路较长，存在系统响应速度慢的问题，通过安装的快速排气阀 12.5～12.8，可提高系统的响应速度。

③ 现场控制（全气动控制）和远程控制（电-气控制）方式的转换。两种控制方式的转换可通过安装气动柜的水平转柄式换向阀 13 进行切换。切换到现场控制时，PLC 检测不到压力继电器 5.4 的信号，确定为现场控制方式，现场控制气源通过水平转柄式换向阀 13 提供。此时通过 PLC 软件程序控制远程操作方式失效，确保不会由于远程的误操作出现故障。切换到远程控制方式时，PLC 检测到压力继电器的信号确定为远程控制方式。现场控制气源被水平转柄式换向阀 13 切断时，现场控制方式失效，保证不会由于现场的误操作而出现故障。

(3) 系统技术特点

① 该气动浇注系统适用于化工药浆的浇注，并能满足多种混合釜的浇注需求，实现了混合釜的自动升降和翻转。

② 系统有现场控制（全气动控制）和远程控制（PLC 电-气控制）方式，并易于通过转柄式换向阀对这两种方式进行转换，采用现场全气动的控制方式也极大地提高了设备的安全性和自动化程度。

③ 该气动系统的水平机构、升降机构和翻转机构的运动方向均采用三位五通气控换向阀作为主控阀进行控制；水平机构、升降机构和翻转机构的运转速度均可用主控阀出口的消声排气节流阀进行调节，提高了设备的使用性能。采用电-气控制方式时，采用单电控先导电磁阀作为驱动气缸、气马达及制动器控制气源的主控阀，采用压力继电器实现各机构位置信号到 PLC 的反馈；通过快速排气阀减少因远程控制管路较长降低系统响应速度问题。

3.2.2 膏体产品连续灌装机气动系统

(1) 主机功能结构

膏体灌装机是一种用于化工、食品、医药、润滑油及特殊行业的膏体灌装的设备，该机采用了气动技术。机器的计量与连续充填装置结构如图 3-4 所示。料仓 2 中的物料需由搅拌推进桨 3 施加推进力，由摆动气马达（图中未画出）驱动的配流阀 4 进行强制配流。当配流阀处于图示状态时，计量缸 5 与料仓 2 连通，计量驱动气缸 7 带动计量缸右行抽吸，将膏体物料吸入计量缸内；当摆动气马达驱动配流阀 4 逆时针转 90°时，使计量缸与排料充装口 8 连通，计量驱动气缸带动计量缸左行排料（充装）。针对不同的包装容量要求，可设置不同容积的计量缸，或者调节计量驱动气缸的行程，如要求特别纯净的产品，计量缸可采用不锈钢件。如果产品具有一定的腐蚀性，就灌装机自身来讲，可考虑将缸体、调节杆、滑动活塞、上下端盖等采用聚四氟塑料或其他耐特定产品腐蚀的材料制作。

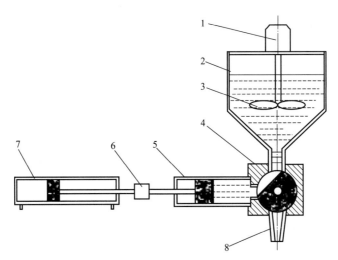

图 3-4　计量与连续充填装置结构图

1—搅拌推进电机；2—料仓；3—搅拌推进桨；4—配流阀；5—计量缸；
6—活络接头；7—计量驱动气缸；8—排料充装口

(2) 气动系统原理

图 3-5 所示为膏体灌装机气动系统原理图。系统的执行元件为计量驱动气缸 11 和配流阀驱动摆动气马达（摆动气缸）8，它们分别用二位四通电磁换向阀 5 和 4 操控其运动方向，分别采用单向节流阀 9、10 和 6、7 对其进行排气节流调速。气动三联件 3 用于气源 1 供给压缩空气的过滤、减压定压和油雾化；二位三通手动换向阀 2 作开关阀用，打开和切断气源供气。

该气动系统采用图 3-6 所示的闭环 PWM 伺服控制。气动系统执行元件必须相互协调一致，系统工作状态如表 3-2 所示。结合图 3-5，系统工作时，换向阀 2 切换至上位，气源 1 的压缩空气经阀 2 和气动三联件 3 进入系统。实现连续充装的循环工序为：电磁铁 1YA 通

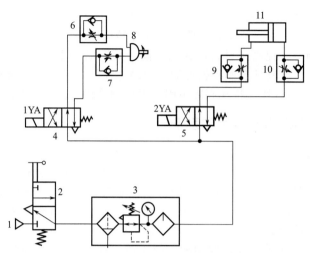

图 3-5 膏体灌装机气动系统原理图

1—气源；2—二位三通手动换向阀；3—气动三联件（分水滤气器、减压阀、油雾器）；4,5—二位四通
电磁换向阀；6,7,9,10—单向节流阀；8—配流阀驱动摆动气马达；11—计量驱动气缸

电使阀 4 切换至左位，压缩空气经换向阀 4 和阀 7 中的单向阀进入摆动气马达 8 （经阀 6 中的节流阀和阀 4 排气），马达驱动配流阀动作使图 3-4 中的计量缸与料仓连通→电磁铁 2YA 断电使换向阀 5 处于图示右位，计量驱动气缸 11 有杆腔进气，无杆腔排气，计量缸从料仓抽取设定容量的物料→电磁铁 1YA 断电使阀 4 复至图示右位，摆动气马达换向驱动配流阀转动，使计量缸与包装袋（筒）相连→电磁铁 2YA 通电使换向阀 5 切换至左位，则计量驱动气缸 11 无杆腔进气和有杆腔排气，计量缸向包装袋（筒）充填产品。结合电磁限位开关、压力传感器等检测反馈元件实现每步工序之间协调一致，以实现对膏状产品的连续分装。

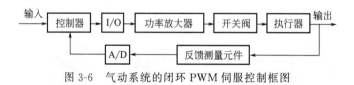

图 3-6 气动系统的闭环 PWM 伺服控制框图

表 3-2 系统工作状态表

电磁铁	执行元件	通断电	工作状态	通断电	工作状态
1YA	配流阀摆动气马达	＋	计量缸与料仓连通		
		－	计量缸与包装袋连通		
2YA	计量驱动气缸	－	从料仓抽料		
		＋	充填包装		

注：＋为通电；－为断电。

（3）系统技术特点

① 膏体灌装机采用气压传动和闭环 PWM 伺服控制，制造加工较容易，操作方便、生产效率高、安全可靠，灌装容量范围可调，可适用于不同性质的膏状产品灌装。计量气缸、配流阀、计量驱动气缸三者有机结合在一起，如同一台泵一样工作。

② 该机利用了气动技术自洁性好、对环境要求不高、操作使用方便等优点，对于气体可压缩性大、气动系统的低阻尼特性会导致气动系统刚度低、定位精度差的问题，则通过在连杆末端触头安装橡皮垫、执行元件本身的缓冲功能和排气节流调速等措施来实现减震和缓冲。

③ 气动系统采用闭环 PWM 伺服控制，具有结构简单，成本低，可靠性高；对工作介质的污染不敏感，对环境要求不高；抗干扰能力强，故障少，维护方便；易于实现计算机数字控制；阀的驱动电路简单等优点。

3.2.3　磨料造粒机气动系统

（1）主机功能结构

本机是一种采用挤出切断工艺的磨料造粒加工机械，其功能是把磨料和黏结剂按一定比例制成的半固体状物料，通过螺杆挤出机构和切断机构加工成磨料造粒。该机采用气压传动和电气控制，可实现半自动化加工。该机由单螺杆挤出机构、电磁调速胶带输送机构、气动切断造粒机构、检测与控制机构和机架等 5 个部分组成。机器运转时，三相异步电机 3 通过传动 V 带 2 驱动单螺杆挤出机构 1，把磨料挤出成长条状（挤出的磨料截面形状由模具结构决定），电磁调速电动机 9 通过传动 V 带驱动输送胶带 11 运动。工作中可通过改变电磁调速电动机 M2 转速调节输送胶带的速度，适应不同截面尺寸模具挤出速度的变化，如图 3-7 所示。

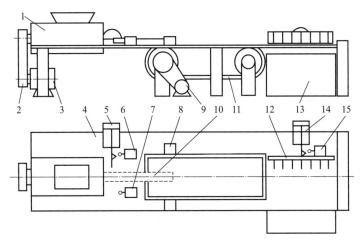

图 3-7　气动磨料造粒机结构示意图

1—单螺杆挤出机构；2—传动 V 带；3—三相异步电机 M1；4—工作台；5,14—气缸；6,7,15—行程开关；8—光电开关；9—电磁调速电动机 M2；10—挤出条状磨料；11—输送胶带；12—造粒切刀；13—磨粒箱

（2）气动系统原理及机器工作过程

气动磨料造粒机气动系统原理如图 3-8 所示，系统的执行元件是气缸 3 和 5。气缸 3 的运动状态，由二位四通电磁换向阀 2 的电磁铁 3YA 的通断电状态决定；气缸 5 的运动状态由三位四通电磁换向阀 4 的电磁铁 1YA、2YA 的通断电状态决定。各个电磁铁的信号源是相应的行程开关和光电开关。

结合图 3-7 和图 3-8 对机器工作过程简要说明如下：开机前检查电源、气源，保证各工作机构正常。把磨料与黏结剂按比例搅拌均匀，制成半固体状，装入螺杆挤出机构。启动电磁调速电动机 M2，调整控制面板调速旋钮，选择合适转速；启动螺杆挤出电动机。当挤出的长条状磨料 10 遮挡住光电开关 8 的光线时，光电开关 8 发信 SQ，使时间继电器通电延时，同时电磁铁 1YA 通电使三位四通电磁换向阀 4 切换至右位，气缸 5 的活塞杆伸出，通过切刀把长条状磨料 10 切断，由输送胶带快速把磨料送到工作台右端，缸 5 的活塞杆伸出压下行程开关 SQ1 时，1YA 断电，阀 4 复至中位，缸 5 活塞停止运动。时间继电器计时达到其设定的延时时间后，其常开延时闭合触点闭合，电磁铁 3YA 通电使二位四通电磁换向

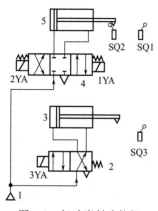

图 3-8　气动磨料造粒机
气动系统原理图
1—气源；2—二位四通电磁换向阀；
3,5—气缸；4—三位四通电磁换向阀

阀 2 切换至左位，气缸 3 的活塞杆伸出，推动造粒切刀 12，把输送到右端的长条状磨料切断成磨粒，并推入磨粒箱 13，缸 3 的活塞杆伸出压下行程开关 SQ3 使电磁铁 3YA 断电，阀 2 复至图示右位，缸 3 的活塞杆带动造粒切刀退回到初始位置。

当螺杆挤出机继续挤出的长条状磨料达到光电开关 8 的位置，遮挡住光线时，再次发出 SQ 信号，电磁铁 2YA 通电使换向阀 4 切换至左位，气缸 5 的活塞杆缩回，把长条状磨料 10 切断，由输送胶带快速把磨料送到工作台右端，缸 5 的活塞杆缩回压下行程开关 SQ2，电磁铁 2YA 断电，换向阀 4 复至中位，缸 5 停止运动。SQ 信号对时间继电器、3YA、气缸 3、SQ3 的作用过程，与第一次 SQ 来时完全相同。

依上述工作过程，光电开关 8 每发出一次 SQ 信号，气缸 5 和气缸 3 相应地依次完成一次切断循环，直至停机。

（3）系统技术特点

① 该磨料造粒机采用螺杆挤出气压切断，与电气控制配合，除上料动作外，加工循环自动完成，工作可靠，劳动强度低，生产效率高。通过更换螺杆挤出机构出口模具，可以加工不同截面形状尺寸的磨粒，一机多用。

② 气动系统的动作顺序采用行程控制（行程开关和光电开关）加电控系统的延时控制，简单可靠。

③ 通过改变电磁调速电动机转速使输送胶带的速度适应不同截面尺寸模具挤出速度的变化，控制简单，调速方便。

3.2.4　铅管封口机气动系统

（1）主机功能结构

铅管是铅延期体产品的外壳，在其中装入特定的延期药剂并用海绵封堵后，再将铅管压扁封住药剂。铅管封口机正是对铅管［两种不同规格：$(\phi 10 \pm 0.3)mm \times \phi 16mm$ 和 $(\phi 15 \pm 0.5)mm \times \phi 19mm$］进行封口的一种专用设备，该机采用了气动技术。

气动铅管封口机由立挡板 1、卡头 5、卡头顶芯 9、底座 10、气缸 18 和加力杆 13 等多个零部件构成，如图 3-9 所示。工作时，取任一规格的铅管，用适当海绵堵住铅管口部，并将铅管按照立挡板 1 和挡板 2 的导向，送入卡头 5 内，触碰到卡头顶芯 9 后，脚踩气动脚踏开关阀，使气缸 18 向前推动加力杆 13，联动连接杆 11 及滑套销钉 20，向前推动滑套 4，使固定的卡头 5 的口部收紧，使铅管口部变形收紧，待卡头口部完全收紧后，松开脚踏开关，使气缸 18 的活塞杆回位，联动加力杆 13、连接杆 11、滑套 4，使卡头 5 松开成自由状态后，取出封好口的铅管，完成一个铅管卡口工作过程，循环往复。

（2）气动系统原理

铅管封口机的气动系统原理如图 3-10 所示。系统的执行元件为气缸 8，其运动状态由二位五通气控换向阀 7 控制，系统的开关阀是二位三通脚踏换向阀 6，它作为阀 7 的先导阀，对阀 7 控制气路实施控制。气源 1 的压缩空气与系统的通断由截止阀 2 控制，分水滤气器 3、减压阀 4、油雾器 5 对气源提供的压缩空气进行过滤、减压和雾化。

（3）系统技术特点

① 与采用手动压力装置的铅管封口方式相比，气动铅管封口机封口质量好，工作效率高，劳动强度低。

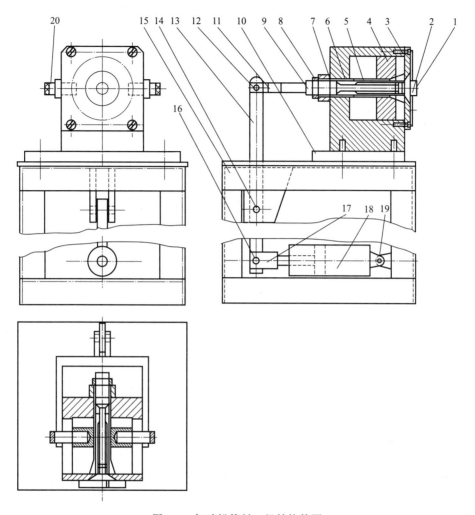

图 3-9　气动铅管封口机结构简图

1—立挡板；2—挡板；3—压盖；4—滑套；5—卡头；6—滑套外支架；7—卡头紧定螺母；8—卡头顶芯紧
定螺母；9—卡头顶芯；10—底座；11—连接杆；12—连接销子；13—加力杆；14—连接中销子；
15—机架；16—气缸活动销；17—气缸连接块；18—气缸；19—气缸尾销；20—滑套销钉

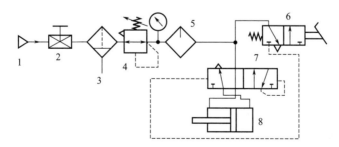

图 3-10　铅管封口机气动系统原理图

1—气源；2—截止阀；3—分水滤气器；4—减压阀（附带压力表）；5—油雾器；
6—二位三通脚踏换向阀；7—二位五通气控换向阀；8—气缸

② 气动系统采用脚踏先导气控换向方式实现执行气缸的控制，简单便利可靠。

3.2.5　桶装亚砷酸自动打包机气动系统

(1) 主机功能结构

打包机是亚砷酸生产线中对桶装亚砷酸进行检测、堆垛、打包、捆扎的一种机械设备，该机采用气动技术。图 3-11 所示为桶装亚砷酸自动打包机总体结构示意图。打包动作过程和机器的工作循环过程如表 3-3 所示。

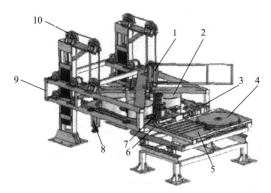

图 3-11　桶装亚砷酸自动打包机总体结构示意图

1—手动送木块组件；2—桶装亚砷酸；3—夹紧剪断气缸；4—盛带盘；5—机头横移组件；
6—矫直机构；7—气马达；8—升降气缸；9—升降机构；10—定滑轮

表 3-3　打包动作过程和机器的工作循环过程

动作及循环		说明	简图
打包动作过程	送带过程	送带轮 6 逆时针旋转,利用轮与钢带 2 之间的摩擦力使钢带沿导轨槽运动,利用 PLC 控制时间的方式控制送带,使钢带处于待捆位置	打包示意图 1—摆动气缸挡块；2—钢带；3—夹紧装置；4—剪断装置；5—预夹紧装置；6—送带轮；7—亚砷酸桶；8—钢扣
	退带过程	预夹紧装置 5 压住钢带的自由端时,送带轮 6 反转,收紧钢带,直至机头前移钢带紧贴在亚砷酸桶 7 的表面	
	夹紧钢扣剪断钢带过程	夹紧装置 3 前移夹紧钢扣 8,同时剪断装置 4 剪断钢带	
	打包动作结束	此时首先手爪松开,机头后移,以进行下次打包动作	
打包机循环过程		如图 3-11 所示,打包机启动后,检测气压、钢扣以及木块是否正常,检测到桶后,升降机构下降,碰到定位开关停止,同时送木块挡钢扣,旋转挡带后开始送钢带,检测到钢带自由端后送带停止,同时预夹紧,旋转挡带,机头前移贴紧桶,开始抽带,定时停止,夹紧剪断钢带,机头回退到原始位置,升降机构上升到原始位置,完成一次打包动作	

(2) 气动系统原理

桶装亚砷酸自动打包机的气动系统原理如图 3-12 所示。系统的气源 1 为电动机驱动的低压空压机（0.2～1.0MPa）；系统压力由减压阀 2 设定，二位三通手动换向阀 3 用于系统的安全卸荷；压力继电器 4 用于压力检测发信。

系统有 4 个送木块摆动气缸（摆动气马达），1 个预夹紧，夹紧剪断气缸，1 个升降机构气缸，1 个机头前移气缸，1 个摩擦轮气缸，1 个送钢扣气缸，1 个抽送带气马达，1 个挡板摆动

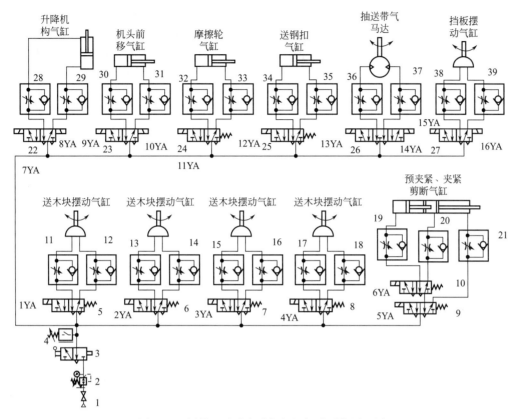

图 3-12 桶装亚砷酸自动打包机气动系统原理图

1—气源；2—减压阀；3—二位三通手动换向阀；4—压力继电器；5~10,24,25—二位五通单电磁铁电磁换向阀；
11~21,28~39—单向节流阀；22,23,27—二位五通双电磁铁电磁换向阀；26—三位五通电磁换向阀

气缸（摆动气马达）等一共 11 个执行元件，它们的运动方向依次由电磁换向阀 5~10、22~27 控制，电磁铁的信号源是 PLC；排气节流调速通过单向节流阀 11~21、28~39 实现。

系统工作时，按下启动按钮，检测木块、钢扣、气压正常后系统开始运行，亚砷酸木框碰到检测来桶开关，电磁铁 7YA 通电使换向阀 22 切换至左位，升降气缸（有杆腔和无杆腔分别进气和排气）下行带动升降机构下降，直至触碰限位开关时，电磁铁 7YA 断电，升降气缸下降停止；与此同时，电磁铁 11YA、12YA 和 1YA~4YA 通电使电磁阀 24、25 和电磁阀 5~8 切换至左位，摩擦轮气缸和送钢扣气缸（无杆腔进气及有杆腔排气）右行，4 个送木块摆动气缸（左腔和右腔分别进气和排气）摆动，顺序向桶间送木块。以上动作完毕后，电磁铁 15YA 通电使电磁阀 27 切换至左位，挡板摆动气缸（左、右腔分别进气和排气）带动旋转挡板上升，此时电磁铁 12YA 和 1YA~4YA 断电，送钢扣气缸（有杆腔和无杆腔分别进气和排气）退回原位，送木块摆动气缸（右腔和左腔分别进气和排气）摆动回到起始位置。动作一段时间，电磁铁 13YA 通电使电磁阀 26 切换至左位，送带气马达（左腔和右腔分别进气和排气）旋转，送带开始，当钢带自由端碰到检测来带开关后，延时一段时间，电磁铁 13YA 断电使电磁阀 26 复至中位，送带气马达停转，送带停止。同时电磁铁 5YA 通电使换向阀 9 切换至左位。预夹紧气缸，手抓装置夹紧钢带的自由端。预夹紧后，电磁铁 16YA 通电使换向阀 27 切换至图示右位，挡板摆动气缸（右腔和左腔分别进气和排气）反向摆动，旋转退挡。动作完成后，电磁铁 9YA 通电使换向阀 23 切换至左位，机头前移气缸

（无杆腔和有杆腔分别进气和排气）带动机头部分右移，机头部分完全贴紧桶装亚砷酸，一段时间后，电磁铁 9YA 断电，同时电磁铁 14YA 通电使换向阀 26 切换至右位，送带气马达（右腔和左腔分别进气和排气）反向旋转，抽带打包，一段时间后，电磁铁 14YA 断电使换向阀 26 复至中位，送带气马达停转，抽带停止。电磁铁 10YA 通电使换向阀 23 切换至右位，机头前移气缸（有杆腔和无杆腔分别进气和排气）回退，回退一段时间后，电磁铁 10YA 断电，机头前移气缸带动机头部分退回到起始位置。此时电磁铁 8YA 通电使换向阀 22 切换至右位，升降气缸（无杆腔和有杆腔分别进气和排气）带动升降机构上升，上升到位后，电磁铁 8YA 断电，上升停止在原位。

（3）系统技术特点

① 自动打包机作为一种高速线材生产线专用设备，采用气压传动及 PLC 控制，造价经济，动作安全，可靠性高（不会对包装桶造成碰伤、掉漆、变形、破坏等缺陷，以及由此带来的剧毒亚砷酸溢出对工作人员造成危害等），劳动强度和生产成本低，社会经济效益高。

② 机器的气动系统执行元件有气缸、摆动气缸（摆动气马达）和气马达 3 类，根据工作性质和特点，采用电磁换向阀对执行元件的运动方向和停止动作进行控制；各执行元件进排气口均通过单向节流阀进行排气节流调速，其背压有利于提高各执行机构的运行平稳性及停位精度。系统各电磁阀的信号源和延时控制均采用 PLC，有利于自动化和提高气动系统乃至整机的可靠性，且易于工艺变更和拓展。

3.2.6　防爆药柱包覆机气动系统

（1）主机功能结构

包覆机是对可燃性粉末药品挤压成型的药柱进行包覆（目的是提高燃烧渐增性）的机械设备。药柱端面包覆采用的工艺为贴片包覆，即在药柱端面粘贴阻燃片。如图 3-13 所示，其包覆流程为：药柱由辅助上料装置放在上件工位，随输送带运动到清洗工位；端面经过清洗装置清洗后干燥，由输送带将药柱运输到下一个工序对药柱端面涂胶，与此同时，卧式涂胶装置（整体安装在气动滑台上进行直线运动）为水平放置的阻燃片进行涂胶；涂胶后，退回到初始位置让出工位。药柱涂胶后输送到贴片工序，贴片机构（由贴片气缸和阻燃片支架组成的连杆机构）将阻燃片和药柱进行贴合。贴合后药柱由运输带运送到保压工序，保压后完成整个药柱端面包覆。

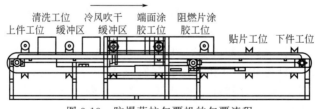

图 3-13　防爆药柱包覆机的包覆流程

采用上述生产工艺流程的包覆机由主机、气动系统、控制系统和辅助装置等部分组成。主机主要包括工作台支架、药柱端面清洗装置、立式涂胶机、卧式涂胶机、阻燃片贴合机构、药柱定位对中机构等。药柱端面完成包覆的主要动作是涂胶和贴合阻燃片，故涂胶装置和卧式涂胶机是其中的关键部分。外购立式涂胶机的结构原理是：胶液供给装置供给胶液，药柱端面涂胶装置由气动马达带动胶辊，由于摩擦力带动电光轮转动，由胶液出口流出的胶液直接流到电光轮边缘及外表面，并通过转动均匀涂在胶辊外表面，胶辊与药柱端面紧密接触，将胶液均匀涂在药柱端面。阻燃片供给到贴合机构后处于水平放置，涂胶面向上，阻燃片专用卧式涂胶机的结构如图 3-14 所示，其基本原理为：涂胶气动马达 1 通过减速装置 2

和传动轴（图中未标出）将动力直接传送给安装在传动轴上的胶辊 4。阻燃片的贴合与阻燃片的涂胶在同一工位，卧式涂胶机涂胶后需让出工位（图 3-15），涂胶装置（卧式涂胶机）1 安装在气动滑台 3 上，以便于阻燃片贴合机构 2 可以旋转 90°进行阻燃片贴合。

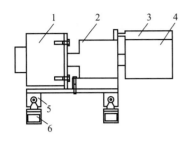

图 3-14　阻燃片专用卧式涂胶机的结构
1—涂胶气动马达；2—减速装置；3—电光轮；
4—胶辊；5—气动滑台；6—工作支架

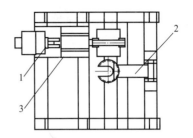

图 3-15　工位让出结构图
1—涂胶装置；2—阻燃片贴合机构；3—气动滑台

（2）气动系统原理

防爆药柱包覆机气动系统原理如图 3-16 所示，系统的功能是清洁、涂胶、阻燃片贴

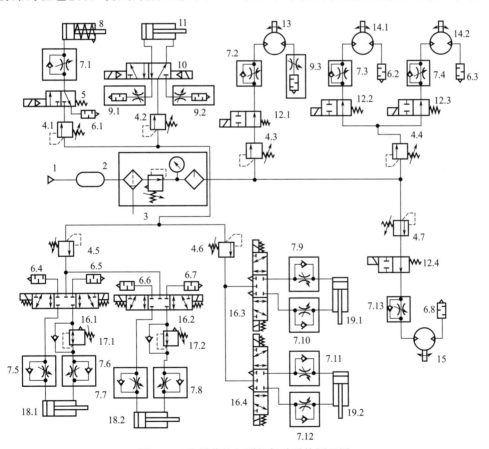

图 3-16　防爆药柱包覆机气动系统原理图

1—气源；2—储气罐；3—气动三联件；4—溢流阀；5—二位三通电磁换向阀；6—消声器；7—单向节流阀；
8—定位气缸；9—排气节流阀；10—二位五通电磁换向阀；11—传动气缸；12—二位二通电磁换向阀；
13—清洁马达；14—阻燃片涂胶气马达；15—药柱涂胶气马达；16—三位五通电磁
换向阀；17—减压阀；18—气动滑台；19—阻燃片贴合气缸

合、定位和传动等。执行元件有定位气缸（单作用气缸）8、传动气缸 11、清洁气马达13、阻燃片涂胶气马达 14（2 个）、药柱涂胶气马达 15、气动滑台 18（2 个）、阻燃片贴合气缸 19（2 个）等共 7 组，故包括压缩空气发生装置在内，包覆机气动系统共有以下 8种回路。

　　① 压缩空气发生及处理装置。由气源 1、储气罐 2 和气动三联件 3 组成，用于向系统提供洁净符合压力要求的压缩空气。②定位回路。由溢流阀 4.1、二位三通电磁换向阀 5（附带消声器 6.1）、单向节流阀 7.1 和定位气缸 8 等组成。③排气节流调速传动回路。由溢流阀 4.2、二位五通电磁换向阀 10、传动气缸 11 和排气节流阀 9.1 和 9.2 等组成。④药柱端面清洗回路。由溢流阀 4.3、二位二通电磁换向阀 12.1、单向节流阀 7.2、气马达 13 和排气节流阀 9.3 等组成。⑤阻燃片涂胶回路。由溢流阀 4.4、二位二通电磁换向阀 12.2 及12.3、单向节流阀 7.3 及 7.4 和气马达 14 等组成。⑥卧式涂胶机让位回路。由溢流阀 4.5、三位五通电磁换向阀 16（附带消声器）、减压阀 17、单向节流阀 7.5～7.8 和气动滑台 18 等组成。⑦药柱端面涂胶回路。由溢流阀 4.7、二位二通电磁换向阀 12.4、单向节流阀 7.13和气马达 15 组成。⑧阻燃片贴合回路。由溢流阀 4.6、三位五通电磁换向阀 16.3 及 16.4、单向节流阀 7.9～7.12 和阻燃片贴合气缸 19 等组成。

　　系统中的消声器 6.1～6.8 可消除与之相连的气动元件的排气噪声。系统中各电磁换向阀的通断电信号源主要是双作用气缸上安装的限位机械式行程开关。

(3) PLC 控制系统

　　包覆机气动系统中的换向阀包括三位五通电磁阀和二位五通电磁阀、二位三通电磁阀和二位二通电磁阀，各电磁阀的电磁铁为 PLC 控制系统中包覆机的主要受控对象（输出信号），而输入信号则主要是双作用气缸上安装的机械式限位行程开关，以及总启动和停止按钮、包覆机各部分单独设置的启动停止按钮等，防爆药柱包覆机 PLC 的 I/O 功能地址分配如表 3-4 所示。

表 3-4　防爆药柱包覆机 PLC 的 I/O 功能地址分配表

序号	输入信号		输出信号	
	功能名称	地址代号	功能名称	地址代号
1	总启动 SB1	X0	总气电控制 YV3	Y0
2	急停 SB2	X1	传动气缸伸出 YV11	Y1
3	同步带开关 SB3	X2	传动气缸收缩 YV12	Y2
4	清洁装置 SB4	X3	气动滑台伸 YVZ21	Y3
5	立式涂胶机 SB5	X4	气动滑台收 YVZ22	Y4
6	卧式涂胶机左 SB6	X5	气动滑台伸 YVY21	Y5
7	卧式涂胶机右 SB7	X6	气动滑台收 YVY22	Y6
8	左气动滑台 SB8	X7	贴片气缸伸 YVZ31	Y7
9	右气动滑台 SB9	X8	贴片气缸收 YVZ32	Y8
10	定位装置开关 SB10	X9	贴片气缸伸 YVY31	Y9
11	左贴片机构 SB11	X10	贴片气缸收 YVY32	Y10
12	右贴片机构 SB12	X11	立式涂胶马达 YV1	Y11
13	单步顺序开关 SB13	X21	卧式涂胶气马达左 YVZ2	Y12
14	传动气缸左极限 SQ1	X12	卧式涂胶气马达右 YVY2	Y13

续表

序号	输入信号		输出信号	
	功能名称	地址代号	功能名称	地址代号
15	传动气缸右极限 SQ2	X13	定位气缸伸展 YQ1	Y14
16	定位气缸上极限 SQ3	X14	定位气缸收缩 YQ2	Y15
17	左贴片气缸上极限 SQ4	X15	指示灯 1	Y16
18	左贴片气缸下极限 SQ5	X16	指示灯 2	Y17
19	右贴片气缸上极限 SQ6	X17		
20	右贴片气缸下极限 SQ7	X18		
21	左气动滑台极限 SQ8	X19		
22	右气动滑台极限 SQ9	X20		
23	气压检测 SQ10	X23		
24	阻燃片上件检测 SQ11	X24		
25	工件检测 SQ12	X25		
26	胶量检测 SQ13	X26		

包覆机有自动顺序控制和手动单步控制两种工作模式：前者包覆机可根据预先设定的程序运行，此模式为自动化生产常态；后者可根据需要控制包覆机中任一动作，用于设备调试和出现特殊情况时的故障排除，手动模式中设置单步顺序按钮，可以实现手动顺序控制包覆机，便于生产人员现场操作生产时使用。生产人员现场操作时使用组合防爆按钮盒，监控室中通过控制台上的控制按钮操作。PLC 运行时，循环扫描程序（通过编程方法中 S/R 逻辑指令或 STL 步进指令编程），实现包覆机的包覆动作。提取由输入端子输入映像区内的信号，经过 PLC 内部处理器处理后输出到输出映像区，对电磁阀和指示灯输出，实现对包覆机的控制和指示。其控制过程概括为：生产人员将药柱送到包覆系统上料处，机器上电→气压检测、PLC 自检→初始状态检测（各气缸收缩、胶液和阻燃片供给检测）→选择工作模式→上料→输送带气缸伸缩→清洁装置气马达转动→输送带气缸伸缩→立式涂胶机气马达转动→让位机构气动滑台进气伸出→卧式涂胶机气马达转动→让位机构气动滑台排气收缩→输送带气缸伸缩→定位气缸伸缩杆伸出→阻燃片贴合气缸伸缩→定位气缸伸缩杆收缩→输送带气缸伸缩→保压装置工作，完成包覆机粘贴阻燃片的过程。

（4）系统技术特点

① 药柱端面包覆机采用气压传动和 PLC 控制，与传统包覆方式相比，自动化水平高，在线生产人员少，消除了人为因素造成的隐患，提高生产人员安全度，降低事故危害性，降低了生产材料的浪费和生产成本，增加了经济效益。

② 包覆机气动系统执行元件较多，故电磁换向阀的数量也相应较多，无疑导致气动系统管道和电磁铁线缆不仅用量大，而且布置较为复杂。若采用多只电磁换向阀组成的阀岛构成气动系统，再加上 PLC 控制，其技术经济优势就更为突出。

3.3　橡塑机械气动系统

3.3.1　丁腈橡胶目标靶布料器气动系统

（1）主机功能结构

目标靶是合成橡胶（如丁苯橡胶和丁腈橡胶）生产线上橡胶干燥系统中广泛使用的一种

布料装置。目标靶均匀布料器主要由本体、气动系统和电控系统组成。工作时，挤压脱水后的橡胶颗粒通过高压风机进入干燥箱进料室，在进料室内与目标靶碰撞，从而将物料均匀地分布在不锈钢多孔链板（网板）上。目标靶在气压传动和 PLC 电控系统控制下，可自动实现垂直和水平两个方向的运动及角度的调整，将目标靶板调整至合适的位置，实现物料的均匀分布。

（2）气动系统原理

气动系统为目标靶提供动力，它通过执行气缸实现对目标靶垂直和水平两个方向的调整。图 3-17 所示为丁腈橡胶目标靶布料器气动系统（水平气缸气路）原理图（垂直气缸的气路构成及动作原理与此相同），气缸 5 的运动方向由三位五通电磁换向阀 2 控制，其信号源为气缸 5 内装的磁致伸缩位移传感器；阀 3 和阀 4 中的单向节流阀用于气缸 5 的双向调速，气缸的保压由阀 3 和阀 4 中的气控单向阀控制（控制管路交叉相接）。当电磁铁 1YA 通电使换向阀 2 切换至左位时，气源 1 的压缩空气经阀 2、阀 4 中的单向阀和气控单向阀进入气缸 5 的无杆腔，同时反向导通阀 3 中的气控单向阀，气缸 5 的有杆腔经阀 3 中的气控单向阀、节流阀和阀 2 排气，气缸 5 的活塞杆带动目标靶伸出，直至到达设定的位置时，由缸内位移传感器将模拟信号送入 PLC 系统，由 PLC 输出控制信号，电磁铁 1YA 断电使阀 2 复至中位，阀 3 和阀 4 中的两个气控单向阀因交叉的控制管路经阀 2 排气而关闭，气缸 5 停止动作，气缸两腔的压缩空气由阀 3 和阀 4 中的气控单向

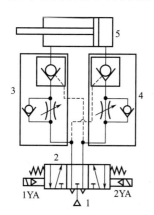

图 3-17　丁腈橡胶目标靶布料器
气动系统（水平气缸气路）原理图
1—气源；2—三位五通电磁换向阀；
3,4—导控式单向节流阀；5—附带
位移传感器的双作用气缸

阀封闭保压；当电磁铁 2YA 通电使换向阀 2 切换至右位时，气源 1 的压缩空气经阀 2、阀 3 中的节流阀和气控单向阀进入气缸 5 的有杆腔，同时反向导通阀 4 中的气控单向阀，缸 5 的无杆腔经阀 4 中的导控单向阀、节流阀和阀 2 排气，缸 5 的活塞杆带动目标靶缩回，直到到达设定的位置时，由位移传感器发出运动停止信号，电磁阀断电，气缸停止动作，气缸两腔的压缩空气由阀 3 和阀 4 中的气控单向阀封闭保压。

（3）PLC 电控系统

目标靶布料器气动系统采用 OMON SYSMAC 小型 PLC 控制，整个系统包括两个 AI 点（缸体内部磁致伸缩位移传感器信号输入）和 4 个 DO 点（水平、垂直气缸的双电控电磁阀的电磁铁控制线圈）。目标靶电控系统的手动和自动两种控制模式通过控制程序实现。上位系统由 HITECH 工控触摸屏实现，组态画面中包括自动控制、手动控制、参数设置、气缸标定、输出测试及系统设置等选项。在现场应用中，目标靶的水平和垂直方向自动控制主要根据用户自定义的偏差给定值（设定范围为 0.5～2.0mm）来实现，目标靶可根据工艺控制要求实现位置的自动纠偏，同时不会因给定偏差设定值过小而引起电磁阀和气缸频繁动作。

（4）系统技术特点

① 目标靶气动系统通过 PLC 电控系统对电磁换向阀进行控制，使气缸驱动目标靶直线运动，完成目标靶位置的调整，并通过双气控单向阀（类似双向气动锁）对目标靶位置进行保压定位。

② 目标靶系统工况环境恶劣（高温、潮湿），故系统的执行机构及检测控制元器件必须采用耐高温、耐腐蚀材料的元器件，以保证设备的长周期稳定运行，从而保证目标靶的高可

靠性和低维护性。例如在气缸内设置磁致伸缩位移传感器，通过非接触测量方式检测气缸的工作位置，并提供绝对稳定、可靠、准确的重复输出，不存在信号漂移或波动的情况，故不需定期标定和维护；可通过电控系统上位显示屏直观观察目标靶工作情况，实现目标靶位置的在线检测；使用寿命长、环境适应能力强，在检测过程中不会对传感器造成任何磨损。

3.3.2　卧式注塑机全自动送料机械手气动系统

(1) 主机功能结构

全自动送料系统将卷绕在料盘上的料带剪成单个嵌片，通过机械手将嵌片送入卧式注塑机，并将注塑好的成品取出。系统由料架 1、导料槽 2、剪料机构 4 和送料机构等组成，如图 3-18 所示，可在相互垂直的 X 轴、Y 轴、Z 轴 3 个方向自由运动，有 X_1 轴、Y_1 轴、X_2 轴、Z 轴、Y_2 轴 5 个滑台和 1 个可以 90°旋转的手爪。滑台均采用伺服电动机驱动丝杆的传动方式，每个滑台上有上、下限传感器和零点传感器 3 个传感器。

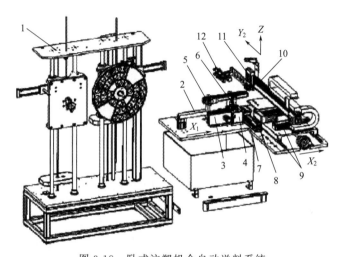

图 3-18　卧式注塑机全自动送料系统

1—料架；2,3—导料槽；4—剪料机构；5—X_1 轴滑台；6—取料机构；7—接料盘；8—Y_1 轴滑台；
9—X_2 轴滑台；10—Y_2 轴滑台；11—Z 轴滑台；12—抓料手爪

(2) 气动系统原理

卧式注塑机全自动送料机械手气动系统原理如图 3-19 所示。气源通过储气罐 1 和过滤调压阀 2 向系统提供洁净的压缩空气。系统的执行元件有 4 个气缸和 4 个真空吸盘。气缸 6~9 的作用依次分别驱动 X_1 轴取料盘上下运动、驱动剪料刀具上下运动、驱动抓料盘夹爪的夹紧（或松放）和驱动成品抓料盘运动。气缸 6、7、9 为双作用缸，气缸 8 为单作用缸。气缸均采用 KOGANEI 公司的二位五通脉冲式电磁换向阀 3 和 4 作为主控元件，其中换向阀 3 为双电控阀，换向阀 4 为单电控阀。单向节流阀 5 设置在各独立的气缸回路中，用于气缸的双向排气节流调速，并提高气缸运行平稳性、机械手的稳定性和工作效率。吸盘 11~14 的作用依次分别是取料盘吸附、接料盘吸附、嵌片抓料盘吸附和成品抓料盘吸附，其真空源依次是真空发生器 10-1~10-4，产生的真空度为 −86kPa 的负压，吸盘的动作分别由二位五通单电控电磁换向阀 4-1~4-4 进行控制。上述所有气动回路的运动及动作顺序都由 PLC 来进行控制。

(3) PLC 电控系统

① 系统硬件和软件。本系统中的伺服电机均采用脉冲控制方式，共需 6 路脉冲，每个 SIEMENS 6ES7 226-2AD23-0XB8 型 PLC 有两路高速脉冲输出，使用 3 个 PLC 即可满足

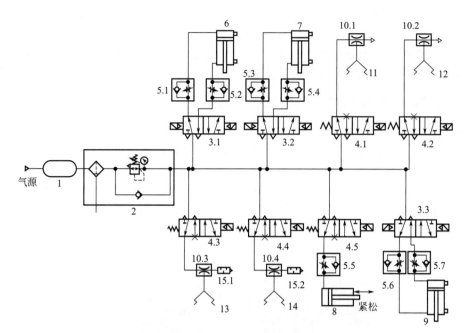

图 3-19　卧式注塑机全自动送料机械手气动系统原理图

1—储气罐；2—过滤调压阀；3—二位五通双电控电磁换向阀；4—二位五通单电控电磁换向阀；5—单向节流阀；
6—X_1 轴取料气缸；7—剪料气缸；8—夹爪夹紧气缸；9—成品抓料盘气缸；10—真空发生器；
11—取料盘吸盘；12—接料盘吸盘；13—嵌片抓料盘吸盘；14—成品抓料盘吸盘；15—消声器

要求。PLC 之间通过 PPI 总线方式进行联系，其中一个 PLC 与触摸屏连接，另外两个 PLC 内部的信息先与该 PLC 交换，再发送到触摸屏。系统主要输入信号有启停控制信号 3 个、位置检测信号 25 个，共 28 个；主要输出信号有脉冲输出信号 12 个、电磁阀控制信号 9 个、电机控制信号 6 个，共 27 个。系统采用的 PLC 具有 24 输入和 16 输出，可满足需求。输入、输出信号的地址此处从略。由于卧式注塑机全自动送料系统具有多轴运动过程，按照机械手动作的先后顺序进行控制，因此采用顺序控制设计法进行软件编程。

② 人机界面。全自动送料系统的人机界面采用 WECONLEVI777A-V 型电阻式触摸屏，该触摸屏具有两个串口，支持 RS-232/RS-485/RS-422，支持 MPI 协议。触摸屏界面包含输入/输出区域组态、指示灯组态、功能键组态和文本显示；通过设定的变量将触摸屏的组态功能与 PLC 对应的 I/O 地址和存储单元相连接，可实现手动操作过程中将手动设定的参数输入 PLC 中，并将 PLC 的当前值输入触摸屏并显示在界面中，便于观察机械手的运动状态。

③ 系统的控制过程。初始时，按下复位按钮 SB3，使机械手位于原位，然后按下启动按钮 SB2，整个送料系统的开始工作，其过程为：导料槽导料→剪料盘一次剪切两片料片→取料盘吸取两片料片，放在接料盘上→接料盘向前移动一步→重复剪切、吸取两片料片，并放于接料盘上→接料盘一次送 4 片料片→抓料盘吸料，后翻转 90°→成品抓料盘将注塑工位的成品取出→料片抓料盘将料片送到注塑工位→机械手退出注塑机，抓料盘翻转至水平→夹爪松开，成品落入接料筐中。取料盘吸料时，为了避免料片因振动而脱落，X_1 轴取料气缸先行，剪料气缸后行。如果没有停止信号，送料系统机械手按照以上过程循环操作。在任何时候按下停止按钮 SB1，机械手将完成当前工作周期后停止工作。

(4) 系统技术特点

① 卧式注塑机全自动送料机械手系统采用气压传动和 PLC 控制，控制 6 个单轴运动来

完成 6 个自由度机械手才能完成的一系列导料、剪料和送料动作，实现了全自动化送料。

② 气动系统的执行元件有气缸和真空吸盘两大类，共用正压气源提供压缩空气，真空吸盘所需负压由真空发生器提供，比采用真空泵获取真空负压经济性要好；采用单向节流阀对气缸进行双向排气节流调速，其背压有利于提高气缸运行平稳性和机械手的稳定性及系统散热。

3.3.3 中小型卧式注塑机专用气动机械手系统

（1）主机功能结构

注塑机机械手是注塑机生产自动化专用设备。如图 3-20 所示，安装于卧式注塑机上的气动机械手由侧姿机构组 1、引拔机构组 2、主副臂组 3 及 4、气动阀组箱 5、横行机构 6 等组成。除横行机构采用伺服电机驱动外，其他机构则采用气压传动。其中主副臂在气缸的往复动作过程中实现上下动作，主副臂机构通过滑块组安装在引拔部位，实现主副臂的引拔动作；引拔机构组通过横板滑块组安装在横行机构上，实现引拔机构的横入和横出动作。

气动机械手注塑机工作中，在开模后，主臂下行，侧姿吸盘吸附产品，主臂上行，产品被主臂取出横出后放入指定位置；与此同时，副臂下行夹取产品残留水口，并横出放入回收箱。卧式注塑机专用气动机械手动作流程如图 3-21 所示。

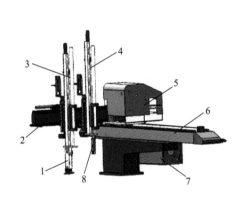

图 3-20　卧式注塑机专用气动机械手结构示意图
1—侧姿机构组；2—引拔机构组；3—主臂组；4—副臂组；
5—气动阀组箱；6—横行机构；7—电控箱；8—夹具

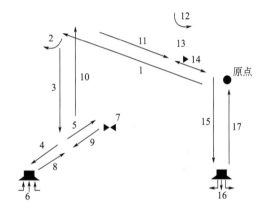

图 3-21　卧式注塑机专用气动机械手动作流程图
1—横放到取物点；2—主臂翻板垂直；3—主副臂下行；
4—主臂引拔进；5—副臂引拔退；6—侧姿治具吸盘吸；
7—副臂夹具夹；8—主臂引拔退；9—副臂引拔进；
10—主副臂上行；11—横行到水口点；12—翻板
水平；13—副臂夹开；14—横出到原点；15—主
臂下行；16—侧姿治具吸盘放；17—主臂上行

（2）气动系统原理

图 3-22 所示为卧式注塑机专用气动机械手系统原理图。气动系统的执行元件为主臂上下气缸 24、主臂引拔气缸 25；副臂上下气缸 26、副臂引拔气缸 27、侧姿气缸 28、夹具 29、主臂防落气缸 32、副臂防落气缸 33 等。除弹簧复位的单作用缸 32 和 33 以及夹具 29 外，这些执行元件的运动方向分别由单向节流阀 14 和 15、16 和 17、18 和 19、20 和 21、22 和 23 进行双向排气节流调速，排气总管可用单向节流阀 4 和 7 调节排气流量。消声器 5、6、30 和 31 用于降低系统的排气噪声。系统的压缩空气由气源 1 经截止阀 2 和气动三联件 3 提供。

　　气动系统采用 PLC 控制，通过控制各电磁换向阀的通断电，即可按要求的顺序进行工作。

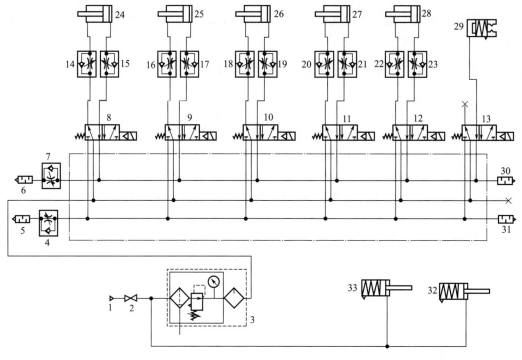

图 3-22　卧式注塑机专用气动机械手系统原理图

1—气源；2—截止阀；3—气动三联件；4,7,14～23—单向节流阀；5,6,30,31—消声器；8～13—二位五通
电磁换向阀；24—主臂上下气缸；25—主臂引拔气缸；26—副臂上下气缸；27—副臂引拔气缸；
28—侧姿气缸；29—夹具；32—主臂防落气缸；33—副臂防落气缸

(3) 系统技术特点

① 气动机械手在 PLC 控制下，可实现注塑机生产自动化。

② 系统采用公共进排气管路连接各电磁换向阀，气路结构简单明了，便于安装和使用维护，适合采用气动阀岛构成系统；采用单向节流阀进行双向排气节流调速，有利于提高各执行机构的运行平稳性。

第4章

机械制造装备气动系统

4.1 概述

机械制造工业是国民经济发展的基础性、战略性产业。以高新技术为引领的先进装备制造是机械制造业的核心、现代装备制造业的脊梁、推动工业转型升级的引擎。气动技术与计算机控制技术相结合，已成为先进装备制造业中各类金属加工机床、数控机床、加工中心及工装夹具和功能部件自动化、高效化、智能化、绿色化的重要途径和技术手段。机械制造装备主要利用气动技术，其具有介质经济易取、反应特性好、安全防爆、便于调压、调速和方向控制、便于进行过载保护等特点。其典型应用有加工中心气动、自动钻床及换刀机构、零件铆压装配机床、微喷孔电火花机床电极气动进给系统、数控机床安全门、汽车涡旋压缩机动涡盘孔自动塞堵机、全气动锯床、打标机、平板切割设备、加工中心进给轴可靠性试验加载装置、数控车床真空夹具、多工位铣床夹具、车削夹具、气动肌腱驱动夹具、柴油机柱塞偶件磨斜槽自动化翻转夹具、汽车发动机连杆清洗夹具、气动肌腱驱动的形封闭偏心轮机构和杠杆式压板夹具、棒料可控旋弯致裂精密下料装置、智能真空吸盘装置、空气轴承（气浮轴承）等。

本章介绍机械制造装备中的 17 例典型气动系统。

4.2 机床与数控加工中心气动系统

4.2.1 VMC1000加工中心气动系统

（1）主机功能结构

VMC1000 加工中心自动换刀装置工作过程中的主轴定位、主轴松刀、拔刀插刀、主轴锥孔吹气等小负载辅助执行机构都采用了气压传动。

（2）气动系统原理

VMC1000 加工中心气动系统原理如图 4-1 所示。系统的气源 1 经过滤、减压和油雾组成的气动三联件给系统提供工作介质。系统有主轴吹气锥孔、单作用主轴定位气缸、气液增压器驱动的夹紧缸 B、刀具插拔气缸 C 等 4 个执行机构，其通断或运动方向分别由二位二通电磁换向阀 2、二位三通电磁换向阀 4、二位四通电磁换向阀 6 和三位五通电磁换向阀 9 控制，吹气孔的气流量由单向节流阀 3 调控，缸 A 定位伸出的速度由单向节流阀 5 调控，缸 B 的快速进退速度分别由气液增压器气口上的快速排气阀（梭阀）决定，缸 C 的进退速度分别由单向节流阀 10 和 11 调控。

结合系统的动作状态表（表 4-1）对换刀过程各工况下的气体流动路线说明如下。

① 主轴定位。当数控系统发出换刀指令时，主轴停止旋转，同时电磁铁 4YA 通电使换向阀 4 切换至右位，气源 1 的压缩空气经气动三联件、阀 4、阀 5 中的节流阀进入定位气缸 A 的无杆腔，活塞杆克服弹簧力左行（速度由阀 5 的开度决定），主轴自动定位。

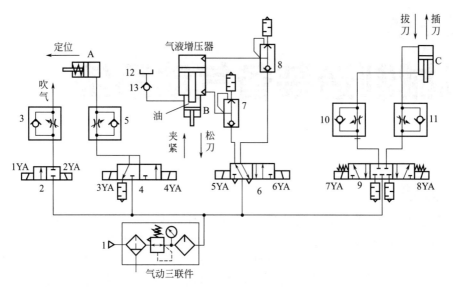

图 4-1　VMC1000 加工中心气动系统原理图

1—气源；2—二位二通电磁换向阀；3,5,10,11—单向节流阀；4—二位三通电磁换向阀；6—二位四通电磁换向阀；
7,8—快速排气阀；9—三位五通电磁换向阀；12—油杯；13—单向阀

表 4-1　加工中心气动系统换刀过程动作状态表

工况		电磁铁状态							
序号	动作	1YA	2YA	3YA	4YA	5YA	6YA	7YA	8YA
1	主轴定位			−	+				
2	主轴松刀					−	+		
3	拔刀							−	+
4	向主轴锥孔吹气	+	−						
5	插刀	−	+					+	
6	刀具夹紧					+			
7	复位			+	−				

　　② 主轴松刀。主轴定位后压下无触点开关（图中未画出），使电磁铁 6YA 通电，换向阀 6 切换至右位，压缩空气经阀 6、快速排气阀 8 进入气液增压器的无杆腔（气体有杆腔经快速排气阀 7 排气），增压器油液下腔（即缸 B 的无杆腔）中的高压油使其夹紧缸 B 的活塞杆伸出，实现主轴松刀。缸 B 可通过油杯（高位油箱）12 充液补油。

　　③ 拔刀。在主轴松刀的同时，电磁铁 8YA 通电使换向阀 9 切换至右位，压缩空气经阀 9、阀 11 中的单向阀进入缸 C 的无杆腔（有杆腔经阀 10 中的节流阀和阀 9 及消声器排气），其活塞杆向下移动（下移速度由阀 10 的开度决定），实现拔刀动作。

　　④ 向主轴锥孔吹气。为了保证换刀的精度，在插刀前要吹干净主轴锥孔的铁屑杂质，电磁铁 1YA 通电使换向阀 2 切换至左位，压缩空气经阀 2 和阀 3 中的节流阀向主轴锥孔吹气（吹气量由阀 3 的开度决定）。

　　⑤ 插刀。吹气片刻，电磁铁 2YA 通电使换向阀切换至右位，停止吹气。电磁铁 7YA 通电使换向阀 9 切换至左位，压缩空气经阀 9、阀 10 中的单向阀进入缸 C 的有杆腔（无杆腔经阀 11 中的节流阀和阀 9 及其消声器排气），其活塞杆上行（上行速度由阀 11 的开度决

定），实现插刀动作。

⑥ 刀具夹紧。稍后，电磁铁 5YA 通电使换向阀 6 切换至左位，压缩空气经阀 6 和阀 7 进入气液增压器气体有杆腔（气体无杆腔经快速排气阀 8 及其消声器排气），其活塞退回，主轴的机械机构使刀具夹紧。

⑦ 复位。电磁铁 3YA 通电使换向阀 4 切换至左位，缸 A 在有杆腔弹簧力的作用下复位（无杆腔经阀 5 中的单向阀和阀 4 及消声器排气），回复到初始状态，至此换刀过程结束。

(3) 系统技术特点

① VMC1000 加工中心气动系统换刀装置因负载较小，故采用了工作压力较低的气压传动；对于需要操作力较大的夹紧气缸，采用了气液增压器增压提供动力，油液的阻尼作用有利于提高刀具夹紧松开的平稳性。

② 系统采用电磁换向阀对各执行机构换向，夹紧缸之外的执行机构采用单向节流阀排气节流调速，有利于提高工作的平稳性。气液增压器及夹紧缸利用快速排气阀提高其动作速度。

4.2.2　钻床气动系统

(1) 主机功能结构

钻床是利用钻头在工件上加工孔的一种常用机床。在钻孔加工过程中，工件夹紧固定不动，钻头旋转为主运动，钻头轴向移动为进给运动。钻床采用气压传动可实现钻床的自动化。钻床工作过程为：工件夹紧→钻头切削加工→卸料。上述工作用 3 组气缸作为执行元件来完成：气缸 A_1 和 A_2 用于工件夹紧；气缸 B 用于钻头切削进给；气缸 C 用于工件加工完后，从钻床上推至成品箱中。

(2) 气动系统原理

钻床气动系统原理如图 4-2 所示。气源（中小型空压机）1 经分水滤气器 2、减压阀 3 和油雾器 5 给系统提供压缩空气，减压阀设定的系统压力通过压力表 4 观测。系统的执行元件有左右夹紧气缸 A_1 和 A_2、钻头切削进给气缸 B、卸料气缸 C。气缸 A_1 和 A_2 的运动方向由三位四通电磁换向阀 8 控制，夹紧保压通过阀 8 的 O 形中位机能断气实现，其快慢速换接由二位二通电磁换向阀 12 控制，慢速夹紧速度由调速阀 13 调节。气缸 B 的运动方向由二位四通电磁换向阀 7 控制，缸 B 的快慢速换接由二位二通电磁换向阀 10 控制，慢速进给速度由调速阀 11 调节。气缸 C 为单作用缸，其伸出由二位二通电磁换向阀 6 控制，其回程靠有杆腔的复位弹簧力驱动。回程时无杆腔排气通过快速排气阀 9 实现。

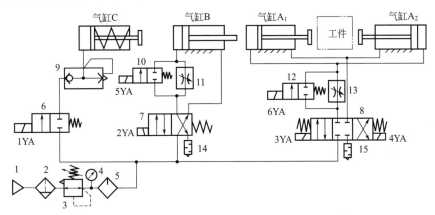

图 4-2　钻床气动系统原理图

1—气源；2—分水滤气器；3—减压阀；4—压力表；5—油雾器；6,10,12—二位二通电磁换向阀；7—二位四通电磁换向阀；8—三位四通电磁换向阀；9—快速排气阀；11,13—调速阀；14,15—消声器由系统的时序图（图 4-3）和动作状态表（表 4-2）容易了解系统在各工况下的气体流动路线。

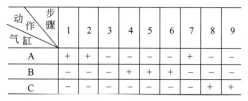 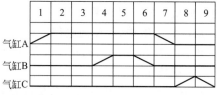

图 4-3　钻床气动系统时序图

表 4-2　钻床气动系统动作状态表

步骤	工况动作	电磁铁状态					
		1YA	2YA	3YA	4YA	5YA	6YA
1	气缸 A_1 和 A_2 带动夹具快进	-	-	+	-	-	+
2	气缸 A_1 和 A_2 带动夹具慢速夹紧工件	-	-	+	-	-	-
3	气缸 A_1 和 A_2 保压	-	-	+	-	-	-
4	气缸 B 带动钻头快进	-	+	+	-	+	-
5	气缸 B 带动钻头工进（慢进）	-	+	+	-	-	-
6	气缸 B 带动钻头快退	-	-	-	+	-	-
7	气缸 A_1 和 A_2 带动夹具快退	-	-	-	+	-	+
8	气缸 C 伸出卸料	+	-	-	-	-	-
9	气缸 C 快退	-	-	-	-	-	-

（3）系统技术特点

① 钻床钻孔采用气动技术，有利于实现钻孔加工的自动化，有利于节能环保。

② 钻床气动系统采用中小型空压机供气，以适应常用钻床在工作时负载不大、但转速较高的工况要求；液压缸采用电磁阀换向，准确简便；夹紧缸和进给缸采用调速阀节流调速，可以提高缸的速度负载特性，但进口节流不利于散热。卸料缸采用快排阀进行快速排气，实现活塞杆的快速退回，可节约生产时间。

③ 由于钻床气动系统属于典型的开关控制，特别适合采用小型 PLC 实现气动系统的自动控制，方便通过软件编程实现工艺和动作顺序的变更。

4.2.3　壳体类零件铆压装配机床气动系统

图 4-4　铆压装配机床实物外形图

（1）主机功能结构

铆压装配机床（图 4-4）用于自动化生产线从圆周或周边对壳体类零件进行铆压装配，它主要由台架、压紧机构、铆压机构组成（图 4-5 和图 4-6），并采用气动系统和 PLC 控制。

如图 4-5 所示，台架由支脚 1 和底座 2 组成。底座采用型钢焊接而成。如图 4-6 所示，铆压件由铆压件壳体 16 和铆压件主体 17 两部分组成，壳体盖在主体上，铆压刀片 11 从周边施加压力，使壳体产生径向变形，与主体铆接在一起。

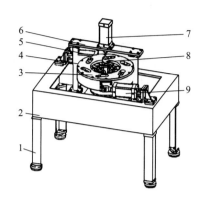

图 4-5　铆压装配机床结构示意图

1—支脚；2—底座；3—铆压机构；
4—立柱；5,9—铆压气缸；
6—压紧气缸支撑；7—压紧
气缸；8—铆压件

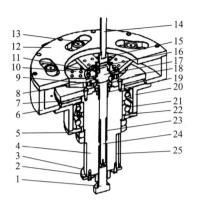

图 4-6　铆压装配机床三维剖视图

1—调节螺栓；2—锁紧螺母；3—挡板；4—中心轴；5—圆螺母；6—转
托盘；7—轴承上端盖；8—滑轨；9—滑块；10—铆压刀基板；11—铆
压刀片；12—铆压凸轮盘；13—凸轮轴承随动器；14—压紧气缸活塞
杆；15—尼龙套；16—铆压件壳体；17—铆压件主体；18—滑轨安装
盘；19—无油衬套；20—轴承套；21—双列角接触轴承；22—轴承下
端盖；23—弹簧；24—中心托杆；25—平键

如图 4-5 所示，压紧机构中的立柱 4、压紧气缸支撑 6、压紧气缸 7 为刚性连接，固定在底座 2 上。如图 4-6 所示，铆压件安装在中心托杆 24 上，当压紧气缸活塞杆 14 伸出时，通过安装在其前端的尼龙套（尼龙套起缓冲、减振的作用，并且更换方便）15 把铆压件壳体 16 和铆压件主体 17 压紧，完成预装配。由于中心托杆 24、无油衬套 19、弹簧 23 安装在中心轴轴孔中，随着铆压件的压紧，推动中心托杆 24 在无油衬套 19 中滑动，向下压缩弹簧 23，使铆压件下沉到铆压位置。在铆压完成以前，压紧气缸活塞杆 14 一直保持伸出状态，保证后面铆压装配的顺利进行。待铆压完成后，压紧气缸活塞杆回退，弹簧复位，中心托杆和铆压件上升到初始位置。调节螺栓 1 和锁紧螺母 2 用于调节中心托杆 24 下沉的深度，该深度由铆压件需要铆压的位置决定。

由图 4-5 看到，铆压机构 3 整体安装在底座 2 上，两只铆压气缸 5、9 的缸体后部都铰接在底座 2 上，两只气缸的活塞杆铰接在图 4-6 所示的转托盘 6 上。如图 4-6 所示，由于转托盘 6、铆压凸轮盘 12、轴承座、轴承上端盖 7、轴承下端盖 22 呈刚性连接，它们随着两只铆压气缸活塞杆伸出，沿双列角接触球轴承 21 做圆周方向旋转。机构中滑轨 8、滑轨安装盘 18、中心轴 4 为刚性连接，中心轴安装在底座的轴孔中，通过平键 25 限制了其在圆周方向的旋转。又由于凸轮轴承随动器 13、铆压刀基板 10、铆压刀片 11、滑块 9 呈刚性连接，这样随着铆压凸轮盘 12 的旋转，其上的 6 个仿形曲面滑槽带动 6 套凸轮轴承随动器、铆压刀片随着滑块向铆压件轴心方向做同步直线运动，在铆压件壳体 16 周边施加压力，并使其产生形变，和铆压件主体 17 铆接成一体，完成铆压装配。

铆压完成后，依次退回铆压气缸活塞杆，使铆压刀片 11 回退。回退到位后，再回退压紧气缸活塞杆 14，依靠弹簧 23 的反力，使中心托杆 24 和铆压件上升，即可取出装配好的铆压件。

（2）气动系统原理

图 4-7 所示为铆压装配机床气动系统原理图。为了保证两只铆压气缸 4-1 和 4-2 同步运动，两只气缸共用一套气动三联件 2 对气源 1 提供的压缩空气进行过滤、减压、定压及润滑油雾化，二缸共用二位五通电磁换向阀 3 控制换向。压紧气缸 7 单独用一套气动三联件 5，

缸 7 的运动方向由二位五通电磁换向阀 6 控制。

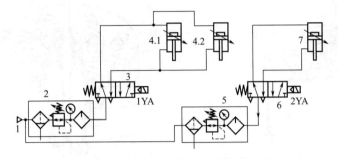

图 4-7 铆压装配机床气动系统原理图

1—气源；2,5—气动三联件（分水滤气器、减压阀、油雾器）；3,6—二位五通电磁
换向阀；4—铆压气缸；7—压紧气缸

(3) PLC 控制系统

图 4-8 所示为铆压装配机床 PLC 控制系统原理图，PLC 为台达 DVP14SS 标准型，文本编辑器是台达 TP04G -AS1，PLC 和文本编辑器之间通过 RS-232 通信，PLC 通过输出端控制中间继电器 KA，实现对压紧气缸和铆压气缸电磁换向阀的换向。图 4-9 所示为铆压装配机床工艺流程框图，工作方式有手动/自动两种，前者主要用于机床的调整、维护。按钮 SB3、SB4保持按下，则分别使压紧和铆压气缸保持动作，松开按钮后，相应的气缸活塞杆回退。自动工作时，双手同时按下 SB3、SB4，机床自动依次完成预压紧、铆压、回退等工作。

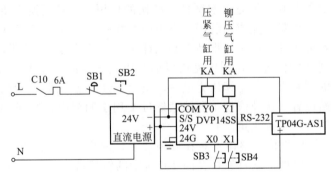

图 4-8 铆压装配机床 PLC 控制系统原理图

(4) 系统技术特点

① 本机床通过采用气压传动的机械执行机构和 PLC 控制，满足了自动化生产线需要从圆周或周边进行铆压装配的壳体类零件的工艺要求。能快速提升机床的自动化水平、装配精度和效率等。

② 气动系统结构组成简单，两个铆压气缸和压紧气缸分别采用气动三联件对气源提供的压缩空气进行处理，在保证各组气缸所用工作介质的使用要求的同时，还能保证两个铆压气缸的同步运动。两只电磁换向阀通断电的信号源为 PLC。

4.2.4 微喷孔电火花机床电极气动进给系统

(1) 主机功能结构

电火花加工（Electrical Discharge Machining，EDM）是一种直接利用电极和工件（正、负电极）之间脉冲性火花放电时的电蚀现象电蚀多余金属的技术，电火花微喷孔（如孔径极小的柴油机喷油嘴）加工则是利用电极丝旋转与向下垂直进给复合运动，通过脉冲放电达到

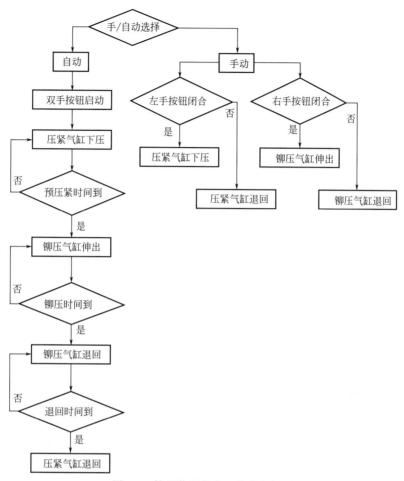

图 4-9　铆压装配机床工艺流程框图

加工目的。微喷孔电火花加工电极气动进给机构由压板装置（由气缸驱动）和夹头装置两大部分组成（图 4-10），分别有气源进入，并且实施单独控制，气压可根据电极的不同规格及其他需要进行调整，调压阀、压力表等安装在机床罩壳上，易于观测和调整。在图 4-10 中，只要将快速气动连接头 2 上的气管从气动快速连接口拔出，把电极轻轻放入不锈钢护管 3 里的导管内（因导管口径仅 1mm，故需找准导管口，以避免电极撞弯或撞断），然后重新插上气管 1，电极就可以在气动装置的作用下自动（吹丝）送入导向器。该气动进给装置不存在以往常用的双滚轮进给夹持电极丝容易造成电极弯曲和精密钻夹头夹持电极丝方式无法实现电极损耗后自动进给等问题。

（2）气动系统原理

气动系统是电极进给系统的"动力装置"，其原理如图 4-11 所示。带有精过滤装置的气源 1 经过滤器 2 分别供给电极丝夹紧装置（吹气孔）和压板气缸两个支路。调压阀 3 和 6 分别用于夹紧装置（吹气孔）和压板缸支路的调压定压（通过压力表 4 和 7 观测），夹紧装置的动作（吹气孔的通断）及气缸的动作分别由二位二通电磁换向阀 5 和 8 控制。

工作过程为：电极由导向器导向，在加工时，首先将旋转头旋转到吹气孔的位置，电磁铁 1YA 通电使换向阀 5 切换至右位，打开夹紧装置后吹气，将电极丝吹出，定位到加工面。主轴带动电极丝在伺服系统控制下做微量进给，脉冲电源在电极与工件之间施加高频脉冲放电，高压水质工作液在电极的外围喷射，对加工区域实施强迫排屑冷却，保证加工的顺利进行。微喷孔电火花加工工件过程如图 4-12 所示。

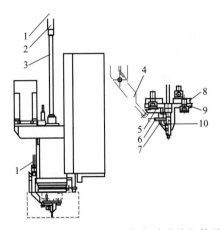
图 4-10　微喷孔电火花加工电极气动进给机构示意图
1—气管；2—气动连接头；3—不锈钢护管；4—压板；
5—压爪；6—圆柱头螺钉和压缩弹簧；7—平端紧定螺钉；
8—调整垫；9—夹头座；10—导向器

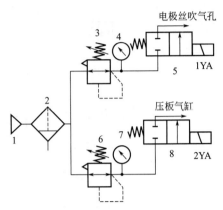
图 4-11　电极进给气动系统原理图
1—气源；2—过滤器；3,6—调压阀；
4,7—压力表；5,8—二位二通
电磁换向阀

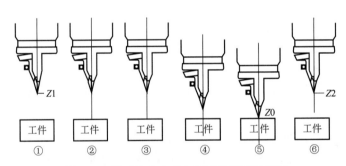
图 4-12　微喷孔电火花加工工件过程示意图
①主轴 Z 轴升到 Z1 位置，Z1 高度为计算出的加工电极总长；②电极靠气动装置自动进给，进给量为 Z1；
③电极通过放电加工，将把电极尖端修整为平端；④工件进行穿孔加工；⑤加工电极穿透，Z 轴到达 Z0 位
置，Z0 位置指的是 Z 轴的工作坐标零点（导向器的安全高度）；⑥加工孔完毕，主轴 Z 轴回退到 Z2 高度

（3）PLC 自动控制系统

根据机床的加工过程及具体需求，该系统采用 FX1N-32MR-001 型 PLC。根据系统输入/输出点和外部信号的要求，微喷孔电火花机床 PLC 的 I/O 功能地址分配如表 4-3 所示。图 4-13 和图 4-14 所示分别为自动加工步进程序流程图和主控程序流程图。

表 4-3　微喷孔电火花机床 PLC 的 I/O 功能地址分配表

序号	输入信号			输出信号		
	功能	名称	地址代号	功能	名称	地址代号
1	加工启动	自动加工按键	X0	旋转头旋转	旋转头旋转信号	Y0
2	下限位	下限位开关	X1	吹丝	吹丝电磁阀	Y1
3	上限位	上限位开关	X2	夹紧	夹紧电磁阀	Y2
4	短路	短路信号	X3	二次行程下降	二次行程下降信号	Y3
5	旋转到位	旋转到位信号	X4	二次行程上升	二次行程上升信号	Y4

续表

序号	输入信号			输出信号		
	功能	名称	地址代号	功能	名称	地址代号
6	加工结束	加工结束信号	X5	主轴上升	主轴上升信号	Y5
7	加工暂停	暂停按键	X6	反极性输出	反极性输出信号	Y6
8	手动旋转	手动旋转按键	X7	旋转速度选择	旋转速度选择信号	Y7
9	手动吹气	手动吹气按键	X10	放电加工	一键式加工信号	Y10
10	系统复位	系统复位按键	X11	报警	蜂鸣器	Y11

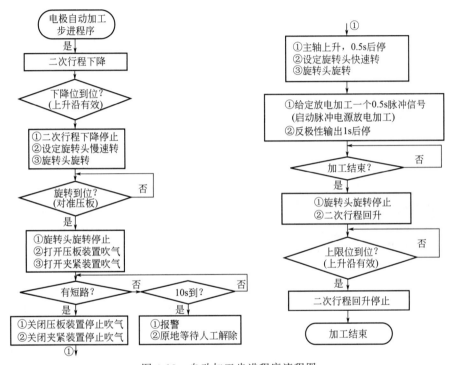

图 4-13　自动加工步进程序流程图

（4）系统技术特点

① 微喷孔电火花加工机床电极进给机构采用气动技术和 PLC 自动控制，解决了微喷孔电火花机床电极丝不易夹持的难点。实现了电极装夹及进给自动化，具有进给速度快，电极夹持效果好，无弯曲可能，可保证微喷孔的加工精度和一致性，结构简单，无污染，维护方便和成本低廉等优点。所加工的微喷孔直径小于 0.2mm，并可加工直径为 0.1mm 的喷孔，单孔加工精度误差达到 2μm，直径公差为 ±0.003μm；孔壁内表面粗糙度 Ra 小于 0.6μm，孔口能观察到圆角，无毛刺，并可淬火后进行加工。喷孔各项精度都优于钻削的加工精度，可满足各种喷油嘴微喷孔

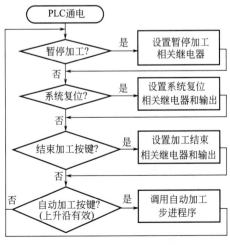

图 4-14　主控程序流程图

加工。

② 气动系统执行部分包括吹气和压紧两部分。系统组成较为简单。但由于电极丝进给需要通过一根内径 1mm，外径为 2mm 的不锈钢导管，除钢管内壁的表面粗糙度 Ra 要小于 $0.4\mu m$ 外，对气源质量的要求也很高。为了避免气源含有水分，在微细电极丝通过不锈钢管壁时，造成电极丝粘连管壁，无法将电极丝吹入导向器中，影响机床运转和加工的正常进行，在气动系统中加入了二级油水分离器，以保持气体干燥。此外，外接气源进入本机床后，要经过一个精过滤的过滤装置。本机床对气源的技术要求为：进气气源质量要求符合 ISO8573.1 的 4 级；调压范围 $0.15\sim0.9MPa$，最高可达到 1MPa；外接管气管通径 8mm。为此，气源处理关键元件过滤器采用亚德客（AirTAC）产品（GF300-10-A 型）（其过滤器具有独特的导流结构，使流过的气体产生适当的旋转，从而更有效地分离气体中的液体，并可靠地过滤固体颗粒），并安装于主管路上，去除压缩空气中的油、水、杂质，延长精密过滤器的滤芯寿命和防止下游元件故障。相应地其余气动元件也都采用亚德客产品，如调压阀为 SR-200-08 型、压力表为 GU-40 型、电磁换向阀为 3V210-08-NC/24VAC 型。

4.2.5　涡旋压缩机动涡盘孔自动塞堵机气动系统

（1）主机功能结构

涡旋压缩机是一种广泛应用于新能源汽车空调领域回转压缩机械，动涡盘是涡旋压缩机的重要部件，为了防止涡旋压缩机的重要部件的动涡盘在采用阳极氧化法对表面进行处理时，将动涡盘背面轴承孔与销孔（图 4-15）氧化，以利于相应零部件的装配，多采用隔绝孔壁与阳极氧化电解液接触的方法，动涡盘孔自动塞堵机就是一种采用塞子堵孔隔绝方式的专用机械。

图 4-15　涡旋压缩机动涡盘外形图

动涡盘孔自动塞堵机由换位机构、送推料机构、塞堵机构、气动系统和控制系统等部分组成，其总体结构如图 4-16 所示。换位机构要能实现精确换位，以便于塞堵操作；送料机构和推料机构要能持续送料并平稳将胶塞送至预压通道内，其中销振盘送料机构独立置于机器侧旁；塞堵机构要能提供足够的塞堵压力和安全保障；整机和气动系统能在 PLC 控制下协调有序地工作。

机器的换位机构有工件安装工位（工位 1）、销孔塞堵工位（工位 2）和轴承孔塞堵工位（工位 3）3 个工位；工位间的切换通过伺服电机驱动的丝杆、滑轨等为导向的滑动平台组合实现。

送推料机构由气缸 1 驱动。动涡盘封孔用橡胶塞有两种：一种是封堵轴承孔的小锥度大胶塞；另一种是封堵动涡盘上销孔的小锥度小胶塞。两种胶塞的头部的锥度有利于排气和压装封堵。大胶塞放置于料仓内，通过推料气缸 1 将料仓底部大胶塞沿着推料通道 1 推至相应导套内，为后续塞堵做准备。当气缸 1 回程后，料仓中的大胶塞在重力的作用下落到料仓底部，为下次推送料做准备。

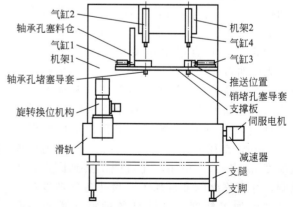

图 4-16　涡旋压缩机动涡盘孔自动塞堵机总体结构示意图

　　振盘机构较为简单，在送料过程中，可利用缺口、偏重等方式对物料做定向整理和分离筛选，故结构规整、尺寸不大、重量较小的小胶塞使用振盘送料。振盘独立安装在销孔塞堵机构侧面。当小胶塞到位后，推送气缸 3 工作，将其沿着推料通道 2 推至导套内。

　　塞堵机构主要包括塞堵气缸 2、4（图 4-16），小胶塞导套，大胶塞导套和支撑板。压头安装在活塞杆头部，其上设有压力传感器，用于压力监控，同时通过气动系统将导套内的待装胶塞压到动涡盘相应孔中。图 4-17 所示为轴承孔和销孔塞堵机构。塞堵后的工件见图 4-18。

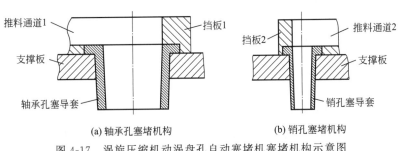

<table>
<tr><td>(a) 轴承孔塞堵机构</td><td>(b) 销孔塞堵机构</td></tr>
</table>

图 4-17　涡旋压缩机动涡盘孔自动塞堵机塞堵机构示意图　　　　图 4-18　塞堵后的工件

(2) 气动系统原理

　　该塞堵机采用气动系统进行塞堵压制操作，气动系统原理如图 4-19 所示，其动作状态如表 4-4 所示。气动系统气源 20 经截止阀 19，通过净化、调压和雾化的气动三联件 18 向系统提供洁净的压缩空气。系统的执行元件为大胶塞推料气缸 1、轴承孔塞堵气缸 2、小胶塞推料气缸 3 和销孔塞堵气缸 4。缸 1～4 的运动方向分别由电磁换向阀 13～16 操控（换向阀电磁铁通断电的主要信号源是气缸行程端点的行程开关 S1～S6），其双向运动速度依次分别由单向节流阀 5 和 6、7 和 8、9 和 10、11 和 12 进气节流调节。

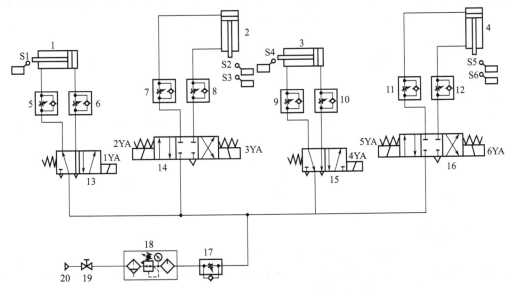

图 4-19　涡旋压缩机动涡盘孔自动塞堵机气动系统原理图

1～4—气缸；5～12,17—单向节流阀；13,15—二位五通电磁换向阀；14,16—三位四通电磁换向阀；18—气动三联件；19—截止阀；20—气源

表 4-4　涡旋压缩机动涡盘孔自动塞堵机气动系统动作状态表

序号	工况	动作	信号源	1YA	2YA	3YA	4YA	5YA	6YA
1	销孔塞堵过程	气缸 3 活塞杆伸出	脉冲信号	−	−	−	+	−	−
2		气缸 3 活塞杆退回	行程开关 S4	−	−	−	−	−	−
3		气缸 4 活塞杆伸出	行程开关 S4,时间继电器延时	−	−	−	−	+	−
4		气缸 4 活塞杆伸出停位	行程开关 S6,时间继电器延时	−	−	−	−	−	+
5		气缸 4 活塞杆退回	时间继电器	−	−	−	−	−	−
6		气缸 4 活塞杆退回停位	行程开关 S5	−	−	−	−	−	−
1	轴承孔塞堵过程	气缸 1 活塞杆伸出	脉冲信号	+	−	−	−	−	−
2		气缸 1 活塞杆退回	行程开关 S1	−	−	−	−	−	−
3		气缸 2 活塞杆伸出	行程开关 S1,时间继电器延时	+	−	−	−	−	−
4		气缸 2 活塞杆伸出停位	行程开关 S3,压力传感器	−	−	−	−	−	−
5		气缸 2 活塞杆退回	时间继电器	−	−	+	−	−	−
6		气缸 2 活塞杆退回停位	行程开关 S2	−	−	−	−	−	−

气动系统的销孔塞堵工作循环为：振盘送小胶塞到位后，气缸 3 伸出推料→到位后行程开关 S4 发信，气缸 3 退回，而气缸 4 延时伸出，带动压头执行销孔塞堵操作→气缸 4 活塞杆到位后，行程开关 S6 发信，气缸 4 活塞杆停位→缸 4 保压后，时间继电器发信，气缸 4 活塞杆退回→到位后，行程开关 S5 发信，气缸活塞杆 4 停位。

气动系统的轴承孔塞堵工作循环为：工作台到达轴承孔塞堵工位后，气缸 1 活塞杆伸出将推料→到位后行程开关 S1 发信，气缸 1 退回，而气缸 2 延时伸出，带动压头执行轴承孔塞堵操作→气缸 2 活塞杆到位后，行程开关 S3 发信，气缸 2 活塞杆停位→保压后，时间继电器发信，气缸 2 活塞杆退回→到位后，行程开关 S2 发信，气缸 2 活塞杆停位。

结合气动系统动作状态表（表 4-4），不难了解各工况下销孔塞堵过程缸 3 和缸 4 以及轴承孔塞堵过程缸 1 和缸 2 的进、排气流动路线。

（3）PLC 控制系统

动涡盘孔自动塞堵机控制系统硬件部分的核心是 PLC，控制对象是两台伺服电机（滑台伺服电机和旋转换位机构伺服电机）及电磁阀等，编码器和传感器用于构成闭环控制。塞堵机通过软件系统运行完成相应操作。系统具备自检功能，判断机构是否位于初始位置，进行复位，回参考点。系统具备报警功能，塞堵操作过程中，对是否有料、是否到位、是否满足相应参数要求、是否出现异常等特殊情况进行监控。图 4-20 所示为涡旋压缩机动涡盘孔自动塞堵机 PLC 控制流程框图。

（4）系统技术特点

① 动涡盘孔自动塞堵机通过将 PLC、伺服电机和气动系统结合在一起，实现动涡盘在阳极氧化过程中防止孔表面氧化的封孔自动塞堵操作。与尚在为数不少企业采用的人工塞孔方式相比，该机自动化程度和工效率高，劳动强度低。

② 气动系统动作基本以行程控制为主，各执行元件均采用单向节流阀进行双向节流调速。

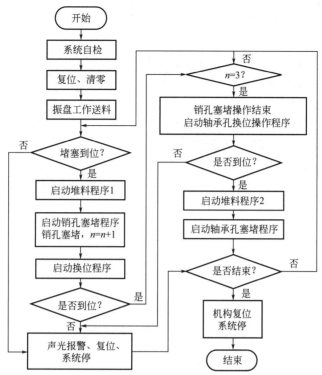

图 4-20　涡旋压缩机动涡盘孔自动塞堵机 PLC 控制流程框图

4.2.6　矿用全气动锯床系统

(1) 主机功能结构

全气动锯床（图 4-21）是对煤矿井下刮板输送机链条等金属部件切割的一种矿用切割设备。全气动锯床的结构组成示意图如图 4-22 所示，它主要由机架 9（设有带减速器的气动马达 14、曲柄 11、连杆 I 和 II）、锯梁导轨 1、刀架 2 和气缸 12 等部件组成。气动马达输出轴通过键与曲柄相配合，连杆一端与曲柄上的一偏心孔相铰接，锯梁与支撑在机架上的芯轴相连接，可实现摆动。刀架上端整体骑在锯梁导轨上，下端铰接连杆 I 另一端，实现动力的传递，而切割锯条 6 则固定在刀架的底侧，与刀架一起移动。

图 4-21　全气动锯床实物外形图

(2) 气动系统原理

图 4-23 为全气动锯床的气动系统原理图。系统的气源为空压机 11，其输出的压缩空气压力由减压阀 10 设定（0.4~0.6MPa），气源开关是二位二通换向阀 12。系统的执行元件为气缸 1 和气动马达 9。缸 1 的活塞杆与连杆 II（图 4-22）相铰接，用于驱动锯梁的抬起和落下。马达 9 带动曲柄连杆机构实现锯条的往复运动，同时还通过马达传动轴 13 上键连接的凸轮 5 与气缸的机动换向阀 6（二位五通机动换向阀）的弹性开关相接触，自动切换控制气缸两腔的进排气方向，从而实现与锯条往复主运动相匹配的气缸 1 的抬降动作。三位四通换向阀 8 控制气缸的快速升降，单向节流阀 2-1 和 2-2 用于调节缸 1 带动锯梁抬起和落下的速度（根据进给量大小调节），减压阀 3 和 4 用于调控切割压力（根据工件大小调定）。总

之，气动系统的功能是配合锯条的主运动（往复运动），实现锯床"落下→向前锯切→抬起→往回"工作过程中的锯梁及锯条升降功能。

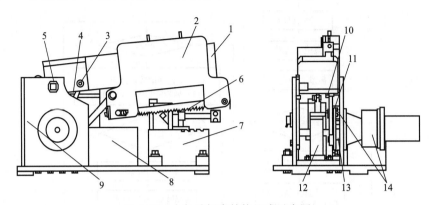

图 4-22 全气动锯床结构组成示意图

1—锯梁导轨；2—刀架；3—轴Ⅰ；4—连杆Ⅰ；5—轴Ⅱ；6—切割锯条；7—夹紧机构；8—气动元件箱；
9—机架；10—连杆Ⅱ；11—曲柄；12—气缸；13—凸轮；14—带减速器的气动马达

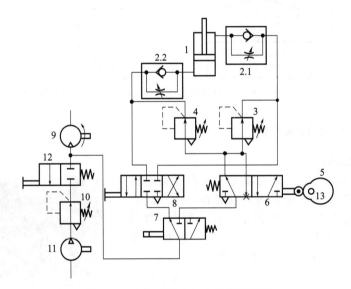

图 4-23 全气动锯床气动系统原理图

1—气缸；2—单向节流阀；3,4,10—减压阀；5—凸轮；6—二位五通机动换向阀（行程阀）；
7—二位三通换向阀（切换阀）；8—三位四通换向阀（快速升降阀）；9—气动马达；
11—空压机；12—二位二通换向阀（开关阀）；13—马达传动轴

在气动系统驱动下，锯床工作过程如下。

① 工件安装。在工件装夹前，锯梁处于最高位置且被气缸无杆腔密闭气体支撑住，此时安装待切工件。安装完毕后，切换阀 7 处于左位，快速升降阀 8 处于中位。

② 快速下降。当要快速下降（或锯梁靠重力不足以下降至工件上表面）时，将快速升降阀 8 置于右位，压缩空气经阀 8、阀 2.1 中的单向阀进入气缸有杆腔（无杆腔经阀 2.2 中的节流阀和阀 8 排气），实现锯梁快速下降。

③ 锯切工件。当锯条快速下降至工件上表面时，阀 8 复至中位，将阀 7 切换至右位，压缩空气经行程阀 6 流出后分为两路，一路经减压阀 4 和阀 2.2 中的单向阀进入气缸 1 的无

杆腔，另一路经减压阀 3 和阀 2.1 中的单向阀进入气缸 1 的有杆腔，实现锯条的进刀或抬刀运动。这样在锯弓往复运动的同时，行程阀 6 的弹性开关与凸轮相接触，实现行程换向，从而实现锯梁及锯条"落下→向前锯切→抬起→往回"的运动轨迹。

④ 快速升降。锯切完毕后，将切换阀 7 置于图示左位，快速升降阀 8 置于左位，压缩空气经阀 2.2 中的单向阀进入气缸无杆腔（有杆腔经阀 2.1 中的节流阀排气），实现锯梁快速上升。当要快速下降或锯梁靠重力不足以下降至工件上表面时，可将快速升降阀 8 置于右位，压缩空气经阀 8、阀 2.1 中的单向阀进入气缸有杆腔（无杆腔经阀 2.2 中的节流阀和阀 8 排气），实现锯梁快速下降。

⑤ 卸件。锯梁升至最高处后，便可卸下锯好的工件，之后可安装新的工件继续工作，或者直接降下锯梁结束操作。

按图 4-24 所示全气动锯床工作循环，按顺序分别按动操作面板上的按钮开关，即可完成切割工作。

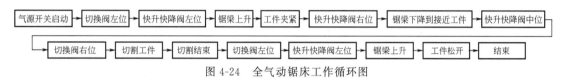

图 4-24　全气动锯床工作循环图

（3）系统技术特点

① 全气动锯床采用气动马达与气缸作为执行元件，通过气动系统与机械传动实现刀具的进刀、抬刀运动，可靠性高，可以最大限度地保护刀具，切割材料广，性能稳定，使用维修方便。

② 工作时，会根据被锯切工件的材料、形状或截面尺寸发生变化而自动调节工作进给压力，且由于采用气动方式，可最大限度地避免由于过载产生的冲击或打刀等现象，使功率得到最大利用，提高切削效率。

③ 采用单向节流阀对气缸进行双向节流调速，工作平稳，有利于减小系统和温升。

4.2.7　气动打标机系统

（1）主机功能结构

打标机是在机械产品零部件上打印标记（如编号、名称、商标、生产日期等字符和图案）的机械设备，该机采用了气压传动和 PLC 控制技术。气动打标机工作原理如图 4-25 所示，其工作过程为：当按下启动按钮，打印气缸 A 的活塞杆快速伸出，对欲打印的工件进行打印，当打印完毕后，打印气缸的活塞杆缩回；此时推料气缸 B 的活塞杆伸出把打印完毕的工件推出以进行下一道工序，当活塞杆缩回时，下一个待打印工件到位，进入下一循环，故两气缸的动作流程为：打印气缸伸出→打印气缸缩回→推料气缸伸出→推料气缸缩回。

（2）气动系统原理

图 4-26 所示为打标机气动系统原理图，气源 1 经气动三联件 2 向系统提供压缩空气。系统的执行元件为打印气缸 A 和推料气缸 B，缸 A 和缸 B 的主控换向阀分别为二位五通双电磁铁换向阀 3 和 4，缸 A 无杆腔接有快速排气阀 8，用于加快其下行打印速度，以保证打印质量，气缸返回时，为了减少冲击，由阀 5 中的节流阀来排气节流调速。对于推料气缸而言，其

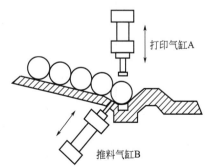

图 4-25　气动打标机工作原理示意图

双向调速均采用单向节流阀完成。系统的 4 个行程开关 B1～B4 作为 2 个换向阀电磁铁通断电的信号源,使 2 个气缸按照要求的动作顺序运动。整个动作过程通过 PLC 控制系统实现。

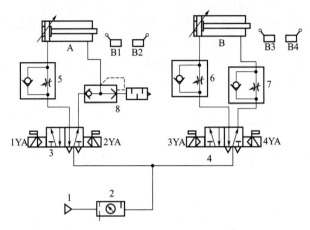

图 4-26　打标机气动系统原理图

1—气源;2—气动三联件(分水滤气器、减压阀、油雾器);3,4—二位五通双电磁铁换向阀;
5～7—单向节流阀;8—快速排气阀;A—打印气缸;B—推料气缸

(3) PLC 控制系统

气动系统及整机采用 PLC 控制,控制系统的 I/O 功能地址分配如表 4-5 所示,PLC 外部接线见图 4-27,PLC 控制软件程序如图 4-28 所示。

表 4-5　气动打标机 PLC 的 I/O 功能地址分配表

序号	输入信号			输出信号		
	功能	名称	地址代号	功能	名称	地址代号
1	打标机启动	启动按钮 SB1	I0.0	打印气缸伸出	电磁铁 1YA	Q0.1
2	打印气缸前限位	行程开关 B1	I0.1	打印气缸缩回	电磁铁 2YA	Q0.2
3	打印气缸前限位	行程开关 B2	I0.2	夹紧	电磁铁 3YA	Q0.3
4	推料气缸前限位	行程开关 B3	I0.3	二次行程下降	电磁铁 4YA	Q0.4
5	推料气缸后限位	行程开关 B4	I0.4			

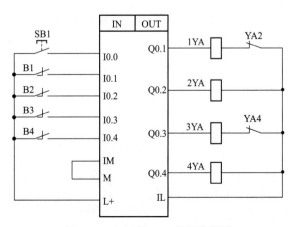

图 4-27　打标机 PLC 外部接线图

(4) 系统技术特点

① 本打标机同时具备气动技术和 PLC 控制的优点,具有工作介质经济易取,环保无污染,可控性好,能通过 PLC 程序实现自动供料及快速打印,抗干扰能力强,能够在较恶劣的环境下工作等特点,特别适合速度要求较快的流水线采用。

② 气动系统气路结构简单。采用双电磁铁换向阀控制气缸运动方向,通过快速排气阀加快打印气缸排气速度,以保证打印质量,通过单向节流阀对推料气缸进行双向排气节流,运行稳定性好,

有利于系统散热。

4.2.8　切割平板设备气动系统

（1）主机功能结构

切割平板设备是一种采用气压传动和 PLC 自动控制的机械设备，用于平板的切割加工。整机由四大部分组成：一是运送平板部分，主要包括伺服电机、减速器、齿轮齿条、滑轨滑块及检测装置等；二是夹紧部分，主要包括夹紧气缸、对中齿轮、抱手及滑轨滑块等；三是切割部分，主要包括牵引气缸、切割电机及滑轨滑块等；四是辅助机械部分。该机能以手动、自动及单循环 3 种工作方式控制平板运送、夹紧、牵引电机动作及平板切割。其工作过程为：当检测装置检测到传送线上移动到指定位置的平板时，伺服电机驱动齿条执行运送平板动作，直至平板到达指定位置，伺服电机驱动齿条返回；当伺服电机返回原位

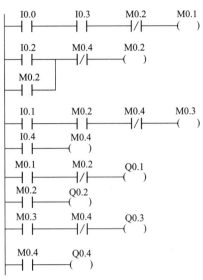

图 4-28　打标机 PLC 控制软件程序

时，夹紧气缸活塞杆伸出执行夹紧，牵引气缸活塞杆缩回执行牵引电机动作和切割动作，最终牵引气缸活塞杆伸出执行复位动作。

（2）气动系统原理

图 4-29 所示为自动切割平板设备气动系统原理图，系统的执行元件是对中夹紧气缸 16 和牵引气缸 12，其运动方向分别由三位四通电磁换向阀（34SM-B10H-T/W 型）9 和 13 控制，其双向运动速度分别采用单向节流阀 10 及 11 和 14 及 15 排气节流调控。系统气源为电动机 5 驱动的气泵（空压机）6，供气压力由先导式溢流阀 4 设定，系统过压保护及欠压复压则通过阀 4 导控管路上的二位二通电磁换向阀（22E-10B 型）3 进行控制。系统中各电磁铁的通断电信号由气缸前后端的磁感应器（KJT-CS34 型）发出。系统主要有以下几种控制状态。

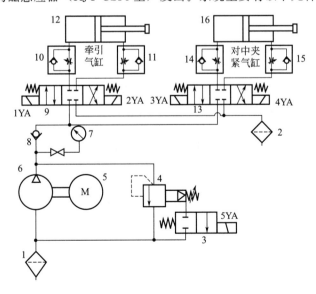

图 4-29　自动切割平板设备气动系统原理图

1,2—过滤器；3—二位二通电磁换向阀；4—先导式溢流阀；5—电动机；6—气泵（空压机）；7—电接点气压表；8—单向阀；9,13—三位四通电磁换向阀；10,11,14,15—单向节流阀；12—牵引气缸；16—对中夹紧气缸

　　① 过压卸载保护。当系统启动后，电动机 5 带动空压机 6 运转向系统供气，当压缩空气的压力超过设定的压力值时，PLC 通过控制电磁铁 5YA 通电使换向阀 3 切换至右位，经溢流阀 4 的遥控口迅速排气而降压；当系统压力在正常值范围之内时，PLC 控制 5YA 断电，换向阀 3 复至图示左位，关闭溢流阀遥控口，气压恢复常态。

　　② 回原点控制。当系统断电时，各电磁铁断电使换向阀处于图示关闭状态；系统来电之后，无论此时各气缸运行到何处，都将默认进入初始化状态——各气缸磁感应器、压力表以及电磁阀开关进行自检状态。当接近传感器未检测到位时，系统给伺服机构发送信号使得送料机械手回到原点；当夹紧气缸 16 后端磁感应器未检测到位时，电磁铁 4YA 通电使换向阀 13 切换至左位，使得缸 16 的活塞杆缩回；当牵引气缸 12 前端磁感应器未检测到位时，电磁铁 1YA 通电使换向阀 9 切换至左位，使得缸 12 的活塞杆伸出。

　　③ 手动控制。在系统初始化后，系统将一直保持无动作状态。此时用户即可根据需求选择手动、单循环和自动 3 种模式之一。在手动模式下，当电磁铁 2YA 通电使换向阀 9 切换至右位时，牵引气缸 12 的活塞杆缩回执行牵引动作，同时切割电机执行切割动作；当电磁铁 1YA 通电使换向阀 9 切换至左位时，缸 12 的活塞杆伸出执行返回动作；当电磁铁 3YA 通电使换向阀 13 切换至左位时，夹紧气缸 16 的活塞杆伸出执行夹紧动作；当电磁铁 4YA 通电使换向阀 13 切换至右位时，夹紧气缸 16 的活塞杆缩回执行夹紧返回动作。当传感器检测到有平板时，伺服电机（HG-KR 型，其驱动器为 MR-J3B 型）旋转，送料机械手移动实现送料动作，送料后自动返回；再次按下时，会执行二次送料及返回动作。

　　④ 单循环控制。单循环模式与自动循环模式的控制程序，唯一不同点是单循环模式下系统以第二次送料返回动作作为程序结束的标志，系统仅从初始化之后执行一个循环，随后所有气缸执行完成动作后，系统立即执行回原点动作等待下一次按钮命令，否则后面的控制动作将无法进行或者会发生误动作。

　　⑤ 信号报警控制。在系统处于正常状态工作中，若突然出现气压过低或是过高的现象，气压表指针会立即碰触其微动开关，使得开关闭合，报警灯立即报警，系统立即停止工作，电动机 5 立即启动，空压机工作补充气压，直到达到系统工作所需的正常气压值。系统接着执行未完成的动作，最终回复正常工作。

　　⑥ 自动循环控制。给系统上电执行初始化动作后，在自动循环控制模式下，设备一直处于检测是否有平板的状态；当系统收到检测到有箱体的信号时，设备立即有序执行送料、返回、夹紧、牵引及切割、牵引返回、夹紧返回、再次送料等动作。完成以上动作后，系统会根据检测到的信号判断是否执行下一个动作循环。

　　（3）PLC 控制系统

　　自动切割平板设备的控制系统的核心是三菱 Q 型 PLC（基板：Q35 型；CPU：Q03UDE 型；输入模块：QX41 型；输出模块：QY41P 型；电源模块：Q61P-A2 型），PLC 外部接线如图 4-30 所示，从图 4-30 中可以看到 I/O 地址分配代号及功能。设备的伺服电机由伺服驱动器发出脉冲实现对位置的闭环控制，提高设备的定位精度。使用三菱 PLC 专用的顺序功能指令 STL、STLE 编写的控制系统自动操作方式的控制程序流程如图 4-31 所示。

　　（4）系统技术特点

　　① 自动切割平板设备采用气动技术和 PLC 控制，以 PLC 为控制核心，气动系统实现平板夹紧和伺服电机的牵引功能，利用电控系统实现切割平板设备运送、切割及其他信号的接收和处理功能。系统安全性高、稳定性好、方便实用。通过 PLC 软件编程容易实现工艺变更。

② 气动系统采用二位二通电磁换向阀和先导式溢流阀对气压进行控制；采用单向节流阀对气缸进行双向节流调速，节流阀背压有利于提高气缸的运行平稳性和散热。

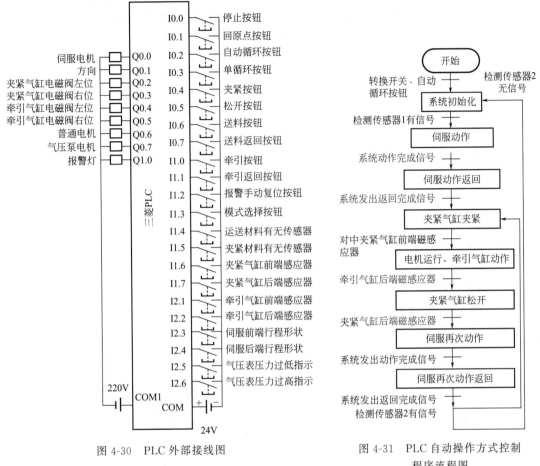

图 4-30　PLC 外部接线图　　　图 4-31　PLC 自动操作方式控制程序流程图

4.2.9　加工中心进给轴可靠性试验加载装置气动系统

（1）主机功能结构

本装置是对加工中心重要部件之一的进给轴采用加速试验方法进行可靠性试验的一种装置。它在模拟工况载荷条件下，分别对机床的 3 个进给轴 X、Y、Z 轴进行单向加载（图 4-32），以求最大限度地激发进给轴的潜在故障。从而暴露设计中的薄弱环节，通过分析手段，找出故障原因，提出纠正措施，从而实现加工中心进给系统的可靠性增长。该试验装置主要由加载气缸、压力传感器、加载计数器、气动控制系统等组成（图 4-33），其工作原理是：气缸将模拟载荷施加到主轴上的模拟刀具；通过力、加载计数器等传感器，将试验机床参数和加载试验数据传输到电气控制装置，经由数据采集卡传输到试验 PC 机进行数据分析和处理，得到相关的可靠性数据；并将这些数据通过分析软件建模、拟合、归纳、运算，从而预测出机床的可靠性指标，找出发生故障的主要原因和模

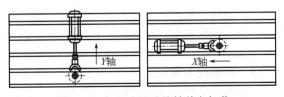

图 4-32　加工中心进给轴单向加载

式，实现进给系统的整体可靠性增长。

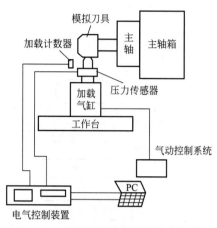

图 4-33　进给轴可靠性试验装置结构
组成示意图

(2) 气动系统原理

加工中心进给轴可靠性试验加载装置气动系统原理如图 4-34 所示。系统的执行元件为气缸 7，它作为进给轴可靠性试验装置的主要设备，利用活塞杆的伸缩来实现对 3 个进给轴施加载荷，以期实现加载可靠性试验的目的。

气动系统的气源为空压机 1，它经气动三联件 [分水滤气器、减压阀（附带压力表）、油雾器] 2 为系统提供纯净干燥的压缩空气；二位三通电磁换向阀 3 起开关作用；电-气比例流量阀 4 用于调节进气流量；单向节流阀 5 和 6 用于气缸的双向节流调速；阀 3 和阀 6 出口的消声器用于降低排气噪声。系统的工作原理是：加载时，电磁铁 YA 断电，二位三通电磁换向阀 3 处于图示左位，空压机 1 排出的压缩空气经由气动三联件 2、换向阀 3、电-气比

例流量阀 4 和阀 5 中的单向阀进入气缸 7 的无杆腔（有杆腔经阀 6 中的节流阀和消声器 10 排气），活塞杆向右运动对进给轴加载。当到达规定的加载时间时，电磁铁 YA 通电使换向阀 3 切换至右位，机床主轴 9 推动气缸的活塞杆缩回（无杆腔经阀 5 中的节流阀和阀 4、阀 3 及消声器 11 排气），完成一个循环的加载试验。

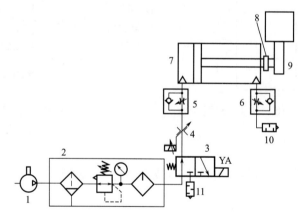

图 4-34　加工中心进给轴可靠性试验加载装置气动系统原理图
1—空压机；2—气动三联件（分水滤气器、减压阀、油雾器）；3—二位三通电磁换向阀；4—电-气比例流量阀；
5,6—单向节流阀；7—气缸；8—压力传感器；9—机床主轴；10,11—消声器

除气动系统外，进给轴可靠性试验装置还包括电气控制装置、试验 PC 机及温度传感器、压力传感器等。其中，温度传感器主要检测试验过程中机床电气柜的温度情况；压力传感器用来检测试验过程中施加给主轴的实际载荷；电气控制装置主要接收来自传感器的采集数据，并把这些数据转换为 PC 机能够识别的数据形式，同时也将机床试验时的扭矩、功率等参数传送到试验 PC 机。加工中心进给轴可靠性试验场景及数据输出如图 4-35 所示。（图中以 X 轴为例，Y、Z 轴可靠性试验及结果输出类似）。

(3) 系统技术特点

进给轴可靠性试验装置采用气动加载，很容易通过气动系统压力及流量的调节，分别调

节加载力（最大达 6800N）和速度（进给速度不小于 300mm/min）大小，方便快捷。气动技术与 PC 为核心的电控技术结合起来，实现了加载、检测、控制及试验数据处理的自动化。通过进给轴进行可靠性试验研究可以获得的评定其性能的重要指标，对设计制造进给系统和用户选购加工中心均具有重要意义。

 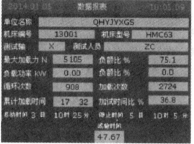

(a) X 轴可靠性加载试验　　　(b) X 轴可靠性试验数据输出

图 4-35　加工中心进给轴可靠性试验场景及数据输出

4.2.10　零件压入装置继电器顺序控制气动系统

（1）主机功能结构

采用气动技术的零件压入装置是装配、输送零件的自动化生产线上广泛使用的一种机械装置，由图 4-36 可以看出，本装置的执行机构为运送气缸 1 和压入气缸 2（1C1、1C2 和 2C1、2C2 分别为缸 1 和缸 2 行程始端和末端附带的磁性电气开关，用于动作信号源）。共有 5 个顺序动作：①缸 1 伸出送料。在运送工作台上放置好零件 3 后，按下启动按钮开关，运送气缸 1 伸出，通过运送机构将零件推送至行程末端的工作位置。②缸 2 伸出压入。零件定位后，压入气缸 2 下降，将零件 3 压入。③缸 2 保压延时。在零件压入状态保持 T 秒时间。④缸 2 上升缩回。压入结束后，缸 2 上升。⑤缸 1 后退缩回。缸 2 到达起始位置后，缸 1 后退，开始下一个工作循环。

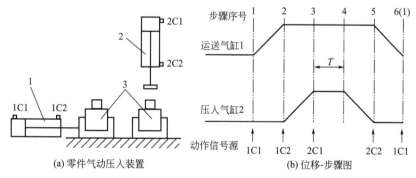

(a) 零件气动压入装置　　　(b) 位移-步骤图

图 4-36　零件压入装置示意图及其位移-步骤图

1—运送气缸；2—压入气缸；3—零件

（2）气动系统原理

图 4-37 所示为零件压入装置的继电接触式顺序控制气动系统原理图，系统的执行元件为运送气缸 1 和压入气缸 2，其运动方向分别由二位五通电磁换向阀控制，其运动速度分别采用单向节流阀 5 及 6、7 及 8 排气节流调节，气源 10 经气动三联件 9 向系统提供洁净的压缩空气。系统的工作原理如下。

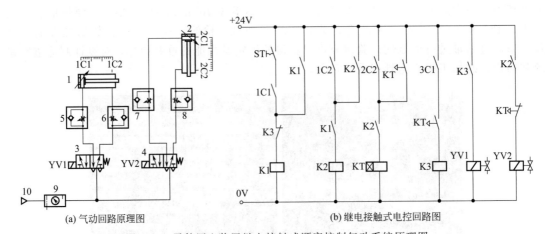

(a) 气动回路原理图　　　　　　　　(b) 继电接触式电控回路图

图 4-37　零件压入装置继电接触式顺序控制气动系统原理图

1—运送气缸；2—压入气缸；3,4—二位五通电磁换向阀；5~8—单向节流阀；9—气动三联件；10—气源

按下自锁按钮开关 ST，在磁性开关 1C1 控制下，继电器 K1 得电并自锁，电磁铁 YV1 通电使换向阀 3 切换至左位，压缩空气经阀 3 和阀 5 中的单向阀进入气缸 1 的无杆腔（有杆腔经阀 6 中的节流阀和阀 3 排气），运送气缸 1 伸出，到达行程末端后停止运动，磁性开关 1C2 发信，控制继电器 K2 得电并自锁，电磁铁 YV2 通电使换向阀 4 切换至左位，压缩空气经阀 4 和阀 7 中的单向阀进入气缸 2 的无杆腔（有杆腔经阀 8 的节流阀和阀 4 排气），压入气缸 2 向下伸出，压入零件，到达最下端后停止运动，在磁性开关 2C2 控制下，时间继电器 KT 线圈得电并延时 T 秒自锁，其常闭触点延时 T 秒断开，同时其常开触点闭合，气缸 2 在压入状态保持 T 秒时间后，电磁铁 YV2 断电使换向阀 4 复至图示右位，压缩空气经阀 4 和阀 8 中的单向阀进入气缸 2 的有杆腔（无杆腔经阀 7 的节流阀和阀 4 排气），压入气缸 2 上升，当上升到原位时，磁性开关 2C1 控制继电器 K3 线圈得电，常闭触点 K3 断开，继电器 K1 失电并取消自锁，电磁铁 YV1 断电使换向阀 3 复至图示右位，压缩空气经阀 3 和阀 6 中的单向阀进入气缸 1 的有杆腔（无杆腔经阀 6 的节流阀和阀 3 排气），运送气缸 1 缩回，在继电器 K1 失电同时，继电器 K2、KT、K3 相继失电，常闭触点 K3 闭合，在气缸 1 回到左端点时，一个工作循环结束。可以开始下一动作循环。

(3) 系统技术特点

① 气动回路中控制两个气缸的换向阀均为单电控阀，气动回路和电控回路简单，气动元件和电气元件较少，结构紧凑，成本较低，动作可靠。

② 零件压入装置气动系统也可采用 PLC 控制，尽管其系统线路比较简单，控制过程的变更和扩展比较方便，系统稳定性和可靠性较高，但对于控制点数较少的小规模生产线及小型气动压入装置，其制造成本较高，故采用继电器控制气动系统不失为一种成本低、控制方便、结构紧凑的有效方法。

4.3　工装夹具与功能部件气动系统

4.3.1　数控车床真空夹具系统

(1) 主机功能结构

数控车床真空夹具系统是采用真空吸附方式对低强度薄壁工件进行夹紧的工装。数控车床真空吸附夹具主要由金属吸盘 1、固定座 3 和旋转式快换接头 4 及尼龙软管 5 等组成，如图 4-38 所示。尼龙软管 5 从数控车床的主轴孔穿进，再和旋转式快换接头 4 连接。通过数控车床的三爪卡盘将固定座 3 定位并夹紧。在工件加工时，先用金属吸盘 1 吸附工件，机床启动后，主轴带动真空吸附夹具工作。由于旋转式快换接头 4 内置滑动轴承和旋转用密封圈，从而在机床旋转时，既能保持管路的真空度，又能保证尼龙软管 5 不随着机床主轴旋转。由于旋转式快换接头 4 是整个真空吸附夹具关键部件，故这里采用的是 KX 型高速旋转式快换接头，它可满足转速 1200r/min、旋转力矩小于 0.014N·m 的要求。

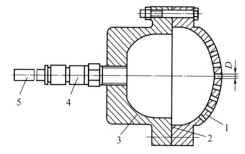

图 4-38　真空吸附夹具结构原理图
1—金属吸盘；2—端面密封圈；3—固定座；
4—旋转式快换接头；5—尼龙软管

（2）真空吸附系统原理

夹具的真空吸附系统原理如图 4-39 所示，根据车间的实际配置，该数控车床用夹具的真空源为真空泵 1，泵吸入口形成负压，排气口直接通大气。系统的执行元件为真空吸盘（吸附夹具）15，在每一个吸盘的真空回路中，均设有监测真空回路的真空值的真空表 7，当气源真空泵端因故突然停止抽气，真空下降时，带管接头的单向阀 6 可快速切断真空回路，保持夹具内的真空压力不变，延缓吸附工件脱落的时间，以便采取安全补救措施。由于吸力的大小会因半精加工及精加工不同而有所改变，可通过真空减压阀 8 实现对真空吸盘（吸附夹具）15 内真空压力的调节，调节范围为 0～0.1MPa，其调节方法为：预先设定被吸工件所需真空压力值，然后将开关（截止阀 5）旋置于接通状态，将旋钮式二位三通换向阀 10 旋到的"吸"的位置（图示下位），开始抽取真空。因机房真空罐 2 有足够大的容积，当真空吸盘（吸附夹具）15 真空度达到减压阀 8 的设定值时，工件即可安全地被吸附加工。卸下工件时，将旋钮式二位三通换向阀 10 旋到"卸"的位置（上位），

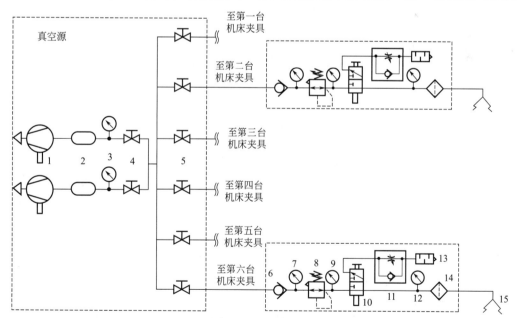

图 4-39　夹具真空吸附系统原理图
1—真空泵；2—真空罐；3—真空源真空表；4,5—截止阀；6—带管接头单向阀；7—回路真空表；
8—减压阀（附带压力表9）；9—压力表；10—旋钮式二位三通换向阀；11—真空破坏节流阀；
12—真空表；13—消声器；14—真空过滤器；15—真空吸盘（吸附夹具）

夹具端则与真空源端断开，关闭进气端，开启排气端，并根据需要调节真空破坏节流阀 11 的开度控制放气速度，从而控制卸下工件的快慢。真空破坏节流阀 11 的排气口处的消声器 13 用于降低排气噪声。

在真空吸附夹具 15 与真空源之间设置的真空过滤器 14，用于对油污、粉尘进行过滤，以防止真空元件受污染出现故障。对真空泵 1 系统来说，真空管路上一条支路装一个真空吸附夹具 15 最为理想。但现在车间有 6 台数控机床，经常同时工作，这样由于吸着或未吸着工件的真空吸附夹具个数发生变化或出现泄漏，会引起管路的压力变动，使真空减压阀 8 的压力值不易设定，特别是对小工件小孔口吸着的场合影响更大。为了减少多个真空吸附夹具 15 吸取工件时相互间的影响，可在回路中增加真空罐和真空调压阀提高真空压力的稳定性；同时在每条支路上装真空切换阀，如果一个真空吸附夹具泄漏或未吸着工件，减少了影响其他真空吸附夹具工作的可能性。

（3）系统技术特点

① 数控车床真空夹具采用真空吸附技术，总体布局紧凑、整洁、美观，工作安全可靠。较之通常的硬装卡方式，真空夹具能够平稳、可靠地夹紧脆弱工件而又不易损坏其表面。

② 真空吸附系统采用真空泵作为真空源，在真空主管路上并联多台数控车床，实现多路真空吸附。为保证车床吸附口的真空稳定性，在机房集中配置两台流量为 15L/s 的真空泵，车床旁采用真空减压阀等一系列控制元件来提高真空的稳定性。

③ 每条真空吸盘支路通过带管接头单向阀保证真空源有故障时真空回路的切断；系统采用单向节流阀作为加工结束的真空破坏阀，并通过旋钮式二位三通阀控制该破坏阀与吸盘间气路通断的转换。

4.3.2 气动肌腱驱动的夹具系统

（1）主机功能结构

气动肌腱是一种功率-质量比高的、能提供双向拉力的新型气动柔性执行元件。它与传统气缸相比，不但结构简单、摩擦小、无污染，而且能产生相当于同径气缸数倍的拉伸力，用于夹具上，即提高了气动夹具的夹紧力，基于杆件可重构的理念，利用直径不同的 2 只气动肌腱与可重构杆件机构进行组合，可构造一组夹具。

（2）气动系统原理

该类夹具均由 2 个不同直径的气动肌腱、杆件增力机构和压头三大部分组成，其工作原理相同，即当压缩空气进入大直径气动肌腱后产生收缩力 F_i，收缩力 F_i 经杆件增力机构进行放大，然后由压头将输出力 F_o 施加到工件上，完成工作行程后，大直径气动肌腱恢复到松弛状态，与此同时小直径气动肌腱内部充入压缩空气，产生另一个收缩力 F 用作压力机力输出元件的返回行程，所不同的是利用杆件可重构的思想仅仅改变增力机构 toggle 与杠杆的数量及连接方式，就可重构出不同结构与性能的气动肌腱驱动的夹具，满足生产过程中的夹紧要求。几类增力夹具的结构及其夹紧力的计算公式如表 4-6 所示。

（3）系统技术特点

气动肌腱是一种功率-质量比高的、能提供双向拉力的新型气动柔性执行元件。它与传统气缸相比，不但结构简单、摩擦小、无污染，而且能产生相当于同径气缸数倍的拉伸力。基于杆件可重构的理念，利用直径不同的 2 只气动肌腱与可重构杆件机构进行组合，构造的夹具夹紧力，仅仅通过对杆件的重构，在夹具结构尺寸以及气动肌腱直径基本没有改变的情况下，其输出夹紧力可以成倍地增加（表 4-6）。

表 4-6　几类增力夹具的结构及其夹紧力的计算公式

序号	类别	结构原理示意图	夹紧力 F_o 计算公式	特点
1	一级增力夹具	基于杆件长度效应的一级增力夹具 	$$F_o = \frac{F_i L_1 \eta_m}{l_1}$$ 式中　F_i——大直径气动肌腱的收缩力，N； L_1——杠杆主动臂长，mm； l_1——杠杆被动臂长，mm； η_m——机构的机械效率	
2		基于角度效应的一级增力夹具 	$$F_o = \frac{F_i \eta_m}{2\tan(\alpha+\varphi)}$$ $$\varphi = \arcsin(2rf/l)$$ 式中　F_i——大直径气动肌腱的收缩力，N； α——铰杆增力机构理论压力角（°）； η_m——机构的机械效率； φ——铰杆两铰接处的当量摩擦角（°）； r——铰链中心距，mm； l——铰链轴的半径，mm； f——铰链副的摩擦系数	
3	二级增力夹具	基于可重构杆件长度与角度效应的二级增力夹具1 	$$F_o = \frac{F_i \eta_m}{2l_1\tan(\alpha+\varphi)}$$ 符号意义同上	两种二级增力机构工作原理类似，输出的夹紧力计算公式相同
4		基于可重构杆件长度与角度效应的二级增力夹具2 		

续表

序号	类别		结构原理示意图	夹紧力 F_o 计算公式	特点
5	三级增力夹具	基于可重构杆件长度与角度效应的三级增力夹具 1	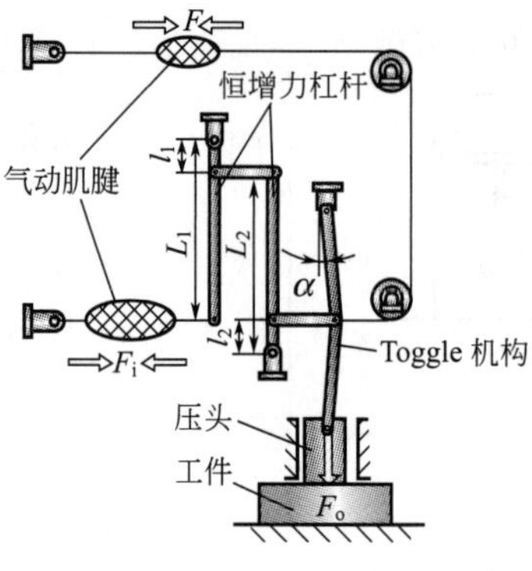	$F_o=\frac{F_i L_1 L_2 \eta_m}{2l_1 l_2 \tan(\alpha+\varphi)}$ 符号意义同上	
6		基于可重构杆件长度与角度效应的三级增力夹具 2	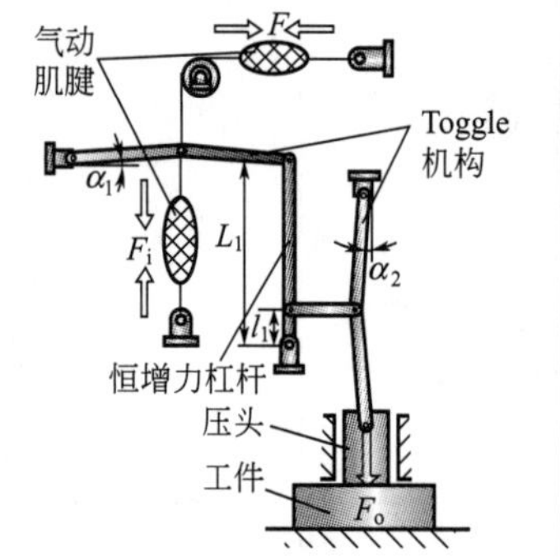	$F_o=\frac{F_i L_1 \eta_m}{4l_1 \tan(\alpha_1+\varphi_1)\tan(\alpha_2+\varphi_2)}$ 符号意义同上	
7	四级增力夹具	基于可重构杆件长度与角度效应的四级增力夹具	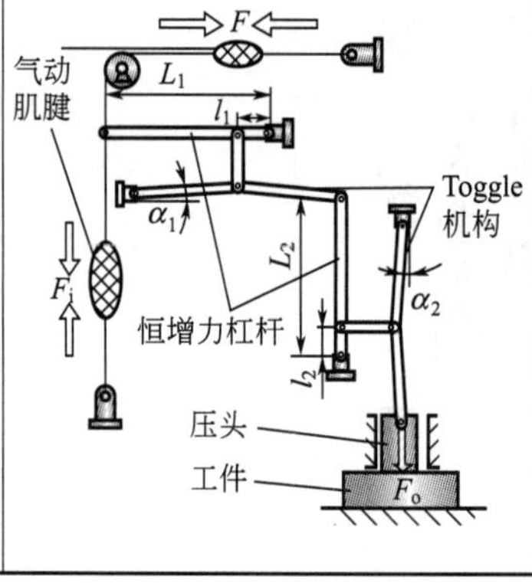	$F_o=\frac{F_i L_1 L_2 \eta_m}{4l_1 l_2 \tan(\alpha_1+\varphi_1)\tan(\alpha_2+\varphi_2)}$ 符号意义同上	串联级数多于四级的机构在制造和装配上存在误差，故一般不建议使用

4.3.3 柴油机柱塞偶件磨斜槽自动化翻转夹具气动系统

(1) 主机功能结构

柱塞偶件在柴油机中用于将柴油泵入高压油管，通过出油阀的控制，使高压油管内的柴油保持高压。为了保证加工质量，提高生产效率，在某型柴油机柱塞偶件（图 4-40）斜槽磨削加工工序［在简易数控工具磨床上磨削两侧斜槽（两槽位置相差 180°）和底面］中采用了气压传动的翻转式自动化专用夹具。图 4-41 和图 4-42 所示分别为该夹具的实物外形图和装配图，工件通过气缸 18 驱动浮动定位块 19 定位、夹紧气缸 2 推动前顶尖 5 将工件夹紧，工件翻转依靠旋转气缸需自动翻转 180°实现。

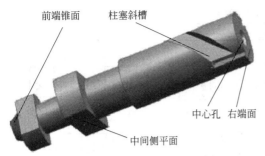

图 4-40　柱塞偶件示意图

图 4-41　自动化翻转夹具外形图

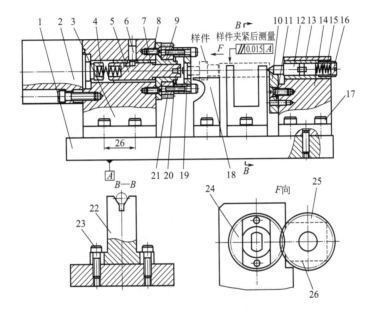

图 4-42　柱塞偶件磨斜槽自动化翻转夹具装配图

1—底板；2—夹紧气缸；3—左支座；4—推杆；5—前顶尖；6—紧定螺钉；7—衬套；8—沉头螺钉；9—挡圈；10—挡板；
11—圆销；12—后顶尖；13—套筒；14—右支座；15—弹簧；16—螺塞；17，23—内六角螺钉；18—定位气缸；
19—浮动定位块；20—拨圈；21—轴向挡圈；22—V 形块；24—从动齿轮；25—主动齿轮；26—旋转气缸

（2）气动系统原理

图 4-43 所示为柱塞偶件斜槽磨削自动化翻转夹具气动系统原理图。系统的执行元件有夹紧气缸 A（CQ2 型，1.5MPa）、定位气缸 B（自制，1.5MPa）和旋转气缸 C〔CRBU2W型，摆动角度 180°，缸径 10mm，在气压 0.5MPa 条件下，气缸输出力矩为 0.4N·m，最大摆动速度为 0.03s/90°（500r/min）〕，其运动方向分别由二位五通电磁换向阀 4～6 控制，其运动速度分别采用单向节流阀 7 及 8、9 及 10、11 及 12 双向排气节流调速。系统的气源15 的供气压力由减压阀 14 调节。汇流分流板 13 用于将总气流分配至各气缸支路，各支路工作气压分别由减压阀 1～3 调定。

（3）PLC 电控系统

根据自动翻转夹具气动控制的要求，并结合磨床的数控系统，考虑预留工件检测、可靠性等功能，电控系统采用 S7-200 CPU224 PLC 控制器，其输入点数为 14，输出点数为 10，其电控系统原理如图 4-44 所示。2082E 柴油机柱塞偶件磨斜槽工序自动翻转夹具需要完成工件定位、气缸夹紧、夹具翻转等动作，控制模式有手动、自动两种，其控制流程如图 4-45 所示。

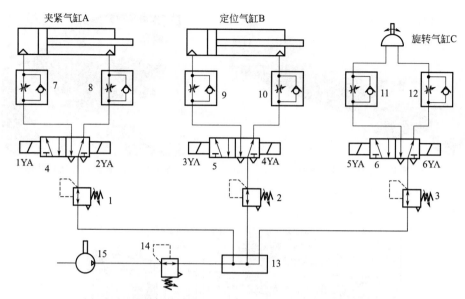

图 4-43　柱塞偶件斜槽磨削自动化翻转夹具气动系统原理图

1～3,14—减压阀；4～6—二位五通电磁换向阀；7～12—单向节流阀；13—汇流分流板；15—气源（空压机）

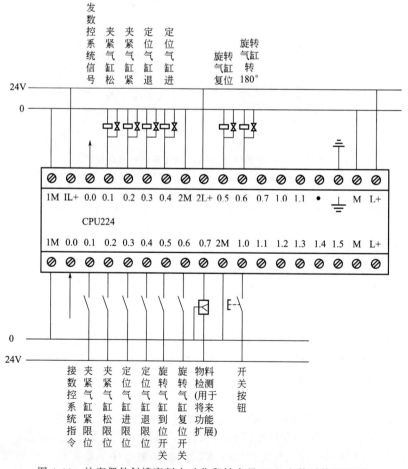

图 4-44　柱塞偶件斜槽磨削自动化翻转夹具 PLC 电控系统原理图

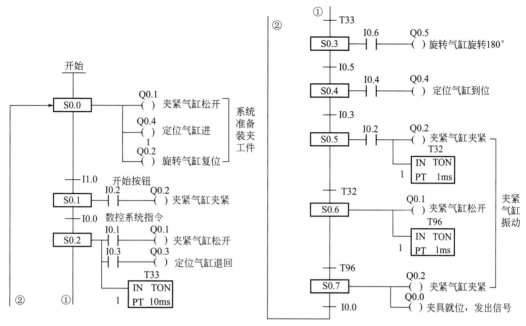

图 4-45　柱塞偶件斜槽磨削自动化翻转夹具控制流程图

（4）系统技术特点

① 柴油机柱塞偶件磨斜槽工序翻转式自动化专用夹具采用气压传动和 PLC 控制，性能可靠、操作方便、生产效率高，加工质量好，产品制造成本低，经济效益显著。

② 夹具的气动系统采用 4 个减压阀分别控制系统总气压和各个支路气压，可以防止各执行元件负载不同造成的动作干扰；各气缸均采用单向节流阀进行双向节流调速，有利于提高缸的运转平稳性和散热。

4.3.4　气动肌腱驱动的形封闭偏心轮机构和杠杆式压板夹具

（1）主机功能结构

气动肌腱是一种功率/质量比大、功率/直径比大、能提供双向拉力的气动柔性执行元件。与传统气缸相比，它有很大的初始拉伸力；与液压缸相比，它无相对运动部件，无易损件，无泄漏现象，重量轻，惯性小，抗污和抗尘能力强，摩擦小，故气动肌腱的使用越来越广泛。典型应用是利用直径不同的 2 只气动肌腱与可重构杆件机构进行组合，去构造多级增力夹具（表 4-6）。

图 4-46 所示为气动肌腱驱动的形封闭偏心轮机构与恒增力杠杆机构串联组合夹具结构原理图。其工作原理为：在偏心轮手柄上连接两个对称的气动肌腱 3 和 9，采用二位四通换向阀 2 对这两个气动肌腱的工作状态进行控制，达到夹紧与松开的效果。将偏心轮 4 置于杠杆压板左端孔中，使其可绕固定轴转动。在图示的工作状态，换向阀 2 处于左位，气源的压缩空气经阀 2 进入左侧的气动肌腱（右侧肌腱 9 经阀 2 排气），在压缩空气的作用下产生收缩力，驱动偏心轮绕 O_1 做逆时针转动，强制带动杠杆压板 5 的左端绕固定铰支座 O_2 摆动且向下运动，压板上的固定销 6 将力传递给半圆形力输出件 8，半圆形力输出件向下移动而夹紧工件 7；当二位四通换向阀 2 切换至右位时，右侧的气动肌腱 9 在压缩空气的作用下产生收缩力，驱动偏心轮绕 O_1 做顺时针转动，强制带动杠杆式压板的左端绕固定铰支座 O_2 向上摆动，从而带动力输出件 8 向上移动，实现对工件的放松。

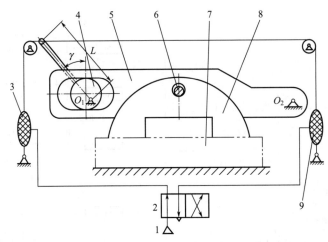

图 4-46 气动肌腱驱动的组合夹具结构原理图

1—气源；2—二位四通换向阀；3,9—气动肌腱；4—偏心轮；5—杠杆压板；6—固定销；7—工件；8—力输出件

假设由气动肌腱产生的收缩力为 F，考虑摩擦损失，如图 4-46 所示夹具的实际增力系数 iop 为

$$\text{iop} = \frac{L\cos\gamma}{\rho[\tan(\alpha+\varphi_1)+\tan\varphi_2]} \times \frac{l_1}{l_2} \times \eta \tag{4-1}$$

该夹具的实际输出力为

$$F_\text{o} = F\frac{L\cos\gamma}{\rho[\tan(\alpha+\varphi_1)+\tan\varphi_2]} \times \frac{l_1}{l_2} \times \eta \tag{4-2}$$

$$\alpha = \arctan[e\sin\gamma/(R-e\cos\gamma)]$$

$$\rho = (R^2+e^2-2Re\cos\gamma)^{1/2}$$

式中　L，γ 的含义如图 4-46 所示；

　　α——力输出点处偏心凸轮的升角，$(°)$；

　　e——偏心距，mm；

　　R——偏心轮的半径，mm；

　　ρ——偏心轮转动中心与力输出点之间的距离，mm；

　　φ_1——偏心轮在力输出点处与其作用对象之间的摩擦角，$(°)$；

　　φ_2——偏心轮与转轴之间的摩擦角，$(°)$；

　　l_1——杠杆式压板主动臂的长度，mm；

　　l_2——杠杆式压板被动臂的长度，mm；

　　η——杠杆式压板的传递效率，$\eta=0.97$。

例如，在夹具系统中，参数为 $L=100\text{mm}$，$R=20\text{mm}$，$e=4\text{mm}$，$\gamma=15°$，$\varphi_1=\varphi_2=6°$，$l_1/l_2=2\text{mm}$，则 $\alpha=\arctan[e\sin\gamma/(R-e\cos\gamma)]\approx3.67°$，$\rho=(R^2+e^2-2Re\cos\gamma)^{1/2}\approx16.17(\text{mm})$ 时，代入式(4-1) 可得该夹具的实际增力系数 iop≈42。根据式(4-2) 可知，该夹具的力输出件上将得到一个相当于气动肌腱收缩力 F 约 42 倍的输出力。

假定上述参数不变，选取 FESTO（费斯托）MAS-20 型的气动肌腱产品作为驱动元件，在气压为 0.5MPa 时，其产生的最大收缩力 $F_{\max}=1200\text{N}$，最小收缩力为 $F_{\min}=220\text{N}$。若取 $F=500\text{N}$，则该夹具所产生的输出力 $F_\text{o}=21000\text{N}$。如果采用压力为 0.5MPa 的气缸直接作用，要产生相同大小的作用力，经计算可得气缸的直径为 $D=231\text{mm}$，而图 4-46 所示夹具中气动肌腱的自由状态直径仅为 20mm。由此可见，在需要输出力较大且结构尺寸受限的场合，该装置可以代替气压夹紧机构。

（2）系统技术特点

① 基于气动肌腱驱动的形封闭偏心轮机构与杠杆式压板串联组合的夹具，结构简单，操作方便，力传递效率高，节能效果显著，夹紧动作快，运动平稳，冲击小，可有效地克服气压传动压力低、液压传动系统容易产生污染的缺点，可以广泛应用于需要较大输出力、尺寸受限制的场合。

② 气动肌腱作为执行元件的气动系统，通过换向阀很容易像气缸那样控制两个肌腱的交替动作。

4.3.5　棒料可控旋弯致裂精密下料气动系统

（1）主机功能结构

金属棒料气动式可控旋弯致裂精密下料装置是一种综合利用预制环形槽的缺口效应、微裂纹及宏观裂纹的裂尖应力集中效应与裂纹控制技术的低应力精密下料技术构成的装置。该下料装置主要由气动系统和控制系统组成，其整体结构布局如图 4-47 所示。气动系统是整个下料装置的动力输出部分，包括气动系统回路部分和机械执行部分，气动系统回路主要由气源（空压机）、执行元件、控制元件（气动元件）及气动辅件（电磁换向阀）等组成，利用气动元件对系统内压力和流量的控制调节，为机械执行部分提供可调节的气动力；机械执行部分主要由金属棒料的夹持装置和下料装置组成，其中下料装置由 6 个周向对称分布的双作用气缸组成，带动打击锤头往复直线变速运动对棒料周向加载（可变载荷）（图 4-48）。控制系统是整个装置的核心部分，通过实时发送或预先设定的控制信号对系统中的所有电气元件进行控制，使气动系统按既定模式工作。金属棒料气动式可控旋弯致裂精密下料装置工作原理如图 4-48 所示。

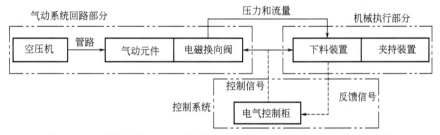

图 4-47　金属棒料气动式可控旋弯致裂精密下料装置整体结构布局图

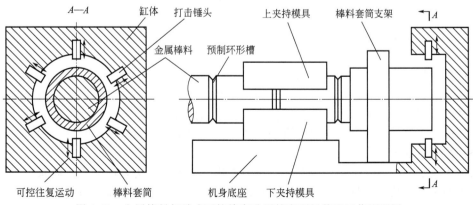

图 4-48　金属棒料气动式可控旋弯致裂精密下料装置工作原理图

　　预制有特定几何参数环形槽的金属棒料一端被固定于上、下夹持模具之间，右端深入棒料套筒一定距离，使金属棒料坯料端处于悬臂状态，并在棒料套筒的右端周向上均匀对称分布 6 个由双作用单杆活塞气缸驱动的打击锤头，通过改变气缸内的气体压力和流量，对棒料套筒周向输出所需大小的可变载荷及打击速度。当某一打击锤头对棒料套筒施载时，套筒内悬臂一端的金属棒料处于弯曲受力状态，使得棒料环形槽槽底根部附近的金属材料在缺口应力集中效应作用下首先发生变形，一旦变形达到不可逆的塑性变形，且塑性累积变形量达到材料的断裂临界值，槽底根部局部区域内的材料便发生断裂失效而萌生裂纹。在连续不断的周向可变载荷作用下，低周疲劳裂纹沿着一定的起裂方向按一定的扩展速率不断稳态扩展，直至裂纹长度达到韧带所能承受载荷的临界断裂长度，疲劳裂纹进入高速失稳扩展阶段而使棒料发生瞬断获得坯料，完成一次精密下料。周向可变载荷的施加历程主要包括打击锤头输出载荷的幅值、打击次序与频率，而输出载荷的幅值可通过改变气缸内的压缩空气压力进行直接调节，打击次序和频率可通过改变与气缸相连的电磁阀组的导通状态与气体流量进行调节。

　　图 4-49 所示为金属棒料气动式可控旋弯致裂精密下料实验装置气动管道安装前后的实物外形图。

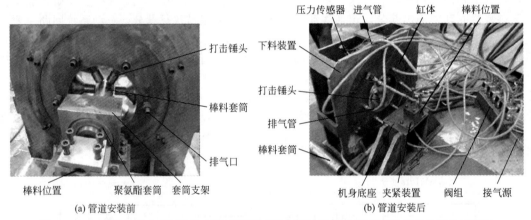

图 4-49　金属棒料气动式可控旋弯致裂精密下料实验装置气动管道安装前后的实物外形图

（2）气动系统原理

　　图 4-50 所示为金属棒料下料装置气动系统原理图，系统的气源为三相异步电动机 21 驱动的空气压缩机 28 和气罐 27（气罐容量较大，以部分克服气体介质可压缩性造成的系统压力波动）；压缩空气经干燥器 26、截止阀 25、气动三联件 24、电磁调压阀 23（对供气进行二次调压，使空气负载压力达到下料载荷所需压力）、压力表、单向节流阀 19 和二位二通电磁换向阀 20 供给系统。系统的执行元件为 6 个双作用加载气缸（1～6）及相配套的打击锤头，6 个二位五通电磁换向阀 7～12 对系统压缩空气进行分流，使特定打击锤头完成一定频率下的打击或回退控制，各换向阀排气口分别附带消声器 13～18 用以降低排气噪声。系统的动作信号由控制系统发出。为确保金属棒料在下料初始阶段能顺利在棒料套筒中进给到位，夹持装置与下料装置的中心轴线位于同一水平高度，并利用棒料套筒延长力臂，从而间接降低系统回路中的介质压力。棒料套筒一端外壁固定安装于具有一定回弹能力的聚氨酯套筒内，使棒料套筒每完成一次下料能自动回位，需要对金属棒料输出实时可变的稳定载荷。

（3）控制系统设计

　　由于下料过程中气动系统需要对金属棒料输出变幅的打击力，故需要控制系统对下料系统所输出的不同载荷历程打击力进行有效控制。而连接各气缸进、排气口与阀组的气管是固定不变的，因此，在下料过程中，只需调节系统的输出压力、流量及与各气缸相连的电磁阀和电磁铁的通电顺序和通电时长。其中压力和流量通过独立控制气动系统中的调压阀和电磁调速阀实现，气动系统和气缸工作腔和回退腔压力利用压力传感器（研华多功能 USB 模块）进行实时采集检测反馈；此外，为满足各气缸的不同输出模式，在控制系统中设置有自动和手动两种模式。所有控制信号通过三菱 FX3U-64MR 型 PLC 进行集中控制。为节约空间和便于集中供电和布线，所有的电气元件均集中安装于电气控制柜中。

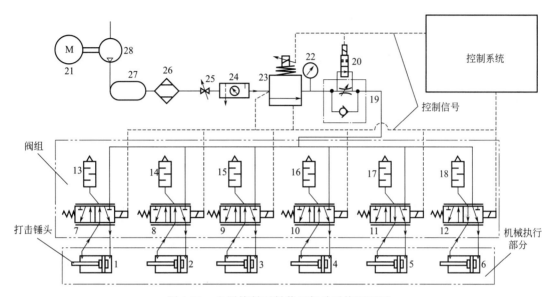

图 4-50　金属棒料下料装置气动系统原理图

1~6—加载气缸；7~12—二位五通电磁换向阀；13~18—消声器；19—单向节流阀；
20—二位二通电磁换向阀；21—电动机；22—压力表；23—电磁调压阀；
24—气动三联件；25—截止阀；26—干燥器；27—气罐；28—空压机

（4）系统技术特点

①　下料装置采用气压传动和 PLC 控制，采用周向可变载荷对悬臂固定的金属棒料进行下料加载，通过 PLC 集中控制技术，实现了气动系统输出压力和流量的连续可变控制，确保了下料所需载荷历程的稳定输入。

②　棒料可控旋弯致裂精密下料气动系统部分技术参数见表 4-7。

表 4-7　棒料可控旋弯致裂精密下料气动系统部分技术参数

序号	项目	型号参数	数值	单位
1	下料机械参数	最大实际输出载荷为 F_s	5000	N
2		理论输出载荷为 $F_t = F_s$	10000	N
3		打击锤头速度 v	500	mm/s
4		最大运动频率 N	1200	Hz
5	气缸	缸径 D	180	mm
6		活塞杆直径 d	130	mm
7		活塞行程 L	10	mm
8		单缸最大耗气量为 q_{max}	5432	L/min
9		平均耗气量 q_c	4273	L/min
10		工作气压 p	0.6	MPa

续表

序号	项目	型号参数	数值	单位
11	管道	通径 d_1	15.875	mm
12		管长 L_1	1	m
13		平均耗气量为 q_1	3334	L/min
14	空压机	用气量	9130	L/min

4.3.6　智能真空吸盘装置气动系统

(1) 主机功能结构

智能真空吸盘装置是将传统吸盘与微控制器高度融合的控制模块化、网络化结构的环保型吸附功能部件，适用于大多数平面物料搬运的场合物料的抓取。

智能真空吸盘装置为通用吸盘加控制盒结构（图 4-51），虚线框内的控制盒包括控制电路板（通信模块、LED 显示、I/O 输入输出端口）和气动回路（真空发生器、三组六位四通集成阀、压力传感器等），控制盒体固定在真空吸盘 3 上。三组六位四通集成阀根据微控制器 SCM 的信号实时控制产生真空的压缩空气供给，并控制真空发生器产生的负压空气到达真空吸盘，实现真空吸盘对工件的抓放。压力传感器实时检测吸盘的真空度，并反馈给微控制器 SCM，形成控制系统对吸盘的闭环控制，并实现了节能降噪。既可在使用大吸盘时，成为一体化结构，密封防爆；也可在使用小吸盘时，将控制系统与吸盘分开，便于安装。同时，各智能装置之间还便于通信组态。

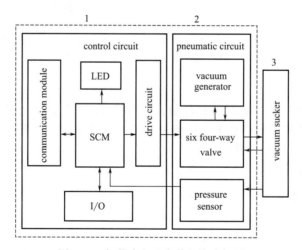

图 4-51　智能真空吸盘装置组成框图

1—control circuit（控制电路）：communication module（通信模块），LED（显示模块），SCM（微控制器），drive circuit（驱动电路），I/O（输入输出）；2—pneumatic circuit（气动回路）：vacuum generator（真空发生器），six four-way valve（六位四通阀），pressure sensor；3—vacuum sucker（真空吸盘）

(2) 气动回路原理

气动回路的功能是根据主控电路板控制信号，完成对吸盘真空的控制，其原理如图 4-52 所示。三组六位四通集成阀是气动回路的重要组成部分，从安装的空间和运行可靠性出发，将 3 个二位二通电磁换向阀集成为一体（见图 4-52 中虚线框），称为集成阀。气源 7 进入三组六位四通集成阀左入口，电磁铁 3YA 通电使阀 3 切换至上位，压缩空气经阀 3 进入真空发生器 4，产生真空负压，消声器 8 用于降低真空发生器的排气噪声。电磁铁

2YA 通电使阀 2 切换至上位，负压空气进入真空吸盘 6，压力传感器 5 检测，达到所需负压阈值时，电磁铁 2YA、3YA 断电，进行保压，实现了节能降噪。当负压不足时，重复上述过程。当电磁铁 1YA 通电时（采用脉冲方式，防止工件被压缩空气吹落，造成事故），压缩空气进入真空吸盘 6，解除（破坏）真空。

（3）控制电路和控制软件

控制系统是智能真空吸盘装置的核心，能够完成输入信号处理、输出控制、信息显示、通信等功能。控制电路包括微控制器 SCM、输入开关、光电隔离电路、驱动电路和继电器等。控制软件包括主程序（主要实现工作模式设置、参数设置、子程序调用）和单循环子程序［主要包括初始化子程序、单循环子程序、手动子程序（复位子程序）等（限于篇幅，此处略去）］。

（4）系统技术特点

① 真空洗盘装置将微控制器与气动系统集成于一体化控制盒的结构（其结构及组成零件说明见表 4-8），简化了通用真空吸盘的控制架构，实现了智能化，缩短了生产线的装调周期，实现了节能降噪。

② 新型智能真空吸盘装置装调简单，操作方便，适用于大多数平面物料搬运的场合，既能独立工作，又能与其他智能装置（智能吸盘或智能直线气动装置）通信，组成柔性搬运、装配系统。

③ 气动系统由真空吸盘提供真空，由压力传感器检测负压；在微控制器控制下，通过 3 个二位二通电磁换向阀集成为一体的集成阀的通断配合实现系统真空的建立与解除。

④ 智能真空吸盘装置气动系统部分技术参数见表 4-9。

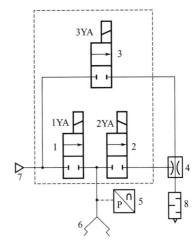

图 4-52　智能真空吸盘装置气动回路原理图
1～3—二位二通电磁换向阀；4—真空发生器；
5—压力传感器；6—真空吸盘；7—气源；
8—消声器

表 4-8　智能真空吸盘装置结构及组成零件说明

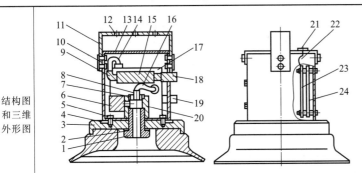 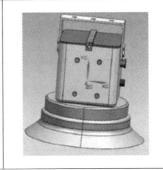

整个控制盒由盒体、盒身、盒盖、固定架、安装架等组成。将集成阀、电路板等安装在盒壁上，真空发生器安装在集成阀上，并用气管进行连接。再安装吸盘支座固定套筒和连接套筒，将压力传感器安装在固定套筒上，用气管将连接套筒与集成阀连接

作用说明	序号	名称	功能作用
	1	吸盘支座与真空孔	用于吸盘本体的安装及负压空气的进入；吸盘支座具有外螺纹，便于吸盘支座固定套筒安装
	2	密封圈	安装在吸盘本体与吸盘支座之间，用于真空密封

续表

序号	名称	功能作用
3	吸盘本体	用于真空吸取工件(物料)
4	吸盘定位与固定螺栓	连接吸盘本体与真空控制盒体,用于连接与定位
5	真空控制盒金属盒体	固定在吸盘本体后端,内装三组六位四通集成阀、压力传感器、真空发生器、电路板等
6	压力传感器	用于检测真空负压压力
7	连接套筒	具有外螺纹,与吸盘支座固定套筒内螺纹配合,安装在吸盘支座固定套筒上
8	吸盘真空进气接头	安装在连接套筒上,负压空气(真空)从此口进入
9	真空发生器进气口弯头	一端与真空发生器相连,另一端连接三组六位四通集成阀。用于压缩空气的进入,使真空发生器产生真空
10	单元安装架连接螺栓	连接单元安装架与真空控制盒体
11	单元安装架	连接真空控制盒体,用于智能真空吸盘单元的定位与安装
12	单元安装架安装孔	通过连接螺栓,用于智能真空吸盘单元的定位与安装
13	真空控制盒非金属盒盖	安装在真空控制盒体上,起到密封作用。另外,由于是非金属材料,便于无线通信信号通过
14	连接气管 1	一端插入真空发生器进气口弯头,另一端插入三组六位四通集成阀接口。压缩空气经连接气管 1 进入真空发生器
15	真空发生器	产生真空(负压空气)
16	连接气管 2	一端插入三组六位四通集成阀接口,另一端插入吸盘真空进气接头。负压空气通过连接气管 2 进入吸盘
17	三组六位四通集成阀	在原理上由 3 个二位二通电磁换向阀集成,实现对气路的转换
18	消声器	消除真空发生器通过高压空气时产生的噪声
19	单元总进气口	智能真空吸盘单元的压缩空气的进气口
20	吸盘支座固定套筒	有内螺纹,与吸盘支座外螺纹配合,把吸盘本体和真空控制盒固定到一起。压力传感器也安装在吸盘支座固定套筒上
21	控制面板	和主控电路板相连,包括三个部分:按键部分含"单机模式/联网模式""PC 联网/智能装置组态""手动/自动""真空吸""真空放""真空增大""真空减小"等。这些按键用于对智能真空单元的设置、启动、停止、真空加、真空减等控制;LED 用于显示吸盘负压压力;通信总线接口用于微控制器与 PC 或其他智能单元的有线通信
22	控制面板与主控电路板连接电缆	用于面板上的按键信号,LED,通信总线信号在接口到主控电路板的传输
23	主控电路板	完成控制、通信数据处理等功能
24	无线通信模块	无线信号的发射与接收

(左侧纵排:作用说明)

表 4-9　智能真空吸盘装置气动系统部分技术参数

序号	元件	型号参数	数值	单位
1	工件	尺寸(长×宽)	100×100	mm
2		质量 m	5	kg
3	真空吸盘	工作真空度 p	0.06	MPa
4		直径 D	80	mm

序号	元件	型号参数	数值	单位
5	真空发生器	型号	ZH10D	
6		喷嘴口径 d_1	1	mm
7		供气口直径 d_2	6	
8		真空口直径 d_3		
9		最大吸入流量	24	L/min
10		平均吸入流量	12	
11		实际真空达到时间 t	0.66	s

4.3.7　空气轴承（气浮轴承）

（1）气动系统原理

空气轴承就是设法把转动轴在空气中悬浮起来并稳定地高精度旋转，故又称气浮轴承。气浮轴承的结构原理如图 4-53 所示，在其外圈 1 上加工有进气孔 2 和排气孔 6，内圈上有喷嘴 3。通过进气孔在轴承腔内导入压缩空气，利用相对运动部件之间形成的气膜 8 来支撑（悬浮）转动轴 4（负载）。气浮轴承是一种无接触部件，气膜就像润滑剂一样把相对运动的两个表面分离。由于气体的黏性系数非常，故润滑膜的厚度可以非常小，通常气膜的厚度在 $1\sim10\mu m$ 之间。

（2）结构形式及应用

气浮轴承大致分为单面气压垫、对称式气压垫、轴套式、旋转轴肩式以及圆锥形轴套或轴肩式五种结构形式，与液压轴承非常接近。但空气轴承没有污染问题，压缩空气不需回收，一般直接排放到大气中。相对于液压轴承，空气轴承的历史比较短。空气轴承亦是现代工业发展过程中为适应一些特殊需求而产生和发展起来的。例如

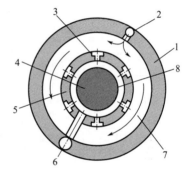

图 4-53　气浮轴承结构原理图
1—外圈；2—进气孔；3—喷嘴；4—转动轴；5—内圈；6—排气孔；7—流动空气；8—气膜

高速、高刚度、极高或极低的环境温度等工作条件，促进了空气轴承的发展和应用；计算机计算能力的提高也使空气轴承的设计和分析变得越来越容易。目前，空气轴承在很多工业领域得到了广泛的应用。比较常见的有 CMM 三坐标测量机、LVDT 位移传感器、齿轮检测设备、气浮微孔钻（图 4-54）等精密机床主轴等。

(a)高速气浮微孔钻

(b)纺机专用气浮轴承

图 4-54　气浮轴承典型产品及应用

(3) 系统技术特点

空气轴承的性能及特点见表 4-10。

表 4-10　空气轴承的性能及特点

序号	性能特点	说明
1	速度和加速度	目前,气浮轴承的速度可达 300000r/min;但 10m/s 的线速度对空气轴承来说是一道坎,速度太快时克服黏性摩擦力成为问题,因此对于速度很快的空气轴承,要求气膜厚度要足够大并稳定
2	工作范围	旋转运动的空气轴承不受工作角度的限制;直线运动的空气轴承可以工作在任何长度行程,只要相应的导轨面足够长,实际应用中有几十米行程的空气轴承
3	承载能力	承载能力与气膜面积相关,由于空气轴承的面积比较大,故可承受很大负荷。但与液压轴承相比要小很多,大约是液压轴承的 1/5
4	精度指标	空气轴承的精度通常和机械零部件精度相关。对表面粗糙度的要求是要小于气膜厚度的 1/4,如 10μm 厚度的空气轴承,其轴承面的表面粗糙度应该小于 2.5μm。由于无磨损,空气轴承通常可以做到亚微米/米的精度范围
5	重复定位精度	如果压缩空气足够洁净,轴承设计合理,在选定的压力范围没有气锤现象,环境温度稳定,空气轴承一般可以达到亚微米甚至纳米的重复精度
6	分辨率	如果控制系统性能足够好,从理论而言,空气轴承的分辨率可以做到无穷小
7	预载荷	为保证轴承刚度,空气轴承需要加预载。加预载的主要方法有对称式安装、真空预载和磁力预载等
8	刚度系数	空气轴承一般可以做到 100N/μm 的刚度,现在对空气轴承的性能已经很了解,有很多的经验公式和图表,容易通过计算的方式确定
9	对振动和冲击的吸收	空气轴承可以更好地吸收外部振动和冲击。由于气体的可压缩性较液体大得多,故设计和使用空气轴承要避免气锤的发生,同时为了避免压力变化而失稳,最好在气路中增加储气罐,稳定系统压力
10	阻尼特性	空气轴承黏性力很小,阻尼特性一般,而液压轴承的阻尼特性要好得多
11	摩擦力	空气轴承没有静摩擦,动摩擦力也极小。对于小于 2m/s 的应用,摩擦力可以忽略不计
12	温度特性	由于没有摩擦力,空气轴承运行中发热很小,可保证系统的精度。但是气体从高压到低压膨胀时有冷却效应,因此对高精度的系统,希望空气轴承的耗气量越小越好
13	环境敏感性	压缩空气从气膜中流出,可以吹走导轨表面的污物,空气轴承具备自清洁的能力,且无污染残留。但为了保护轴承,最好有防护罩保护
14	尺寸和轴承安装	空气轴承结构简单,尺寸和重量都很小;但由于气膜很薄且刚度较小,对安装位置及相互之间的安装精度要求比较高
15	重量	空气轴承具备中等到高的性能重量比
16	供气压力	一般不超过 1MPa
17	空气洁净度	空气轴承最大的缺点是对压缩气体的纯度要求高,一般需要 1μm 以下的过滤精度
18	维护	空气轴承的主要维护工作是周期性的检查气体的纯净度和压力,需要定期更换过滤器
19	使用寿命	由于正常使用无磨损,空气轴承系统的使用寿命在 10 年以上
20	成本	由于空气轴承的气膜很薄,对零件的加工精度要求高,因此成本也比较高
21	适用场合	空气轴承适用于中等负载、中等刚度和高速场合;而液压轴承适用于大负载、高刚度、中速的场合

第5章

汽车零部件产业中的气动系统

5.1 概述

汽车工业是大多数发达国家的支柱产业，它标志着一个国家的现代化水平，也是拉动国民经济持续增长的重要环节之一。为此，我国快速发展汽车工业，已连续十年蝉联全球第一。作为构成汽车配件加工整体的各单元及服务于汽车配件加工的产品，汽车零部件涵盖了发动机、传动系统、转向系统、制动系统、行驶系统、车身附件以及电子电器等多类产品。显然，汽车零部件产业是支撑汽车工业持续稳步发展的前提和基础。随着经济和全球市场一体化进程的推进，汽车零部件产业在汽车工业体系中的地位不断提高。并随着汽车产销量的持续增长，也带动了汽车零部件市场发展。为了改善劳动条件，提高设备的自动化、智能化水平和企业的经济效益，在现代汽车零部件生产装备及自动线、试验设备（装置）中普遍采用了气动技术，例如重型汽车气动离合器操纵系统、车内行李架辅助安装举升装置、汽车顶盖助力吊具、汽车滑动轴承注油圆孔自动倒角专机、汽车启动锁动、铁芯顶杆专用压铆设备、汽车零部件压印装置、汽车净化装置催化器 GBD 封装设备、汽车涂装车间颜料桶振动机、自卸汽车操纵阀以及轻客车型检测线、汽车发动机缸盖密封性试验设备、驱动桥壳总成气密性自动检测试验台、汽车座椅调角器力矩耐久试验台架、汽车翻转阀气密检测设备、ABS 故障诊断系统等。

本章介绍汽车零部件产业中 8 例典型的气动系统。

5.2 生产加工设备气动系统

5.2.1 车内行李架辅助安装举升装置气动系统

（1）主机功能结构

车内行李架辅助安装气动举升装置是一种大型客车安装车内行李架的辅助工装，用于行李架安装过程中的支撑，以取代人力肩扛、手抬作业方式。该气动举升装置由 4 个带刹车的脚轮（万向轮）1、带导轨气缸 2、三位四通手动换向阀 3 和组合支架 4 及 $\phi 8mm$ 气管 5 等组成，如图 5-1 所示。气动举升装置支架上部托架宽度与风道或行李架截面同宽。组合支架底部采用十字形结构（可减重，但不能头重脚轻），底部的万向轮带定位机构，以便于搬运。

（2）气动系统原理

图 5-2 所示为该举升装置的气动系统原理图，通过操纵手动控制换向阀手柄，即可实现气缸的上下往复运

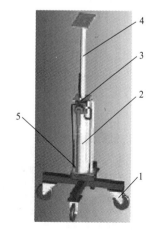

图 5-1 气动举升装置外形图

1—脚轮（万向轮）；2—气缸；3—三位四通手动换向阀；4—组合支架；5—气管

动及任意位置停止。

　　该气动辅助举升装置体积小，质量轻，易操作，移动方便，接上车间现有气源后，通过手动换向阀即可控制升降（图 5-3）；使用范围广，不受车内空间限制，也不受其他工序影响；自制机构，成本低廉（一套装置制造成本不超过 500 元）；劳动强度低，工效高。车内行李架辅助安装举升装置气动系统主要参数如表 5-1 所示。

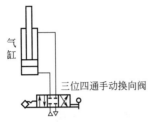

图 5-2　气动举升装置系统原理图

图 5-3　使用气动举升装置安装后行李架照片

表 5-1　车内行李架辅助安装举升装置气动系统主要参数

序号	工件	参数	数值	单位
1	举升装置	总重 W	20	kg
2		总高	1200～1400	mm
3		行程	400	mm
4		行李架重	100	kg
5	气缸	型号	亚德克 SC－$\phi63\times\phi25$－350	
6		气压	0.6	MPa
7	换向阀	型号	亚德克 4HV330-08	

5.2.2　汽车顶盖助力吊具气动系统

（1）主机功能结构

　　汽车顶盖气动助力吊具，用于混线生产模式（在同一生产线上生产多种车型）4 种型号汽车顶盖（图 5-4）从料箱到上件台的搬运工作。气动助力吊具主要由带保护臂的吸吊机构和带升降的行走机构两大部分组成，如图 5-5 所示。

车顶盖A　车顶盖B　车顶盖C　车顶盖D

图 5-4　4 种型号汽车顶盖

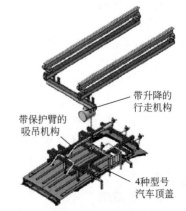

图 5-5　气动助力吊具总体结构示意图

　　吸吊机构的功用是吸附车顶盖并提供二次保护。气动助力吊具吸吊机构结构如图 5-6 所示，框架 1 用于受力支撑和零部件安装；6 个风琴型真空吸盘分前后两行布置，分别通过车头吸附组件 5 和车尾吸附组件 9 连于框架；前排吸盘位于车顶盖头部，后排吸盘位于 A、B 型车顶盖尾部，C、D 型车顶盖中尾部；车尾吸附组件 9 的吸盘与气缸相连，使其同时具有 Z 方向直线运动能力。当生产线切换车型时，只需控制气缸伸缩量，即可保证吸盘可靠地吸附各型号的车顶盖。4 个气缸驱动的保护臂 6，用以防止车顶盖在吊运途中因断气等原因意外落地引发安全事故；保护臂采用杠杆原理，非工作状态保护臂收起，起吊车顶盖前通过电磁换向阀控制 4 个保护臂同时下落。T 形纵向扶手 8 用于操作者沿 X、Y 方向推移吊具。配重块 4 用于吊具在空载和负载时的平衡，吊点位于吊具重心处。

　　气动助力吊具行走机构以轨道滑车系统为主体，如图 5-7 所示。具有全程悬浮功能的气动平衡葫芦 8 作为助力机构，并完成吊具 Z 方向的升降运动。气动平衡葫芦通过连接耳板和卡在横向轨道的葫芦滑车 7 相连，横向轨道 4 通过连接板 3 及葫芦滑车 6 垂直安装在两根纵向平行轨道的下方，即可实现车顶盖在三维空间 X、Y、Z 方向的自由移动。钢结构 1 为普通材质工字钢，承担气动助力吊具整体的重力和操作过程中的作用力。行走机构采用地面安装形式，以适应车身生产线场地实际情况；轨道和上方钢结构通过高度可微调的柔性吊挂件连接，用于整个设备的安全承载。

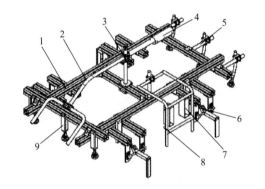

图 5-6　气动助力吊具吸吊机构结构图
1—铝合金框架；2—纵向扶手；3—吊钩；4—配重块；
5—车头吸附组件；6—气动保护臂；7—控制盒；
8—T 形扶手；9—车尾吸附组件

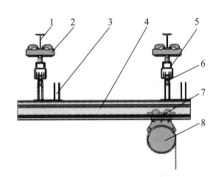

图 5-7　气动助力吊具行走机构结构图
1—钢结构；2—吊挂件；3—连接板；4—横向轨道；
5—纵向轨道；6,7—葫芦滑车；
8—气动平衡葫芦

（2）气动系统原理

　　气动助力吊具系统原理如图 5-8 所示。系统的气动执行元件有 4 个保护臂气缸 9、3 个车尾升降气缸 10 和 6 个真空吸盘 17 等。缸 9 和缸 10 的主控阀分别为二位五通双电控电磁换向阀 5 和 7（在换向阀排气口接有消声器 6，用来降低排气噪声污染）。为防止保护臂因断电而收起，其中阀 5 具有记忆功能，即电磁铁 1YA 通电，阀切换至左位，保护臂下落；若电磁铁 1YA 断电，则阀 5 并不切换，只有当电磁铁 2YA 通电时，阀 5 才换向，保护臂收起。为使 4 个保护臂气缸和 3 个车尾升降气缸能够分别同时动作，在各缸进排气路设置了节流阀 8，通过调整各支路的气体流量保证各气缸的一致性。

　　在真空吸盘回路中，真空的产生由带消声器的真空发生器 13 提供；真空供给和真空破坏分别由二位二通真空阀 11 和 12 控制，为保证供给阀停止供气时，仍能使吸盘内的真空压力保持不变，故回路设有单向阀 14，一旦停电，此阀可延缓工件脱落时间；而真空压力开关 15 则用于检测回路的真空压力，当因泄漏等原因造成系统真空度下降时，可保证系统安全可靠工作。

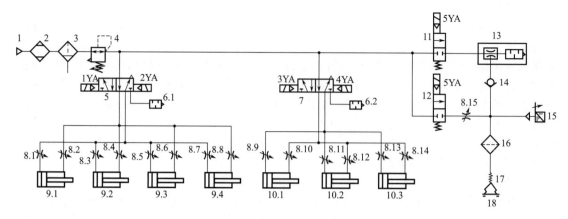

图 5-8　气动助力吊具系统原理图

1—气源；2—冷冻式干燥器；3—空气过滤器；4—减压阀；5,7—二位五通双电控电磁换向阀；6—消声器；
8—节流阀；9—保护臂气缸；10—车尾升降气缸；11—二位二通真空供给阀；12—二位二通真空破坏阀；
13—带消声器真空发生器；14—单向阀；15—真空压力开关；16—真空过滤器；
17—带缓冲风琴型真空吸盘；18—车顶盖

　　气源 1（空压机）经冷冻式干燥器 2、空气过滤器 3 和减压阀 4 向系统提供洁净、符合压力要求的干燥压缩空气，供保护臂气缸 9 的回路、车尾升降气缸 10 的回路、真空吸盘 17 的真空吸附回路和真空破坏回路使用。

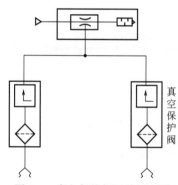

图 5-9　真空保护阀回路原理图

　　为使吸盘能安全可靠吸着较长的汽车顶盖，6 个吸盘沿长度方向分两行均布，并采用 3 个真空发生器分别连接对角 2 个吸盘，以保证即使有一组抽真空出现故障，剩余两组仍能继续工作。本吊具真空回路中，一个真空发生器带两个真空吸盘，故采用图 5-9 所示的真空保护阀回路，如有一个吸盘意外泄漏，由此产生的气流会压住真空保护阀的膜片，只有少量气体从膜片的小孔通过，从而不影响整个系统的真空状态。

　　(3) 系统技术特点

　　① 汽车顶盖气动助力吊具以空气压缩机为动力源，多种型号车顶盖可共用，带二次保护臂。与传统简易吊具相比，可多种车型共用，通用性好、安全性高、生产效率高。

　　② 正压的气缸回路和负压的吸附回路共用空压机供气，通过真空发生器提供真空，较采用真空泵简单经济，易于使用维护。

　　③ 保护臂气缸的主控阀采用带记忆功能的双电控换向阀，以防止保护臂因断电而收起。

　　④ 由于车顶盖（重 25kg）为非平面，故采用风琴型真空吸盘（直径 $D=63mm$，工作真空度 $p=0.065MPa$），使之在吸附过程中通过调整裙部双褶的压缩量以适应车顶盖弧度，保证两者紧密贴合。

5.2.3　汽车滑动轴承注油圆孔自动倒角专机气动系统

　　(1) 主机功能结构

　　自动倒角专用机床（图 5-10）用于汽车滑动轴承外圈上 $\phi 2mm$ 注油圆孔入口处的倒角 C1 的加工，实现倒角加工工序从毛坯到成品的全自动、无人化操作，以提高生产效率，保证产品质量。图 5-11 所示为自动倒角专机构成及工作流程框图,在 PLC 控制及触摸屏人机交互下,工件的自动化排序由电磁式振动盘完成;工件落料机构采用气动系统,光电检测系统采用光纤传感器,寻孔采用交流伺服驱动的回转夹紧机构,倒角加工采用钻削动力头。

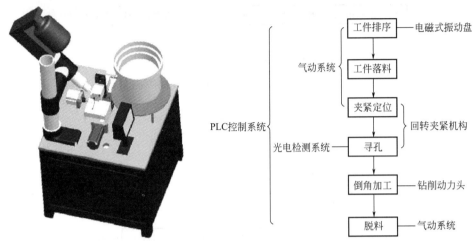

图 5-10　自动倒角专机三维模型图　　　　图 5-11　自动倒角专机构成及工作流程框图

(2) 气动系统原理

自动倒角专机气动系统原理如图 5-12 所示,系统的执行元件有工件落料气缸 1 和 2、回转夹紧气缸 3 和工件脱料气缸 4,其主控阀分别为二位五通电磁换向阀 13～16,各缸的双向排气节流调速由单向节流阀 5 和 6、7 和 8、9 和 10、11 和 12 调控。吹气的通断由换向阀 17 控制。系统的气源 20 经气动二联件 19 和汇流板 18 向各执行元件提供压缩空气。

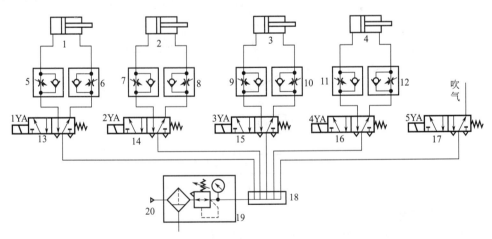

图 5-12　自动倒角专机气动系统原理图

1—落料气缸 1;2—落料气缸 2;3—夹紧气缸;4—脱料气缸;5～12—单向节流阀;
13～17—二位五通电磁换向阀;18—汇流板;19—气动二联件;20—气源

(3) PLC 电控系统

自动圆孔倒角专机采用 PLC(信捷 XC2-32T-E,16 点 NPN 型输入、16 点晶体管输出)实现对光电检测系统、气动系统、交流伺服系统及人机交互系统的统一控制(图 5-13);图 5-14 所示为自动倒角专机 PLC 电控系统控制程序框图。

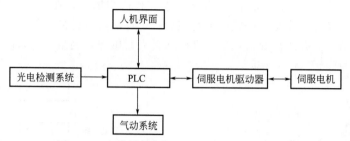

图 5-13 自动倒角专机 PLC 电控系统硬件框图

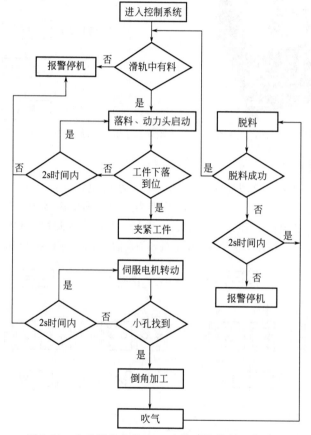

图 5-14 自动倒角专机 PLC 电控系统控制程序框图

（4）系统技术特点

① 自动圆孔倒角专机采用气压传动、光电检测和 PLC 控制，实现汽车滑动轴承注油孔倒角的自动加工，性能稳定，劳动强度低，加工效率高，日产量是人力操纵普通台钻加工的 2～3 倍。

② 气动系统各执行元件采用双向排气节流调速，有利于提高工作机构的平稳性。

5.2.4 汽车零部件压印装置气动系统

（1）主机功能结构

汽车零部件压印装置用于汽车零部件的压印加工，图 5-15 所示是其结构示意图。踏下启动按钮后，该装置开始工作，打印气缸伸出，对工件进行压印加工；从第二次开始，每次压印都延时一段时间，待操作者把工件放好后，才对工件进行压印加工。

（2）气动系统原理

汽车零部件压印装置的气动系统原理如图 5-16 所示。
打印气缸 13 是系统唯一的执行元件，其主控阀为二位五通
双气控换向阀。当踏下启动阀 3 后，由于延时阀 6 已有输
出，故双压阀（与门型梭阀）9 有压缩空气输出，使气控
换向阀 10 切换至左位，主气路压缩空气经减压阀 7、气控
换向阀 10 和单向节流阀 11 进入气缸的无杆腔（有杆腔经
阀 10 排气），气缸的活塞杆伸出；同时，单向节流阀之后的
导控气流将阀 8 中的外控顺序阀关闭，其换向阀在弹簧力作

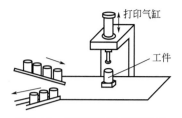

图 5-15　汽车零部件压印装置
结构示意图

用下处于右位，而使气控换向阀 10 的右侧控制腔排气。之后，行程阀 4 受弹簧力作用复位，
双压阀中断输出。当行程阀被压下时，气控换向阀 10 切换至右位，气源经减压阀 7 向缸 13
有杆腔供气（无杆腔经阀 11 中的单向阀和阀 10 排气），活塞杆缩回。退回后，压下行程
阀 4，延时阀 6 充气，等待操作者把工件放好后，脚踏启动按钮即可进入下一打印循环。

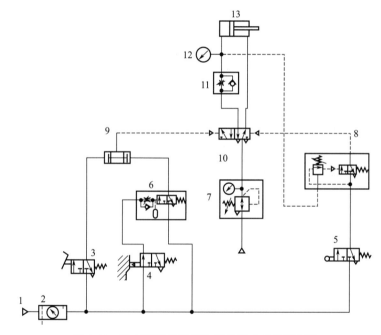

图 5-16　汽车零部件压印装置的气动系统原理图

1—气源；2—气动三联件；3—二位三通脚踏启动阀；4,5—二位三通行程阀；6—延时阀；7—减压阀；8—阀；
9—双压阀；10—二位五通气控换向阀；11—单向节流阀；12—压力表；13—打印气缸

（3）系统技术特点

① 汽车零部件压印装置气动系统采用双压阀对启动按钮和延时阀进行互锁，以保证每
次压印后都延时一段时间，等待操作者将工件放好后，才使双压阀发出使主控阀切换及执行
元件前进的信号。

② 此系统在踏下启动按钮后，经常出现打印气缸不工作的情况，导致这种故障产生的
元器件有可能为气缸 13、单向节流阀 11、气控换向阀 10、减压阀 7、双压阀 9、延时阀 6、
行程阀 4 及启动阀 3 等元件，此时可按图 5-17 所示的故障诊断逻辑推理框图分析具体原因
及排障。

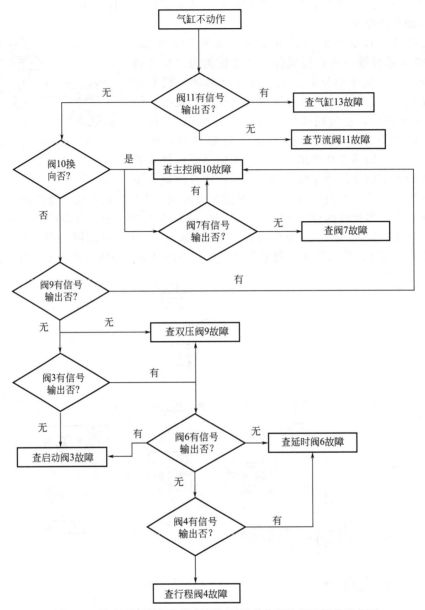

图 5-17　汽车零部件压印装置的气动系统故障诊断逻辑推理框图

5.2.5　汽车三元催化器 GBD 封装设备气动系统

(1) 主机功能结构

三元催化器是在汽车排气系统中安装的气体净化装置，它将汽车尾气排出的 CO、HC 和 NO_x 等 3 种主要有害气体通过氧化和还原作用转变为无害的二氧化碳、水和氮气。三元催化器 GDB 封装设备主要用于汽车三元催化器中衬垫包裹、载体装配及整体收缩的一种自动封装作业，该设备采用了气压传动、PLC 控制及触摸屏技术。

三元催化器 GBD 封装设备由载体包裹压装机、整体收缩机、外径测量系统、自动标识系统、各设备间的运输连接系统和控制系统等组成。压装机由筒体安放支撑定位机构，载体、衬垫包裹体的导向压缩机构，伺服丝杆驱动机构组成。整体收缩机由 15kW 的伺服电机齿轮传动机构带动丝杆运动，丝杆带动 12 块楔形模机构移动，最终使筒体进行收缩，满足产品要求。收缩的最终位置由计算机实时计算给出。在载体、衬垫包裹前，扫描载体和衬垫的二维码使计算机获取载体的外径和衬垫的重量等信息。计算机获取该信息后，通过内部设定的程序计算出筒体收缩后的直径。通过与 PLC 的数据交换控制整体收缩机的伺服电机的运动，最终实现对三元催化器筒体外径的控制。测量系统由基恩士的激光传感器配合时光伺服在线检测完成。自动标识系统由启动支撑机构、气动夹持机构和气动打标机构成。物料在各工位移动时，由伺服电机驱动丝杆机构实现。总之，气动系统在封装设备中的功能归纳为：压装机的载体压缩导向机构与筒体间的压合与松开、载体导向机构到位后的定位锁紧和后退时的定位销的松开；筒体输送到收缩机中的两夹爪气缸的夹紧和松开；标识系统中的刻字支撑定位、筒体的夹持与松开，刻字机的前进与后退，以及将刻好标识的产品推到运输带上的推到机构。

（2）气动系统原理

汽车三元催化器 GDB 封装设备气动系统原理如图 5-18 所示，其执行元件有导向机构开合气缸 1、定位销进退气缸 2、刻字机进退气缸 3、夹爪开合气缸 4、工件定位气缸 5 和工件夹紧松开气缸 6 等 6 个气缸，相应地主控阀为三位五通电磁换向阀 7～10 和三位四通手动换向阀 11 和 12，系统的气源 14 经过滤器为各执行元件提供压缩空气。系统的气动控制元件是日本 SMC 产品。

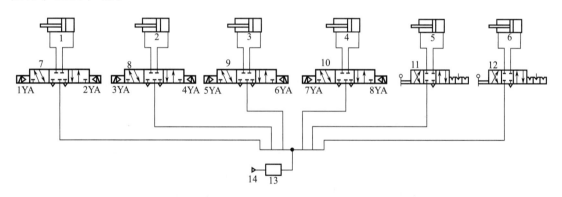

图 5-18 汽车三元催化器 GDB 封装设备气动系统原理图
1—导向机构开合气缸；2—定位销进退气缸；3—刻字机进退气缸；4—夹爪开合气缸；
5—工件定位气缸；6—工件夹紧松开气缸；7～10—三位五通电磁换向阀；
11,12—三位四通手动换向阀；13—过滤器；14—气源

（3）PLC 电控系统

汽车三元催化器 GDB 封装设备的 PLC 电控系统采用欧姆龙 CJ1M-CPU12-ETM 型 PLC，其 PLC 的硬件模块布置如图 5-19 所示。各种开关量都与 PLC 的输入端相连，PLC 输出端主要与要控制的换向阀的电磁铁（1YA～8YA）、接触器、报警信号等相连；上位机由研华工控机通过以太网对下层的 PLC 进行监控和数据的交换。各种逻辑控制全部在内部实现。

设备的控制程序由手动操作程序、自动操作程序、原点回归等构成。设备通电、通气后，先在手动状态下进行一次原点回归。一般情况下，设备的参数都已经设好，如无必要，不需对设备进行调整。手/自动选择开关应置于自动挡，操作员首先将工件放入后，双手启动，设备进入自动运行状态。汽车三元催化器 GDB 封装设备气动系统工况动作如表 5-2 所示。

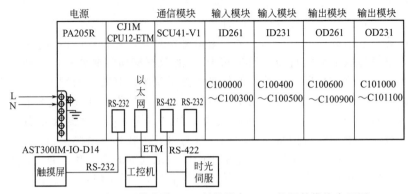

图 5-19　汽车三元催化器 GDB 封装设备 PLC 的硬件模块布置图

表 5-2　汽车三元催化器 GDB 封装设备气动系统工况动作

序号	工况动作	序号	工况动作	序号	工况动作
1	衬垫压装工位移动气缸前移顶住载体	10	三爪气缸松开	19	取出电机移动至出料点
		11	收缩电机终收缩	20	提升电机下降
2	定位气缸上升定位	12	三爪气缸打开夹持	21	刻字工位的夹料气缸夹持
3	衬垫压入电机自动压装	13	收缩电机退回至待机点	22	刻字缸定位后刻字
4	伺服和气缸自动回原点	14	同步电机取出至接料点	23	刻字完成后托料气缸上升接料
5	输送电机送料	15	提升气缸下降	24	刻字工位的夹料缸回原点
6	同步电机移动至取料位	16	夹持气缸闭合夹住载体	25	刻字工位的托料缸下降
7	三爪气缸张开接料	17	提升气缸上升	26	刻字工位卸料缸运行
8	同步电机送入收缩腔体	18	取出电机移动至刻字工位（期间自动进行筒体外径的测量）	27	输送带运行
9	收缩电机进行预收缩操作			28	完成

　　系统的工作过程可在触摸屏上动态显示，触摸屏界面采用 proface 的 GP-proEX2.1 编程软件实现；触摸屏有主界面、界面选择、气缸手动操作界面、伺服手动操作界面、原点复位界面、刻字界面、伺服轴定位数据界面等，其中主界面和气缸手动操作界面如图 5-20 所示。

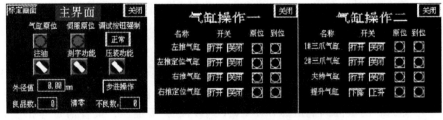

(a) 主界面　　　　　　　　　(b) 气缸手动操作界面

图 5-20　汽车三元催化器 GDB 封装设备触摸屏界面

（4）系统技术特点

　　① 三元催化器 GBD 封装设备将机械、电气和气动技术融合为一体，具有手动、自动、故障报警和显示等功能。运行稳定可靠，控制精度较高，劳动强度低，生产效率高，完全满足汽车净化器的封装要求。

　　② 气动系统回路结构组成简单。

5.2.6　汽车涂装车间颜料桶振动机气动系统

（1）主机功能结构

汽车涂装车间颜料桶振动机用于颜料的调和，如图 5-21 所示。当把各种液体颜料倒入颜料桶内后，调节好定时旋钮的时间为 15s，按下启动按钮，颜料桶在气缸的作用下，在调定的时间内振动，将桶内的各种颜料调匀，产生新颜色的颜料。

（2）气动系统原理

汽车涂装车间颜料桶振动机气动系统原理如图 5-22 所示，系统的执行元件为气缸 12，其主控阀为二位五通气控换向阀 11，气缸的时序图如图 5-23 所示。系统在图示初始状态时，换向阀 11 右位接通，气缸 12 处于缩回状态，活塞杆压下行程阀 8，二位三通双气控换向阀 6 处于左位。

图 5-21　汽车涂装车间颜料桶振动机外形图

当颜料桶振动机工作时，按下启动按钮阀 4，二位三通双气控换向阀 6 切换至右位，压缩空气经阀 6、阀 8 和或门式梭阀 10 使换向阀 11 切换至左位，主气路的压缩空气经阀 11 进入气缸无杆腔（有杆腔经阀 11 排气），气缸的活塞杆伸出，经过行程阀 7 运动状态不变。同时压缩空气也进入延时阀 5，而阀 8、7 在弹簧力的作用下复位。当活塞杆压下行程阀 9 时，换向阀 11 切换至右位，主气路的压缩空气经阀 11 进入气缸 12 的有杆腔（无杆腔经阀 11 排气），活塞杆缩回，同时在弹簧力的作用下，行程阀 9 复位。当活塞杆压下行程阀 9 时，换向阀 11 切换至左位，压缩空气进入气缸的左腔，活塞杆伸出，同时在弹簧力的作用下，行程阀 7 复位。这样气缸的活塞杆就一直在行程阀 9、7 之间往复运动，直到达到调定的时间后，延时阀 5 输出压缩空气，使二位三通双气控换向阀 6 切换至左位，切断行程阀 9、7 的气源，使主控阀的左位没有控制信号，而保持右位接入系统，活塞杆回到初始位置。

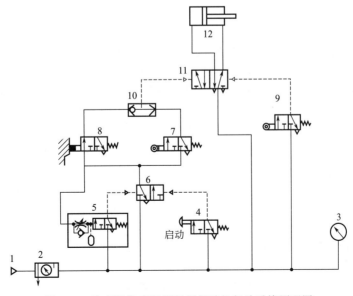

图 5-22　汽车涂装车间颜料桶振动机气动系统原理图

1—气源；2—气动三联件；3—压力表；4—二位三通按钮启动阀；5—延时阀；6—二位三通双气控换向阀；
7～9—二位三通行程阀；10—或门式梭阀；11—二位五通气控换向阀；12—气缸

从图 5-23 所示气缸 12 的时序图可看出，执行气缸 12 的活塞杆前伸后一直在行程阀 9 和 7 之间往复运动，大约 15s 后，回到初始状态。

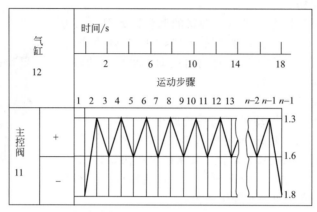

图 5-23　汽车涂装车间颜料桶振动机气动系统时序图

（3）系统技术特点

① 颜料桶振动机通过气缸在一定时间内以一定频率的振动获取所需颜料。

② 气缸的往复振动靠两个行程阀对主控阀控制气路的切换来实现。

③ 为了减小频繁换向工作时活塞对气缸两端的冲击力，可将原普通气缸更换为双向可调缓冲气缸。

5.3　检测试验设备气动系统

5.3.1　汽车座椅调角器力矩耐久试验台架气动系统

（1）主机功能结构

汽车座椅调角器用于连接椅座和靠背，可调节和锁定靠背倾斜角度，因实际使用如刹车或起步等工况而承受往复力矩的作用，故生产中要对调角器进行力矩耐久寿命试验。按图 5-24 所示的加载方式，角调总成在交变载荷（力矩）$T=137.2\text{N}\cdot\text{m}$ 和 $T'=274.4\text{N}\cdot\text{m}$ 作用下，进行 3.5 万次循环作用，在力的作用下，各零件应不变形、不破损，能正常工作，无功能失效等现象。图 5-25 是模拟人体作用构成的试验台架，它以压缩空气为动力源，气缸为施力执行元件，由力传感器对载荷进行检测反馈信号，通过数模转化，系统自动判断达到力值要求，此法直接控制试验力，与标准要求吻合。传感器为拉压式，拉为正、压为负。Y_2 为压，Y_3 为拉。而模拟人体作用力臂 $L=0.5\text{m}$，上述力矩转化为作用力 $F=T/L=274.4\text{N}$

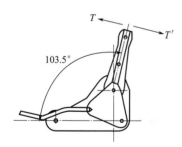

图 5-24　汽车座椅调角器
力矩耐久试验加载方式

和 $F'=T'/L=548.8\text{N}$；由图 5-26 所示的作用力及其对应数字量的转化对应关系，可看到作用力对应的数字量为 160 和 55。

（2）气动系统原理

汽车座椅调角器力矩耐久试验台架气动系统原理如图 5-27 所示。系统的压缩空气由气源 5 提供。加载气缸 1 的主控阀为三位五通电磁换向阀 4，气缸的双向调速通过单向节流阀 2 和 3 以排气节流方式进行控制，以保证系统运行平稳无冲击。

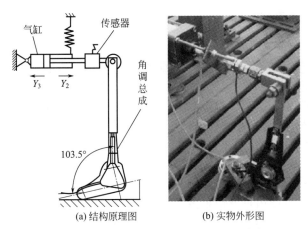

(a) 结构原理图

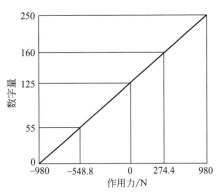

(b) 实物外形图

图 5-25　汽车座椅调角器力矩耐久试验台架

图 5-26　汽车座椅调角器力矩耐久试验作用
力及对应数字量转化关系图

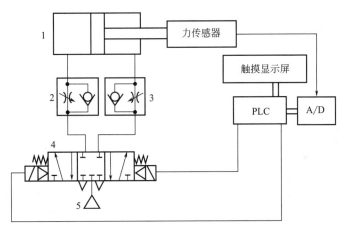

图 5-27　汽车座椅调角器力矩耐久试验台架气动系统原理图
1—加载气缸；2,3—单向节流阀；4—三位五通电磁换向阀；5—气源

试验时，以力传感器（1000N，输出 $-5\sim$ $+5$V）反馈模拟信号至 A/D 模块（FX0N-3A），由 A/D 模块转化为数字信号至 PLC（FX1N），PLC 将实时反馈信号与设定值进行比较，从而控制电磁换向阀 4 的动作。系统的参数输入和数据显示通过人与机交互界面的触摸屏（威纶 MT506MV）完成，如图 5-28 所示。

（3）系统技术特点

汽车座椅调角器力矩耐久试验台采用气缸加载，采用力传感器检测反馈和 PLC 控制，与试验要求吻合，且系统工作稳定；试验过程参数可调，显示最大值、最小值，实现人机互动；可 24 小时

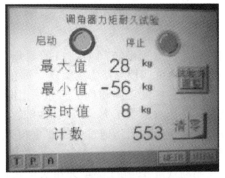

图 5-28　汽车座椅调角器力矩耐久
试验台架触摸屏显示

无人看守，具有试验计数停止功能；可扩展应用于座椅骨架耐久试验和坐垫台架疲劳试验等。

5.3.2　汽车翻转阀气密检测设备气动系统

(1) 主机功能结构

汽车翻转安全保护阀（简称翻转阀）是汽车燃油系统的一个重要组件，用于燃油箱排气和补气，防止燃油箱因加注燃油、汽车倾斜或翻转时，导致燃油箱变形或泄漏。因此，翻转阀的检测项目多且精度要求高，主要是翻转阀在不同工作状态下的气体流量及气密检测。该汽车翻转阀气密检测设备，采用气动技术并采用 PLC 控制，可自动完成汽车翻转阀装夹、封堵、气密检测等，满足汽车翻转阀气密检测精度要求。

依据相关标准要求，该检测设备对被测翻转阀充入设定压力（−90～+60kPa）的压缩空气或抽真空状态下，翻转阀体处于水平、X 方向或 Y 方向、XY 两方向等多种姿态，缓慢转动不同的角度（依标准要求在 0°～45°范围内选取设定多个角度），通过流量、压力传感器检测系统分别检测翻转阀在以上规定压力、位置条件下的空气泄漏流量。

该检测设备的主机由安装底板 1，汽油模拟容器 3，气动快速夹钳 5，抽吸接头 6，快速

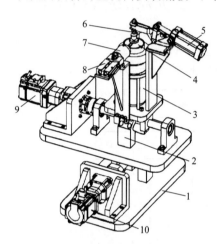

图 5-29　汽车翻转阀气密检测设备机械结构图
1—安装底板；2—限位及缓冲装置；3—汽油模拟容器；4—被测工件（翻转阀）；5—气动快速夹钳；6—抽吸接头；7—快速封堵头；8—封堵气缸；9—Y 轴伺服进给机构；10—X 轴伺服进给机构

封堵头 7，X、Y 轴伺服进给机构 10、9 等部分构成，如图 5-29 所示。在汽油模拟容器 3 中加注燃油模拟油箱，通过气动系统连接抽吸接头 6 实现容器压力设定。被测工件（翻转阀）4 与汽油模拟容器用固定环固定，装在汽油模拟容器中，由带橡胶压头的气动快速夹钳 5 将被测汽车翻转阀自动夹紧，然后利用封堵气缸 8 通过快速封堵头 7 自动封堵汽车翻转阀，封堵力的大小由快速封堵头先导口压力决定。翻转阀姿态转动机构由 X、Y 轴伺服进给机构 10、9 带动相应转动板实现精密定位，并在两侧极限位置设置限位及缓冲装置 2。由于翻转阀姿态转动要求速度较慢（低达 7.5r/min），故伺服电机后配套传动比 30 的行星齿轮精密减速器，再通过伺服驱动器中调节电子齿轮比，达到低速要求。

(2) 气动系统原理

汽车翻转阀气密检测设备的气动系统原理如图 5-30 所示，翻转阀气密检测气动系统的功能是翻转阀的夹紧、翻转阀侧漏口的封堵以及为翻转阀汽油模拟容器压力设定口充入 −90～+60kPa 的可调检测压力的空气，即正压和负压系统。

气动系统的正压和负压部分采用同一气源 1 提供压缩空气，正压高低由电-气比例阀 13 设定；负压（真空压力）的产生由真空发生器 8 实现，负压高低由电子式真空比例阀 14 调节设定；正压和负压通过电控截止阀 7、11、15 进行切换，以提高可靠性。压力检测由压力变送器 16 完成。

驱动气缸 19 用于驱动夹钳实现翻转阀的夹紧，缸的动作方向由二位三通电磁换向阀 17 控制，动作速度由节流阀 18 操控。翻转阀侧漏口先通过二位三通电磁换向阀 20 控制的单作用气缸 22 实现封堵（速度由节流阀 21 调节），然后压缩空气经减压阀 23 和二位三通电磁换向阀 25 进入先导口，以确保密封，封堵压力可由阀 23 调整设定。翻转阀侧漏口关闭和打开时，空气流量分别由双向流量计 27 和 30 进行检测，电控截止阀 26、28、29、31 用于侧漏口检测回路的通断控制，以便于维护，过滤器 32 用于过滤外部空气。

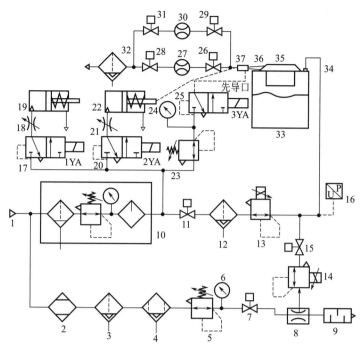

图 5-30　汽车翻转阀气密检测设备气动系统原理图

1—气源；2—空气干燥器；3,12,32—空气过滤器；4—除油器；5,23—减压阀；6,24—压力表；7,11,15,26,28,29,31—电控截止阀；8—真空发生器；9—消声器；10—气动三联件；13—电-气比例阀；14—电子式真空比例阀；16—压力变送器；17,20,25—二位三通电磁换向阀；18,21—节流阀；19—快速夹钳驱动气缸；22—封堵气缸；27—精密双向流量计；30—大量程双向流量计；33—汽油模拟容器；34—压力设定口；35—被测翻转阀；36—侧漏口；37—快速封堵头

汽车翻转阀气密检测设备气动系统动作状态如表 5-3 所示，由该表容易了解各工况下的气流路线。

表 5-3　汽车翻转阀气密检测设备气动系统动作状态表

序号	检测工况动作		电控截止阀 7	电控截止阀 11	电磁阀 17	电磁阀 20	电磁阀 25	气密检测		流量检测	
					1YA	2YA	3YA	电控截止阀 26	电控截止阀 28	电控截止阀 29	电控截止阀 31
1	被测工件安装	夹紧被测件	−	−	+	−	−	−	−	−	−
2		封堵对接	−	−	+	−	−	−	−	−	−
3		封堵密封	−	−	+	+	+	−	−	−	−
4	正压检测	充气	−	+	+	+	+	−	−	−	−
5		平衡、检测	−	+	+	+	+	+	+	+	+
6		排气	+	−	+	+	+	−	−	−	−
7	负压检测	抽气	+	−	+	+	+	−	−	−	−
8		平衡、测	+	−	+	+	+	+	+	+	+
9		回复	1	+	+	+	+	−	−	−	−

注：＋为通电或开启状态；－为断电或关闭状态。

（3）PLC 电控系统

汽车翻转阀气密检测设备 PLC 电控系统原理框图如图 5-31 所示，系统以 S7-200 Smart PLC(CPU ST60) 为控制核心，扩展 RS-485/RS-232 通信模块 SB CM01 和模拟量输入/输出模块 EM AM06。该 PLC 电控系统程序为典型的顺序控制程序，其工作流程框图如图 5-32 所示，程序为主子程序结构，主程序实现手动及自动工作顺序控制过程，子程序分别实现 X、Y 向伺服控制、压力变送器数据读入与处理、电气比例阀数据读写与处理、电子式真空比例阀数据读写与处理、数字式双向流量计数据读写与处理等，对编码器的输入处理采用高速计数器中断程序。人机交互（HMI）采用 Smart 700IE，支持以太网连接的 7in 触摸屏，使用 Wincc Flexible 2008 软件实现图形化的人机交互，通过关联 PLC 内部变量，主要实现对设备启停、复位控制、参数设置、汽油模拟容器实时压力、伺服电机角度坐标、翻转阀累积空气流量等数据显示，也可通过其报警功能，对不合格产品或设备故障进行报警并提示。

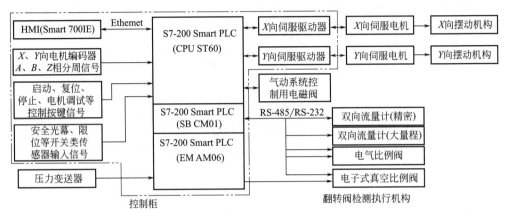

图 5-31 汽车翻转阀气密检测设备 PLC 电控系统原理框图

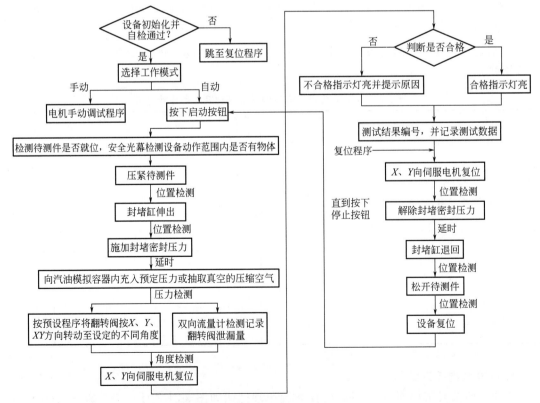

图 5-32 汽车翻转阀气密检测设备 PLC 电控系统控制程序工作流程框图

（4）系统技术特点

① 汽车翻转阀气密检测设备，将电-气比例控制技术、伺服驱动技术、PLC 控制技术及 HMI 技术融为一体，实现了汽车翻转阀气密性检测的自动化，工作可靠，操作简便，成本较低，检测性能复合相关标准要求。

② 气动系统的正压和负压部分共用正压气源；负压通过真空发生器产生和提供，与单独设置真空泵相比，价格低，使用维护简便。

③ 气动系统的正、负压采用电-气比例阀或电子真空比例阀调控，系统流量采用双向流量计进行检测。

④ 汽车翻转阀气密检测设备气动系统主要技术参数见表 5-4。

表 5-4　汽车翻转阀气密检测设备气动系统主要技术参数

序号	参数	数值	单位
1	上料高度 H	≤800	mm
2	检测精度	1	mL/min
3	检测量程	0～50	L/min
4	电源	AC220±10%	V
		50	Hz
5	控制气源压力	$(4\sim8)\times10^5$	Pa
6	检测气源压力	−90～+60	kPa
7	翻转阀气密检测翻转最大转速	7.5	r/min
8	减速器传动比	30	
9	伺服电机最高转速	225	r/min

第6章

轻工机械与包装机械气动系统

6.1　概述

　　轻工业是生产生活资料的工业部门，如食品、烟草、家具、陶瓷、纺织服装及鞋帽、造纸、印刷、日用化工、文具、文化用品、体育用品工业等。轻工业是城乡居民生活消费资料的主要来源，其产品与人们的日常生活息息相关，量大面广、品种繁多，要求不一，但大多数直接与人们的饮食、衣着相关，其产品一方面要满足使用功能要求，另一方面其卫生和安全应当满足相关法规的要求。

　　按照国家标准 GB/T 4122.1—1996 的规定，包装是指"为在流通过程中保护产品、方便贮运、促进销售，按一定技术方法而采用的容器、材料及辅助物等的总体名称。也指为了达到上述目的而采用容器、材料和辅助物的过程中施加一定技术方法等的操作活动"。包装机械的载荷一般较轻，但与轻工机械类似，其产品的卫生和安全要求较高。

　　综上可看出，轻工机械和包装机械设备尤其适合采用自洁性良好的气动技术作为其实现传动控制，实现专业化、连续化、高速化、自动化、智能化，提高产能和生产效率及降低劳动强度，满足产品技术要求和质量的重要技术手段和途径，因而也成为气动技术的重要应用领域。目前，采用气动技术的轻工机械和包装机械数不胜数，例如纸盒贴标机、胶印机、卷烟卷接机组及烟草切丝机、陶瓷产品成型干燥生产线及盘类瓷器磨底机、布鞋鞋帮收口机、晴雨伞试验机、点火器印刷自动传送装置、纸张专用冲孔机；定量灌装机、杯装奶茶装箱专用机械手、烟花爆竹包装机、纸箱包装机、地毯包装机、料仓自动取料装置、编织袋折边折角装置、微型瓶标志自动印刷机械、码垛机器人多功能抓取装置、气动伺服立体高库、跌落式装箱机、高速小袋食品包装机、自动物料（药品）装瓶系统、自动旋盖组装机等。

　　本章介绍轻工机械和包装机械的 20 例典型气动系统。

6.2　轻工机械气动系统

6.2.1　方形纸盒贴标机气动系统

（1）主机功能结构

　　贴标机的功用是使用不干胶标签（40mm≤长度≤80mm、40mm≤宽度≤80mm）对方形纸盒（60mm≤长度≤100mm、60mm≤宽度≤100mm、20mm≤高度≤40mm）进行贴标，该机采用了气压传动和 PLC 控制技术。图 6-1 为气动贴标机结构图，整机尺寸为1400×800×1100（mm），其 4 个主要组成部分及功能为：①纸盒输送机构。使用输送带完成纸盒输送，并设计分离纸盒装置。②送标机构。利用牵引轮与标签纸带之间的摩擦力，带动标签纸带到达贴标位置。通过摆动气马达的驱动和棘轮的传动，实现送标的间歇运动。通过调节摆动气缸的节流阀，调节牵引轮的运动速度，以配合纸盒动作与纸盒传输保持同步，通过传感器检测机构来提高送标精度。③贴标头装置。为了使标签能自动剥离，贴标头采用头部呈尖形的出标板，由于贴标头的角度很小，使得标签随着纸盒的相对运动而完成可靠贴标。④贴标机抚压装置。由一压标辊对纸盒上的标签进行柔顺抚压。

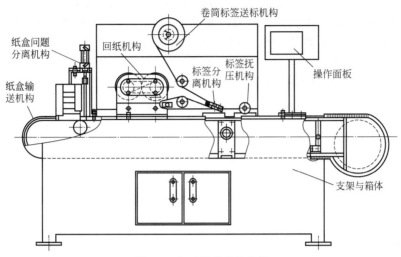

图 6-1 气动贴标机结构图

贴标机在机械-电气-光检-气动协调下的工作过程是：传感器检测到产品经过，传回信号到贴标控制系统，在适当位置控制系统控制电机送出标签并贴附在产品待贴标位置上，产品流经覆标装置，标签被贴附在产品上，一张标签的贴附动作完成。其操作流程为：放产品（可接流水线）→产品导向（设备自动实现）→产品输送（设备自动实现）→贴标（设备自动实现）→收集已贴标产品。

（2）气动系统原理

方形纸盒贴标机的气动系统原理如图 6-2 所示。气源 1 经气动三联件［过滤器（型号

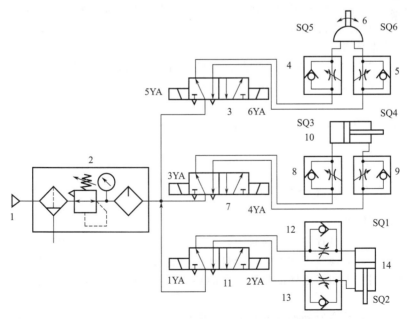

图 6-2 方形纸盒贴标机气动系统原理图

1—气源；2—气动三联件（过滤器、减压阀、油雾器）；3,7,11—三位五通双电磁换向阀；4,5,8,9,12,13—单向调速阀；6—送标摆动气缸（摆动气马达）；10—送标定位气缸；14—纸盒分离气缸

AF10-M5)、减压阀（型号 AR10-M5）、油雾器（型号 AL10-M5）] 2 向系统提供压缩空气。系统的执行元件有送标摆动气缸（摆动气马达）6（型号 CRBIW50-270S）、送标定位气缸 10（型号 CDQ2B20-20DM）和纸盒分离气缸 14（型号 CDQ2B32-25DM），各缸均带有磁性开关），其运动方向分别由二位五通双电磁换向阀 3、7 和 11（型号 SV1200-5W1U）操控，缸的限位和换向阀电磁铁动作的信号源分别为行程开关 SQ5、SQ6，SQ3、SQ4 和 SQ1、SQ2 及有关位置传感器；缸 6、10 和 14 分别采用单向调速阀（型号 AS1301F-M5-4）4 和 5，8 和 9，12 和 13 进行排气节流调速。贴标机气动系统动作状态如表 6-1 所示。

表 6-1 贴标机气动系统动作状态表

工况		纸盒分离气缸 14		送标定位气缸 10		送标摆动气缸 6	
		电磁阀 11		电磁阀 7		电磁阀 3	
序号	动作	1YA	2YA	3YA	4YA	5YA	6YA
1	纸盒分离气缸伸出,纸盒等待输送	+	−				
2	纸盒分离气缸缩回,纸盒送出	−	+				
3	纸盒分离气缸伸出,下一纸盒等待输送	+	−				
4	送标定位气缸伸出,送标摆动气缸正转,标签第一次进给			+	−	+	−
5	送标定位气缸复位,送标摆动气缸复位			−	+	−	+
6	送标定位气缸伸出,送标摆动气缸正转,标签第二次进给			+	−	+	−
7	送标定位气缸复位,送标摆动气缸复位			−	+	−	+

注：+ 为通电，− 为断电。

（3）PLC 控制系统

贴标机系统采用 PLC 控制，型号为三菱 FX2N-48MR 可编程序控制器，它由电源、CPU、I/O 模块和 RAM 单元组成。共 48 个 I/O 点的基本单元（输入 24 点，输出 24 点），继电器输出，使用 AC 电源。方形纸盒贴标机 PLC 硬件接线如图 6-3 所示。

（4）系统技术特点

① 贴标机采用气压传动和 PLC 控制，将机械-电气-光检-气动融为一体，结构紧凑、自动化程度和生产效率高（贴标速度达 40～60 件/min）、成本低、操作简单、精度高（贴标精度±0.1mm）。

② 气缸的磁性开关和传感器直接与 PLC 连接，PLC 程序的编制简单，修改容易，动作顺序调整方便。

③ 气缸采用双向排气节流调速，其背压有助于提高气缸的运行平稳性和停位精度。

6.2.2 胶印机全自动换版装置气动控制系统

（1）主机功能结构

胶印机在印刷生产过程中的耗时较短，然而准备工作中的印版更换耗时较长。相对于传统的手动换版和半自动换版方式而言，全自动换版装置最为先进，它是胶印机中一种通过多气缸协调驱动控制实现印版更换的装置，它能够节约生产时间，减少劳动强度，同时降低生产成本。

全自动换版装置结构原理如图 6-4 所示，全自动换版装置的主要工作部件是气动版夹机构（图 6-5）。全自动换版装置的工作流程为：启动换版程序，印版滚筒转动到换版位置，换版传感器启动→护罩气缸启动，护罩抬起→滚筒拖稍气囊充气，版夹松开印版，印版弹

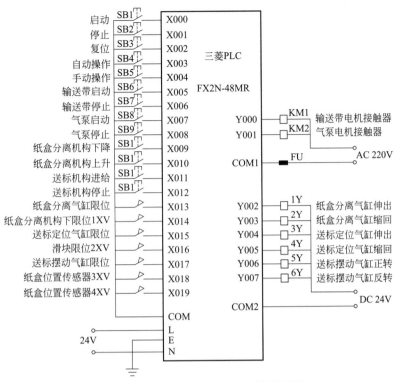

图 6-3　方形纸盒贴标机 PLC 硬件接线图

出→滚筒反转，印版在护罩轨道内滑出，旧印版拉出气缸前端吸盘吸住印版，咬口版夹气囊充气，印版咬口被松开→旧印版拉出气缸伸出，将印版拉出版夹，吸盘吸气保持；滚筒正转到换版位置，换版传感器启动→新印版送入气缸前端吸盘吸住新印版，气缸伸出，将新印版送入咬口版夹→咬口版夹传感器启动，版夹气囊放气，版夹夹紧印版，吸盘断气→印版滚筒压版气缸运动，压版杆顶住印版→滚筒正转，印版被卷在印版滚筒表面→印版滚筒转动到拖稍位置停止，顶版气缸将印版拖稍顶入拖稍版夹中，拖稍版夹传感器启动→拖稍版夹气囊放气，印版拖稍被夹紧，顶版气缸缩回→护罩气缸动作，关闭护罩，压版气缸返回，换版结束。

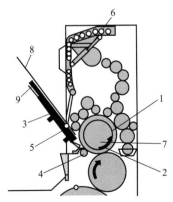

图 6-4　全自动换版装置结构原理图

1—咬口版夹；2—拖稍版夹；3—新印版送入气缸；4—压版气缸；
5—旧印版拉出气缸；6—护罩气缸；7—印版滚筒；
8—新印版；9—旧印版

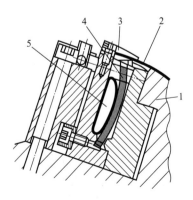

图 6-5　气动版夹机构原理图

1—印版滚筒；2—印版；
3—版夹固定块；4—版夹
顶块；5—版夹气囊

(2) 气动系统原理

全自动换版装置气动控制系统原理如图 6-6 所示。该系统的执行元件有新印版送入气缸 3、压版气缸 4、旧印版拉出气缸 5、护罩气缸 6 和顶版气缸 7（除缸 6 为弹簧复位单作用气缸外，其余 4 个缸均为 DNC 标准双作用气缸）、集成在印版滚筒上的气囊 8 和拖稍气囊 9 以及新版送入吸盘 10 和旧版拉出吸盘 11。上述气缸 3、4、6、7 的动作依次由二位五通双电磁换向阀 12、13、15、16 控制，依次采用单向节流阀 21～24、25～28 进行排气节流调速；采用气缸 5 和吸盘 10、11 的动作依次由二位三通单电磁换向阀 14、19、20 控制，气囊 8 和 9 的动作依次由二位三通双电磁换向阀 17、18 控制，为了防止换版过程中，由于印版弯曲造成的换版故障，在部分二位五通电磁换向阀上还选用有手控复位。由于设备安装空间有限，电磁换向阀采用 Festo 紧凑型 CPV10 阀岛。

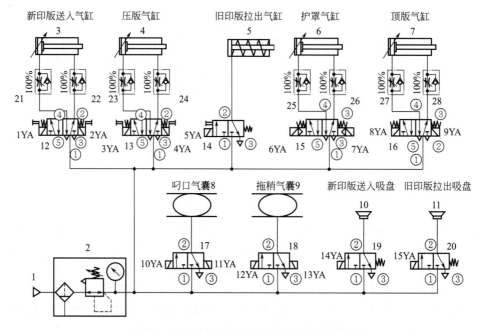

图 6-6　全自动换版装置气动控制系统原理图

1—气源；2—气压处理单元；3—新印版送入气缸；4—压版气缸；5—旧印版拉出气缸；6—护罩气缸；7—顶版气缸；
8—叼口气囊；9—拖稍气囊；10—新印版送入吸盘；11—旧印版拉出吸盘；12,13,15,16—二位五通
双电磁换向阀；14,19,20—二位三通单电磁换向阀；17,18—二位三通双电磁换向阀；
21～28—单向节流阀。注：图中序号①～⑤表示各换向阀的工作气口

系统工作原理为：启动换版按钮，护罩打开，电磁铁 14YA 通电使换向阀 19 切换至左位，新印版送入吸盘 10 动作，滚筒反转。滚筒位置传感器 S0 提供输入信号，滚筒反转停止，电磁铁 12YA 通电并保持使换向阀 18 切换至左位，拖稍气囊 9 动作，印版弹出，延时后滚筒反转。滚筒位置传感器 S1 提供输入信号，滚筒反转停止，电磁铁 10YA 通电并保持使换向阀 17 切换至左位，叼口气囊动作，延时后电磁铁 15YA 和 5YA 先后通电分别使换向阀 20 和 14 切换至左位，吸盘 11 和气缸 5 动作，旧印版被拉出。滚筒正转，滚筒位置传感器 S2 提供信号，滚筒停止，电磁阀 1YA 通电使换向阀 12 切换至左位，气缸 3 伸出，新印版被送入叼口版夹。版夹传感器提供检测信号，印版安装到位，电磁铁 11YA 通电使换向阀 17 切换至图示右位，印版叼口被夹紧，延时后电磁铁 14YA 和 1YA 分别断电使换向阀 19 复至图示右位，换向阀 12 切换至右位，吸盘 10 松开，新印版送入气缸 3 缩回，随后滚筒正转。滚筒位置传感器 S4 提供信号，滚筒转动停，电磁铁 8YA 通电使换向阀 16 切换

至左位，顶板气缸 7 外伸，印版拖稍被送入拖稍版夹，电磁铁 3YA 通电使换向阀 13 切换至左位，气缸 4 外伸，压版辊合压。拖稍传感器提供信号，电磁铁 11YA 通电使换向阀 17 切换至右位，气囊 8 放气，印版拖稍被夹紧，延时后电磁铁 9YA 通电使换向阀 16 切换至图示右位，气缸 7 缩回，滚筒正转，延时后电磁铁 4YA 通电使换向阀 13 切换至图示右位，气缸 4 缩回，印版安装完成，延时后电磁铁 7YA 通电使换向阀 15 切换至图示右位，护罩落下。护罩传感器提供信号，电磁铁 15YA 和 5YA 先后断电使换向阀 20 和 14 复至右位，吸盘 11 松开，缸 5 靠弹簧力复位缩回，换版结束。

(3) PLC 控制系统

胶印机全自动换版装置气动控制系统采用 PLC 进行顺序控制，PLC 为 SIMATIC S7-300 型，PLC I/O 地址分配如表 6-2 所示；PLC 硬件接线如图 6-7 所示，图中的 VVVF 为主电机的变频器，其内部提供外接控制信号的电源，PLC 输出的滚筒主电机正反转信号由它来执行。该 PLC 可以通过 PROFIBUS 或工业以太网与主控制系统端口进行通信，由配套的独立电源提供 2A、DC24V（±5%）供电。

表 6-2　PLC I/O 地址分配表

序号	输入信号		输出信号	
	功能	地址代号	功能	地址代号
1	自动换版启动按钮	I0.0	护罩起落气缸	Q4.1
2	拖稍拆滚筒位置传感器 S0	I0.1	旧印版拉出气缸	Q4.3
3	叼口拆滚筒位置传感器 S1	I0.2	新印版送入气缸	Q4.4
4	叼口装印版滚筒位置传感器 S2	I0.3	叼口夹气囊	Q4.7
5	叼口印版到位传感器 S3	I0.4	拖稍夹气囊	Q5.0
6	拖稍装滚筒位置传感器 S4	I0.5	滚筒正转	Q5.1
7	拖稍印版到位传感器 S5	I0.6	滚筒反转	Q5.2
8	护罩位置传感器	I0.7	顶版杆气缸	Q5.3
9			压版杆气缸	Q5.4
10			新印版吸盘电磁阀	Q5.5
11			旧印版吸盘电磁阀	Q5.6

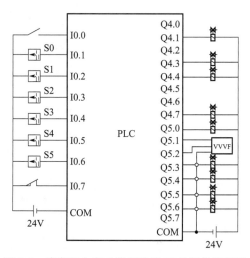

图 6-7　胶印机全自动换版装置 PLC 硬件接线图

(4) 系统技术特点

① 胶印机全自动换版装置通过采用气动系统的 PLC 控制，提高了系统电气性能的可靠性和稳定性，它能直接嵌入印刷机主控制系统中，可以方便地使用人机控制界面进行操作。减小了劳动强度和缩短了印件完成时间，提高了印刷设备的附加值和市场竞争力。

② 气动系统采用了紧凑型阀岛为主体的气路结构，不仅节省设备安装空间，而且便于气动管路和电控线缆布置和使用维护。通过采用单向节流阀对双作用液压缸进行双向排气节流调速，提高了气缸的运行平稳性和停位精度。

③ 所选用的 PLC 具备极短的扫描周期和高速处理程序指令的能力。同时，配备有多端口的数字信号输入与输出，能够满足自动换版装置工作过程的控制要求。

6.2.3 卷烟卷接机组阀岛式气动系统

(1) 主机功能结构

高速卷接机组是卷烟工业生产中的主要技术装备（包括卷烟机、接嘴机等设备），用于卷烟的卷制、烟支与滤嘴的接装等。采用阀岛需要气动智能化及模块化集成应用技术，将气动技术与计算机技术、信息技术等结合起来，形成智能化的气动系统。

图 6-8 卷烟卷接机组阀岛式
气动系统组成框图

(2) 气动系统原理

图 6-8 所示为卷烟卷接机组阀岛式气动系统的组成框图，系统硬件主要包括阀岛、PLC 和用于实时监控的人机界面（触摸屏）。

① 阀岛。由于卷烟机和接嘴机的电磁阀共有 40 个，故气动系统采用了 Festo 公司的可带扩展模块和 PROFIBUS-DP 现场总线的紧凑型阀岛（型号 CPV10-GE-D101-8）和另外两个扩展模块（型号 CPV10-GE-FB-4）。

阀岛的电源工作电压为 24VDC，防护等级为 IP65，工作压力范围 0.3～0.8MPa，标准额定流量 400L/min，功耗 0.5W 等。阀岛外接 24V 电源，通过 DP 总线电缆连接到主站 PLC 上，其面板（图 6-9）上有一组拨码开关，设置从站地址。面板右边的一个插座用于阀岛的扩展。面板上有两个 LED 指示灯：绿色的 LED POWER 指示工作电源正常；红色的 LED BUS 指示总线故障。

两个扩展模块之间分别通过一根 5 芯电缆与阀岛进行通信。共同完成卷接机组的清洁空气、防护罩联锁、上胶启动、烙铁的升降、烟条导向器的投入与关停、烟纸的拼接、进刀、盘纸的夹紧、气动供墨等功能。

阀岛采用先导式控制，控制气路的通断，在调试时也能够手动控制，所有的功能都可各自互相组合。对 PLC 系统来说，它相当于一个普通的数字输出模块，每一个阀片控制两个电磁阀的通断，等同于两个数字量输出。在 PROFIBUS-DP 网络中，每一个阀岛都是一个子站。由编制好的程序控制阀岛，然后由阀岛控制各执行元件所需气流的通断，从而控制各执行元件的动作。这种控制系统结构简

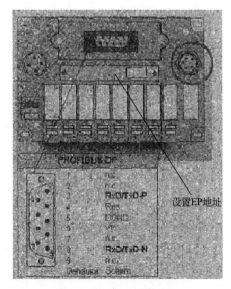

图 6-9 阀岛面板布置图

捷，调整方便，还可随时对一些参数进行修改。

② PLC 控制系统和人机界面。系统采用西门子公司 SIMATIC S7-400 系列 PLC，其 CPU412-2DP 模块上集成的 PROFIBUS-DP 接口，作为 PROFIBUS-DP 现场总线的主站，与阀岛实现数据通信。由于现场总线实质是通过串行信号传送方式并以一定的数据格式实现控制系统中的信号双向传递，其抗干扰性强，数据传输可靠性高。而人机界面采用带液晶显示器的触摸屏，操作简便，故障诊断迅速，提高系统的有效工作效率。

将通过梯形图（LAD）、语句表（STL）编制好的程序编译后下载到 PLC，经现场调试后去控制阀岛，然后由阀岛控制各执行元件所需气流的通断，从而控制各执行元件的动作。阀岛可手动调试，也可通过程序自动控制气路，现场人员通过阀岛本身的指示灯可直观地判断出相应的阀是否动作，为调试人员缩减了调试时间。

（3）系统技术特点

阀岛是将气动电磁阀、控制器（具有多种接口及符合多种总线协议）、电输入输出部件（具有传感器输入接口及电输出、模拟量输入输出接口、ASI 控制网络接口）集成一体的整套系统控制单元，它将气动特性、电连接方式和多种安装方式灵活地组合在一起，并通过了气动、电气的功能调试，用户只需用气管将电磁阀的输出口连接到相对应的气动执行机构上，通过计算机对其进行程序编辑，即可完成所需的自动化控制任务，因而使得阀岛及其气动系统的主要特点如表 6-3 所示。

表 6-3　阀岛及其气动系统的主要特点

序号	特点	说明
1	自动化程度高	同一阀岛可有几种不同压力。采用集中供、排气，减小了管长及气流沿程损失和进排气时间
2	现场总线接口	方便生产现场设备之间以及现场设备与控制管理层之间的联系
3	结构紧凑	气动、电气控制集于一体，性能优异，体积大大缩小
4	故障诊断迅速	电控阀都带手动装置及标示牌，方便调试。LED 显示，快速检测错误（自诊断功能），可预测或寻找故障，提高了系统的可靠性、可控性和可维护性
5	使用维护方便	厂商提供的阀岛产品已调试完毕，用户采购后，可直接安装 IP65 的防护等级，使阀岛不必再用控制箱外壳保护；电控阀可预留空位，功能扩展容易。接线简单、安装费用低、维护容易
6	其他	低功耗（大部分功率为 1～2W，最小的 0.35～0.5W），响应快（响应时间为 10～25ms），无油化，寿命长（寿命一般为 5 千万～1 亿次）等

6.2.4　烟草切丝机气动离合器系统

（1）主机功能结构

切丝机就是卷烟生产过程中使用的一种切割机床，其功能是将烟草切割成一定宽度的烟丝，供后续烟支卷制采用。切丝机的刀辊由异步伺服电机驱动，输送链由带有减速器的同步伺服电机（简称减速电机）驱动，烟丝宽度由刀辊与输送链的速比决定。因电机启动、制动耗时及刀辊惯量较大，易引起的刀辊与输送链速比不匹配，从而造成烟丝宽度不均匀，为了避免这种问题，在切丝机减速机构和输送链机构之间设置了可实时控制的气动机械式离合器（图 6-10）。这样，即可在切丝机启动后，离合器分离，输送链轮 2 与减速电机 3 处于脱开状态，刀辊电机和输送链电机同时启动，输送链静止不送料；待刀辊电机和减速电机达到指定转速并能协调运转时，

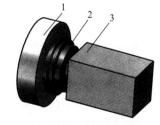

图 6-10　气动机械式离合器结构示意图
1—气缸；2—输送链轮；3—减速电机

离合器啮合，输送链轮 2 立即与减速电机连接，输送链运动并向前送料；在切丝机处于在线待料或停止状态时，离合器分离，输送链机构立即与减速电机分离，从而较好地解决了上述问题。

（2）气动系统原理

气动离合器系统元件连接原理如图 6-11 所示。气缸 7 为系统的执行元件，用于驱动离合器的啮合与分开；系统的压缩空气气源（压力为 0.7MPa，流量为 $0.5m^3/min$）由烟厂集中供气系统供给；系统压力由减压阀 2 设定；带消声器 3 的二位三通常开型电磁阀 4 用于控制气缸换向，其通断电状态由切丝机数控系统进行控制；单向节流阀 5 用于气缸调速，上述气动元件均为进口产品。

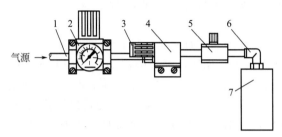

图 6-11 气动离合器系统元件连接原理图

1—管道；2—减压阀；3—消声器；4—二位三通常开型电磁阀；5—单向节流阀；6—L 型管接头；7—气缸

由图 6-12 可知，当气动系统的二位三通电磁阀通电时，压缩空气经气管 9 进入气缸，气缸体 10 向右运动，驱动啮合盘 16 向右滑动与输送链轮 13 啮合，输送链即随减速电机 14 转动；二位三通电磁阀断电时，压缩空气截止，装在啮合盘上的复位弹簧 17 的弹力驱动啮合盘与输送链轮分离，气缸体向左复位，气缸内余气经换向阀上的消声器排向大气。

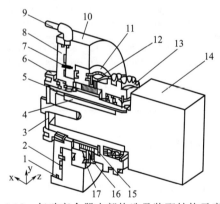

图 6-12 气动离合器内部构造及装配结构示意图

1—密封圈；2—减震垫；3—轴端挡块；4—键；5—花键轴；6—调整螺母；7—减震弹簧；8—活塞；
9—气管；10—气缸体；11—球轴承；12—防尘盖；13—输送链轮；14—减速电机；
15—平面轴承；16—啮合盘；17—复位弹簧

（3）系统技术特点

① 在制丝线的切丝机上安装自行设计制造（国内外现有产品货源尚不能满足机器的工作条件）的气动机械式离合器，可解决因切丝机启动或停止，刀辊与输送链的速比不匹配造成烟丝宽度不均匀的问题，周期短，费用低。

② 气动系统结构组成较为简单，成本不高；系统采用厂区集中供气，避免了单独设置气源，经济实用。

6.2.5　盘类陶瓷产品成型干燥生产线气动系统

（1）主机功能结构

盘类陶瓷产品成型干燥生产线是在消化吸收英国相关生产线的基础上，经国产化的一条盘类产品生产线，如图 6-13 所示。该线由切泥机 1、旋饼送料机 2、滚压成型机 3 和干燥机（一次干燥箱 4、二次干燥箱 5）等 4 个单机组成（整条线设备外形尺寸为 15.97m×3.47m×3.21m；占地 45m²）。其中干燥机分为一次带模步进式快速干燥箱和二次脱模单向架空式吊篮干燥箱两部分。各单机既可一起组合生产线，也可单独使用，具有较好的灵活性和组合性。该生产线共有 8 台传动电机、2 个真空泵、8 台风机、6 个电器箱及附件。该线生产产品为 9～12in 重盘坯；生产能力为 8～16 件/min；泥料含水率为 21%～22%；泥料直径为 90～200mm；最大切泥厚度为 35mm。一次干燥温度为 45～70℃，一次干燥时间为 7.5～16min，一次干燥承模圈数为 156 个，一次干燥石膏模数为 160 个；二次干燥温度为 70～90℃，二次干燥时间为 31～38min，二次干燥吊篮数为 84 个。

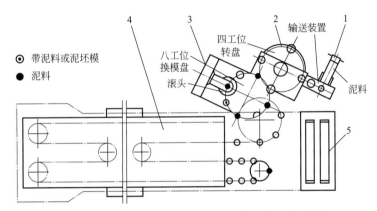

图 6-13　盘类陶瓷产品成型干燥生产线结构配置示意图
1—切泥机；2—旋饼送料机；3—滚压成型机；4——次干燥箱；5—二次干燥箱

（2）气动系统原理

生产线气动控制系统由泥料供料机气动系统、成型机气动系统和烘箱气动系统 3 部分组成，其功能是接收电气控制信号，将控制电信号经气-电转换装置转换及放大装置放大后，变成末端执行机构的力或力矩的形式输出，从而完成一定功能的动作。

① 泥料供料机气动系统和成型机气动系统。系统的气源为空气压缩机，它输出的压缩空气，经气源处理装置过滤、调压和雾化后供给系统。系统的执行元件是气缸，其运动位置和状态由电磁气动换向阀控制和决定。

② 烘箱气动系统。系统的执行元件是气缸，它用于推动热风喷头箱架的升降，其运动方向通过手动阀操控，手动阀出气口上设有排气节流截止阀，通过调节排气流量可调节气缸的下行速度。

烘箱热风喷头和盘坯之间的距离是可以调整的，当两者之间距离需要调大时，只要操纵手柄，缓缓向烘箱内的气缸底部充气，气缸便推动热风喷头箱架缓慢上升，当达到需要值时，放开手柄（即停止充气），气缸活塞和箱架就不再上升，此时再将各气缸活塞杆头上的高度调节螺母调到适当位置上，热风喷头和盘坯之间的距离就保持不变。反之，当两者之间距离需要调小时，先将各气缸活塞杆头上的高度调节螺母松开，再将手动阀出气口上的排气节流截止阀轻轻拧松，气缸底部的气体就通过排气口缓慢排出，气缸活塞带动热风头箱架缓慢下降，当两者之间的距离达到所需值时，立即把排气节流阀关死，气缸活塞和箱架即停止下降，热风头也就保持不动，此时，再将活塞杆头上的高度调节螺母调到适当的位置上，完成调节过程。

（3）系统技术特点

① 本盘类生产线具有结构紧凑、小巧灵活、组合性好、稳定可靠、维修方便、调试容易、干燥快速、能耗低、产品质量好、生产效率高等特点。

② 表 6-4 所示为盘类陶瓷产品成型干燥生产线气动系统主要技术参数，它具有以下几方面的优势：首先，气动系统排气量和气源处理装置的容量较大，一方面可在相同的工作条件下，减少空压机的启动次数及降低环境噪声；另一方面可减少气压损失，增大气体的流量，有利于提高生产效率，并延长组成元件的使用寿命和维修更换的周期。其次，压缩空气过滤精度较高，有利于避免生产线环境中较多的尘埃侵入系统而加大气动元件的故障率，使元件因磨损而过早报废。最后，加大两只真空泵的抽气速率，可在同样的工作条件下提高泥饼吸盘对泥饼和主轴托盘对石膏模的吸力及可靠性。

表 6-4　盘类陶瓷产品成型干燥生产线气动系统主要技术参数

序号	参数名称	数值	单位
1	空气压力	0.4～0.45	MPa
2	耗气量	0.18	m^3/min
3	气源排气量	0.60	m^3/min
4	压缩空气过滤精度	25～40	μm
5	真空泵抽气速率	A：4，B：8	
6	气缸输出力	各气缸输出力是在工作压力一定的条件下,通过选用不同气缸缸径的方法来达到	N
7	气缸速度	某些有速度要求的气缸在流量一定条件下,通过节流元件的调节来满足	mm/s

6.2.6　盘类瓷器磨底机气动系统

（1）主机功能结构

该磨底机是以砂带作为工具对盘类瓷器的底部进行磨削加工，实现盘类瓷器产品底部平整的一种专用机械，该机采用气动技术。盘类瓷器磨底机结构如图 6-14 所示，该磨底机工作时，针对瓷器工件的不同高度，通过旋转手轮 1 调整砂带 5 至合适高度；启动电机（Y90L-2-B5 型，功率 2.2kW、转速 $n=2840r/min$），驱动轮 6 带动砂带旋转。运瓷气缸 2 的活塞杆未伸出时，活塞杆端部连接的瓷器托盘 4 处于初始位置，将瓷器底部向上放入托盘，对射传感器 3 感应到瓷器存在时，向运瓷气缸发信，运瓷气缸通过活塞杆把托盘连同瓷器工件一起推到运转的砂带下，运瓷气缸到位后，感应器向压带气缸 7 发信，压带气缸推动压磨板下降把砂带顶下，对瓷器进行磨削（时间可在 0.5～5s 内任意设定）；磨削结束后压带气缸动作，压磨板缩回，压带气缸感应器发信，运瓷气缸动作，活塞杆缩回，把放有瓷器的托盘拉回到初始位置，再把下一个瓷器放入瓷器托盘，重复以上过程，循环进行。

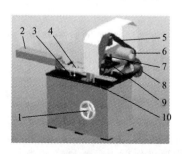

图 6-14　盘类瓷器磨底机结构示意图
1—旋转手轮；2—运瓷气缸；3—对射传感器；4—瓷器托盘；5—砂带；6—驱动轮；7—压带气缸；8—排尘装置；9—压磨板；10—升降体

（2）气动系统原理

盘类瓷器磨底机气动系统原理如图 6-15 所示，系统主要功能是实现瓷器工件的进出及压磨板动作。系统的执行元件是运瓷气缸 1 和压带气缸 2，其运动方向分别由二位五通电磁换向阀 3（排气口带有消声器 14 和 15）和 4（排气口带有消声器 16 和 17）控制，缸 1 和缸 2 采用单向节流阀 5、6 和 7、8 进行双向节流调速，系统的压缩空气由气源 9 提供。阀 3 和阀 4 的电磁铁 1YA 和 2YA 的通断电信号源主要来自缸 1 和缸 2 端点布置的电磁感应器 a、b 和 c、d。系统的动作状态如表 6-5 所示。

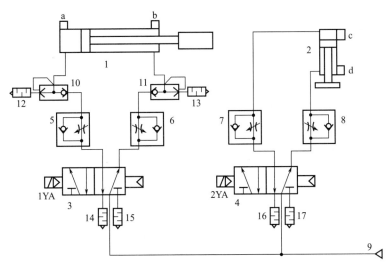

图 6-15　盘类瓷器磨底机气动系统原理图

1—运瓷气缸；2—压带气缸；3,4—二位五通电磁换向阀；5～8—单向节流阀；
9—气源；10,11—快速排气阀；12～17—消声器

表 6-5　磨底机气动系统动作状态表

工况		运瓷气缸 1	压带气缸 2
		电磁阀 3	电磁阀 4
序号	动作	1YA	2YA
1	运瓷气缸伸出	+	−
2	压带气缸动作	+	+
3	压带气缸缩回	+	−
4	运瓷气缸缩回	−	−

注：＋为通电，－为断电。

系统工作过程为：电磁铁 1YA、2YA 均断电时，两气缸均处于回缩状态。当 1YA 通电使换向阀 3 切换至左位时，气源 9 的压缩空气经阀 3、阀 5 中的单向阀和快排阀 10 进入运瓷气缸 1 的无杆腔（有杆腔经快排阀 11 和消声器 13 排气），活塞杆伸出；伸到极限位置时，感应器 b 发信，电磁铁 2YA 通电使换向阀 4 切换至左位，压缩空气经阀 4 和阀 7 的单向阀进入压带气缸 2 的无杆腔（有杆腔经阀 8 的节流阀和阀 4 排气），缸 2 的活塞杆伸出，瓷器被磨削（磨削时间可设定）；磨削后 2YA 断电使换向阀 4 复至图示右位，压带气缸的活塞杆回缩，回缩到位后，感应器 c 发信号，1YA 断电使换向阀 3 复至图示右位，运瓷气缸活塞杆回缩。然后重复此过程。

（3）系统技术特点

① 磨底机的主运动（砂带旋转磨削）采用电动机驱动，工件进出与按压采用气压传动。

② 采用快速排气阀的气缸推动瓷器托盘进出磨削工位，迅速可靠；压带气缸代替人工压按瓷器，避免了操作工伤手事故，改善了加工精度，提高了生产效率。

③ 气动系统采用单向节流阀对气缸进行双向排气节流调速，有利于提高动作的平稳性。

6.2.7 布鞋鞋帮收口机气动系统

（1）主机功能结构

布鞋的生产流程为：针车车间加工鞋帮—收口成型车间成型—鞋底车间上底。其中收口成型包括拉线收口和穿线打结两步动作。拉线收口是拉紧鞋帮口锁边线的两端，使鞋帮口与鞋楦紧密结合的工艺过程；穿线打结是通过双手的钩布、绕线的动作配合打结固定已被拉紧的锁边线，使鞋帮在搬运、注塑上底过程中不会出现松动，很好地固定在鞋楦上。可见收口成型是布鞋的制作过程中一个关键工序。布鞋鞋帮收口机就是按上述工艺对鞋帮进行收口加工的一种机械设备，图 6-16 所示为布鞋鞋帮收口机整机结构示意图，机架 1 用于安装收口机各机构和鞋楦定位，拉线机构 2 用于鞋帮锁边线两端的拉紧，穿线机构 5、定位机构 6 和直针机构 8 共同完成鞋帮锁边线的打结动作，托帮机构 7 用来托顶鞋帮面以提高收口质量。该机采用了气压传动和 PLC 控制。

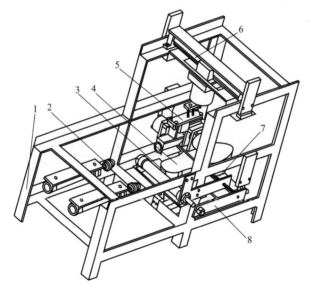

图 6-16　布鞋鞋帮收口机整机结构示意图

1—机架；2—拉线机构；3—鞋帮；4—鞋楦；5—穿线机构；6—定位机构；7—托帮机构；8—直针机构

收口机的工作原理及过程如下：收口动作开始前，将鞋帮套在鞋楦上，再将鞋楦固定在机架上的鞋楦滑槽内。鞋帮锁边线的两端分别缠绕于拉线机构气缸活塞杆顶端的夹线片中间，此时使托帮机构的曲面上升，托起鞋帮紧贴到鞋楦的侧面上，其他机构都保持在初始位置。

收口动作开始时，拉线气缸缩回，将锁边线拉紧到一定程度，鞋帮口紧贴于鞋楦面。通过比例调压阀调压使拉线机构系统压力减小，拉线气缸在锁边线的带动下运动并且保持一定的背压，为进行穿线动作做准备。

在穿线机构上部旋转下降气缸的带动下，使其下部的穿线部分下降到一定高度后旋转90°，锁边线进入穿线机构的预定位置。然后，穿线机构上两顶紧鞋帮的气缸同时动作，穿线机构底部顶紧鞋帮内侧，定位机构气缸使穿线机构定位在工作位置。紧接着，摆动气缸摆动旋转，线鼻钩针由初始位置旋转，钩到锁边线，继续旋转穿透鞋帮，最终在两侧形成两个线鼻。此后，直钩针向内运动，经过设置在穿线部分上的导向孔，进入一侧线鼻内，继续运动，钩到另一侧的线鼻后，锁边线进入直针的挂钩，直钩针向外运动，使得锁边线穿过线鼻，达到最终的锁边线打结固定的目的。

（2）气动系统原理

① 拉线机构气动系统。拉紧锁边线使鞋帮口紧贴于鞋楦上的拉线过程对于布鞋能否成为合格品尤其重要，其气压传动的拉线机构如图 6-17 所示。在并联的双气缸 6 活塞杆顶端安装拉线夹紧机构 1，其上有间距可调的两个夹线片，将锁边线缠绕在夹线片中间并夹紧。紧固螺母与夹线片之间设置压紧弹簧，这样可以调节夹紧片对锁边线的夹紧力（160～180N），装拆锁边线均快捷方便，还能有效地提高锁边线的拉紧效果。

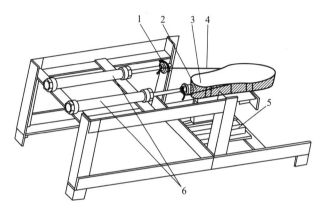

图 6-17　布鞋鞋帮收口机拉线机构示意图

1—拉线夹紧机构；2—鞋帮；3—鞋楦；4—锁边线；5—鞋楦滑槽；6—双气缸

拉线机构气动系统原理如图 6-18 所示。系统的执行元件是带动拉线机构的两个并联气缸 1-1 和 1-2，每个气缸拉紧锁边线的一端。气缸的运动方向由二位五通双电控电磁换向阀 4 控制（排气口的消声器 5 和 6 用于降低排气噪声），单向节流阀 2 和 3 用于双缸的排气节流调速。在气缸 1 相连的压缩空气进气路上设置电-气比例减压阀 7，可通过 PLC 控制满足系统在收口拉紧和穿线固定两个动作过程对气压自动变化的需求。

在拉线动作开始前，电磁铁 2YA 通电使换向阀 4 切换至图示右位，从阀 7 排出的压缩空气经阀 4 和阀 2 中的单向阀进入气缸 1 的无杆腔（有杆腔经阀 3 中的节流阀和阀 4 及消声器 6 排气），两气缸活塞杆外伸。将锁边线缠绕于拉线夹紧机构两夹线片之间，并夹紧线头。开始拉线时，换向阀左侧带电，电磁铁 1YA 通电使换向阀 4 切换至左位，压缩空气经阀 4 和阀 3 中的单向阀进入气缸 1 的有杆腔（无杆腔经阀 3 中的节流阀、阀 4 和消声器 5 排气），气缸的活塞杆收回，在气压驱动下拉紧锁边线，直到气缸停止运动，完成锁边线的收口拉紧动作。当拉紧完成后，电-气比例减压阀 7 自动将进气压力调低，这样使拉线气缸可以在锁边线的拉动下保持一定的背压，为穿线机构动作做准备。

按拉进力 $F=170N$、气缸杆径比 $d/D=0.35$，气压 $p=0.5MPa$，参考计算得到拉线气缸缸径 $D=22.211mm$，取气缸缸径 $D=25mm$，在工作气压 $p\approx0.42MPa$ 时，收口效果最好。

② 穿线机构气动系统。穿线机构用于把拉紧的线加以打结固定，以免已完成收口、紧贴于鞋楦的鞋帮在搬运、注塑上底过程中不断受外力作用而出现松动，从而影响布鞋成品的质量。穿线机构由导向块 1、线鼻钩针 2、摆动气缸 4、旋转下降气缸 5、顶出气缸 6 和容线块 7 等组成，如图 6-19 所示。

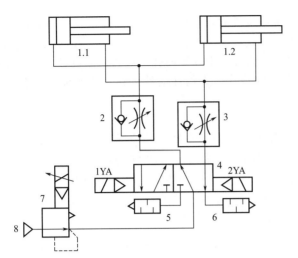

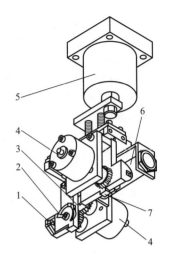

图 6-18　拉线机构气动系统原理图

1—气缸；2,3—单向节流阀；4—二位五通电磁换向阀；
5,6—消声器；7—电-气比例减压阀；8—气源

图 6-19　穿线机构结构原理图

1—导向块；2—线鼻钩针；3—齿轮；4—摆动气缸；
5—旋转下降气缸；6—顶出气缸；7—容线块

穿线动作开始时，旋转下降气缸 5 外伸下行，当下降到一定高度后，锁边线位于容线块中间，之后上部气缸旋转 90°，锁边线进入容线块 7（容线块上有能容纳锁边线的容线槽）。接下来该机构中两并联驱动的顶出气缸 6 通过电磁阀控制伸出，穿线机构底部顶紧鞋帮内侧。

摆动气缸 4 在其电磁阀通电时旋转，并通过齿轮 3 将动力传递给线鼻钩针。由于线鼻钩针上加工可以在正向旋转时挂到锁边线、反向旋转将线脱离的挂钩，故钩针正向运动过程中在容线槽处挂到锁边线，扎穿相应侧鞋帮形成穿孔，之后带动线鼻钩针旋转完成穿线动作，在两侧形成两个线鼻。导向块 1 的导向孔可以引导外部的直钩针进入工作区域，顺利穿过直钩针所在一侧的线鼻，并且与另一侧线鼻钩针形成的线鼻子配合，通过回拉来完成穿线固定动作。

线鼻钩针进行钩线穿帮的负载扭矩为 1.50～1.65N·m，因图 6-19 中的摆动气缸需要提供的动力为 1.65～1.82N·m，故采用结构紧凑的单叶片摆动气缸（摆动气马达）。按扭矩 $M = 1.7$N·m，杆径比 $d/D = 0.27$，工作压力 $p = 0.6$MPa，叶片宽度 $b = 30$mm，负载率 $\eta = 0.9$，计算得到的摆动气缸的缸径 $D = 30.0448$mm，圆整后取 30mm 缸径的气缸，其活塞杆直径为 8mm。该摆动气缸在 0.6MPa 的气压下提供的扭矩为 1.69N·m，可满足使用要求。

(3) 系统技术特点

① 布鞋鞋帮收口机采用气压传动和通过 PLC 控制，较好地实现了布鞋鞋帮收口、穿线过程的自动化生产，缩短了收口穿线的人工劳动过程，生产成本低，劳动强度轻。

② 气动工作介质不会污染环境和产品，绿色生产；PLC 控制易于调试和工艺变更，可靠性高，整机结构紧凑，占地面积小。

③ 气动系统采用电-气比例控制，容易根据工况要求实现压缩空气压力的无级调节。气缸采用双向排气节流，有利于提高执行机构的工作平稳性。

6.2.8　晴雨伞试验机气动系统

(1) 主机功能结构

晴雨伞作为销量颇大的日用消费品和时尚休闲用品，已进入大规模工业化生产阶段。为了保证产品的质量、信誉和销售，其产品检验十分重要。晴雨伞试验机是一种产品质量生产检验设备，图 6-20 所示为晴雨伞试验机结构原理图，通过开伞气缸和撑伞气缸驱动，连续

模拟自动开伞和自动撑伞动作，完成晴雨伞无故障连续开关次数实验。其工作原理为：当按下启动按钮时，撑伞气缸动作，活塞杆缩回合伞实现一个工作循环；当完全缩回到位时，压下磁性开关 B1，开伞气缸动作，活塞杆伸出压下开伞按钮，延时 1s 后，撑伞气缸活塞杆伸出撑开雨伞，同时开伞气缸缩回复位，以等待下一次试验。两气缸的动作流程为：撑伞气缸缩回→开伞气缸伸出→撑伞气缸伸出→开伞气缸缩回。

（2）气动系统原理

晴雨伞试验机气动系统原理如图 6-21 所示。气源 1 经过滤减压二联件 2 向系统提供洁净及符合压力要求的压缩空气。系统的执行元件就是撑伞气缸 7 和开伞气缸 8，其运动方向分别由二位五通电磁换向阀 3 和 4 控制，伸出速度分别由单向节流阀 5 和 6 排气节流调节。系统可通过 1

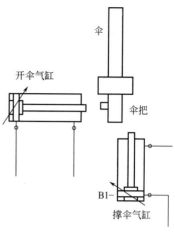

图 6-20　晴雨伞试验机结构原理图

个磁性开关 B1 控制电磁阀的换向，从而控制 2 个气缸按要求的顺序来动作；该气动系统可通过时间继电器控制电磁阀的换向时间。整个动作过程通过 PLC 电控系统控制。

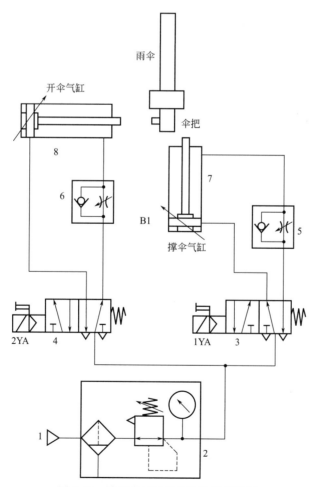

图 6-21　晴雨伞试验机气动系统原理图

1—气源；2—过滤减压二联件；3,4—二位五通电磁换向阀；5,6—单向节流阀；7—撑伞气缸；8—开伞气缸

　　雨伞试验机气动系统的工作过程为：按下启动按钮，电磁铁 1YA 通电使换向阀 3 切换至左位，压缩空气经阀 3 和阀 5 的单向阀进入撑伞气缸 7 的有杆腔（无杆腔经阀 3 排气），缸 7 缩回；经过磁性开关 B1 发信，电磁铁 2YA 通电使换向阀 4 切换至左位，压缩空气经阀 4 进入开伞气缸 8 的无杆腔（有杆腔经阀 6 的节流阀和阀 4 排气），开伞气缸 8 伸出；延时 1s 后，电磁铁 1YA 断电复至图示右位，压缩空气经阀 3 进入撑伞气缸 7 的无杆腔（有杆腔经阀 5 的节流阀和阀 3 排气），撑伞气缸 7 伸出，同时，2YA 断电使阀 4 复至图示右位，压缩空气经阀 4 和阀 6 中的单向阀进入开伞气缸 8 的有杆腔（无杆腔经阀 4 排气），开伞气缸 8 缩回复位，完成一次开伞试验。

（3）PLC 控制系统

　　图 6-22 所示为晴雨伞试验机电控原理图。常态下撑伞气缸伸出，开伞气缸缩回。当按下启动按钮 SB1 后，继电器 KZ 通电→电磁铁 1YA 通电（撑伞气缸缩回）；当撑伞气缸活塞完全缩回时，磁性开关 B1 接通→电磁铁 2YA 通电（开伞气缸伸出），同时时间继电器 KT 通电→延时 1s 后，电磁铁 1YA 断电（撑伞气缸伸出）→磁性开关 B1 断开，电磁铁 2YA 断电（开伞气缸缩回）。PLC I/O 地址分配如表 6-6 所示，图 6-23 所示为 PLC 硬件接线图，PLC 控制程序如图 6-24 所示。

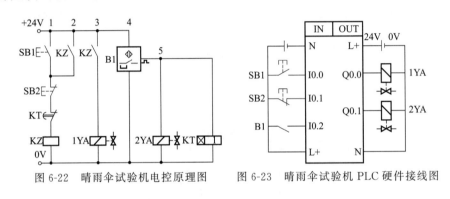

图 6-22　晴雨伞试验机电控原理图　　　图 6-23　晴雨伞试验机 PLC 硬件接线图

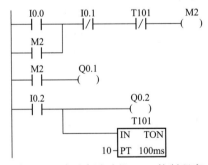

图 6-24　晴雨伞试验机 PLC 控制程序

表 6-6　PLC I/O 地址分配表

序号	输入信号		输出信号	
	功能	地址代号	功能	地址代号
1	启动按钮 SB1	I0.0	电磁铁 1YA（撑伞气缸缩回）	Q0.0
2	停止按钮 SB2	I0.1	电磁阀 2YA（开伞气缸伸出）	Q0.1
3	磁性开关 B1（撑伞气缸缩回限位）	I0.2		
4	叼口印版到位传感器 S3	Q0.2		

（4）系统技术特点

① 晴雨伞试验机采用气动系统和 PLC 控制，实现了自动开伞和撑伞动作，提高了大批量产品的生产检验自动化程度和效率；结构简单，成本低。

② 气动系统气路结构简单；气缸采用排气节流调速，有利于提高气缸运行平稳性。

6.2.9　点火器自动传送气动系统

（1）主机功能结构

该自动传送系统用于图 6-25 所示点火器的表面自动印刷（图文印刷在柱状塑料端部）和自动摆放，上料和传送过程不得出现零件表面的刮伤和磨损。该自动传送系统包括上料、传送和摆料等机构，其结构布局原理如图 6-26 所示。其中上料机构完成点火器的自动定向、排序，将其输送至步进式传送机构。点火器在轨道内不断换位，在清洁工位时，清洁机构清洁点火器的待印表面；在印刷工位时完成表面图文印刷。传送机构上有一组限料装置保证点火器的步进传送，两组定位气缸对点火器在清洁工位和印刷工位时进行定位夹紧。完成表面印刷的点火器到落料位时，在摆料机构的配合下完成定点摆放，实现整个过程的全自动化。

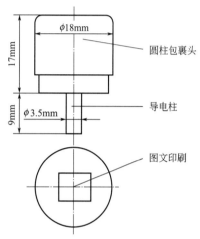

图 6-25　点火器的结构尺寸简图

① 系统的上料机构采用在电动机驱动的旋转盘外圆周镶嵌柱状磁铁的吸力方式进行上料。摆料机构由两台步进电机通过滚珠丝杠分别驱动纵向工作装置和横向工作装置，实现点火器的定点摆放。

② 气动传送机构主要由阻料装置、定位气缸和传送装置组成，如图 6-27 所示。阻料装置包含阻料气缸和限料气缸，它与清洁定位气缸、印刷定位气缸一起安装于行走导轨上，实现对点火器的步进控制和工作时清洁和印刷的定位夹紧，行走导轨可以保证点火器在上面滑行。滑板与纵向导轨滑块相连，并与纵向气缸的导杆连接，可在纵向导轨上移动，纵向导轨与底板及点火器的行走导轨为一个固定整体。传送板则通过升降气缸安装在滑板上，可在气缸作用下升降。因此，传送板在纵向气缸和升降气缸的作用下可以做纵向和升降运动，传送板上安装有数个磁铁柱，其间距与纵向气缸的行程相等。工作时，传送板在纵向气缸作用下左行至接料位，升降气缸上升，传送板上左端第一个磁铁柱与点火器金属尾部吸附。阻料气缸上升，限料气缸下降，这时，后面的点火器被顶住限行。传送板与吸附的点火器右行一个行程，升降气缸下降，这时，点火器被行走导轨限制，脱离与传送板的吸附（此时阻料气缸下降，限料气缸上升，机构又前进一个点火器）。不断重复上述的动作，可使点火器在行走导轨上步进移动。

当点火器步进行至清洁位时，由清洁定位气缸夹紧，清洁机构下行对其表面进行清洁。步进行至印刷位时，被印刷定位气缸夹紧，移印机胶印头下行完成印刷。行至出料口时，落入专用盛料盘的定位孔中。为提高效率，系统的程序可以设计为传送两个以上点火器进行一次清洁和印刷。

机构用两个短行程气缸控制点火器与传送板上磁铁的吸附与脱离，纵向气缸的行程与传送步距相同，点火器在行走导轨上是步进传送，与清洁机构和印刷机构的协同配合非常方便，而采用磁铁吸力控制又与上料方式的设计构成了一个整体。相比于其他方式的传送，所设计的传送机构结构更合理、更紧凑，能与其他机构协同动作，调整也比较方便、容易。此外，为保证点火器不被划伤，行走导轨要进行相应的表面处理来达到保护目的。

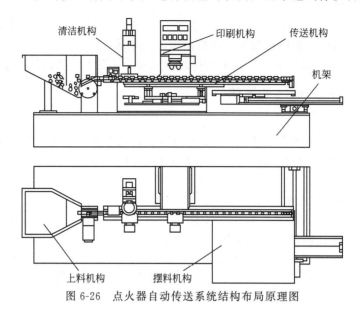

图 6-26　点火器自动传送系统结构布局原理图

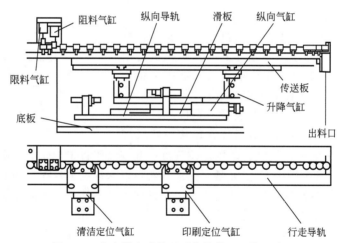

图 6-27　点火器自动传送系统的传送机构示意图

（2）气动系统原理

气动系统的主要功能有 3 个：一是限料和阻料，保证点火器的步进移动；二是清洁工位和印刷工位的夹紧定位，保证对点火器的表面处理和印刷；三是传送机构的纵向和升降移动，保证点火器的步进传送。点火器自动传送气动系统原理如图 6-28 所示，系统的气源为空压机 24，二位二通开关阀 23 为气源开关，气动二联件 22 用于气源压缩空气的净化和减压定压。系统的执行元件有限料气缸 1、阻料气缸 2、清洁定位气缸 3、印刷定位气缸 4、纵向气缸 5 和升降气缸 6（2 个）6 组，其中限料气缸 1 和阻料气缸 2 的无杆腔和有杆腔对调气路并联；送料机构的两个升降气缸 6 的气路并联以保证同步，各组气缸通过活塞杆运动带动相应的机械部件。气缸 1 及 2、3～5 和 6 的运动方向依次分别由二位五通电磁换向阀 17～21 控制，其运动速度依次分别由单向节流阀 7～16 双向排气节流调节，所有气缸的运动及先后顺序均通过 PLC 进行控制。

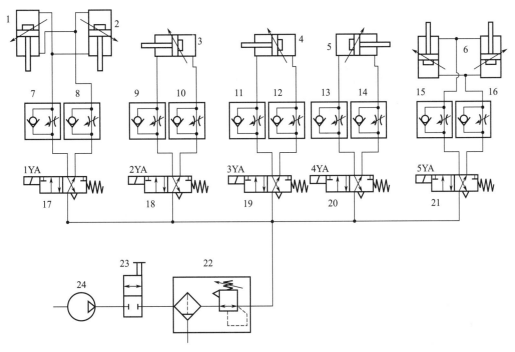

图 6-28　点火器自动传送气动系统原理图

1—限料气缸；2—阻料气缸；3—清洁定位气缸；4—印刷定位气缸；5—纵向气缸；6—升降气缸；7～16—单向
节流阀；17～21—二位五通电磁换向阀；22—气动二联件；23—二位二通开关阀；24—空压机

(3) PLC 电控系统

　　气动系统由 PLC、感应开关、执行继电器、开关按钮及供电电源等硬件组成的电控系统（图 6-29）进行控制，其核心为 PLC。PLC 控制系统有手动调整和自动控制两种模式。手动调整时，PLC 接收到控制板上的开关按钮信号，按程序控制输出，通过执行继电器控制气路系统，最终对机械执行机构实现控制；自动控制时，由感应开关输入信号，PLC 执行自动程序，按照程序进行自动印刷。点火器自动传送气动系统位移-步序如图 6-30 所示，结合图 6-28 容易了解气动系统在各工况气缸的状态及气流路线。

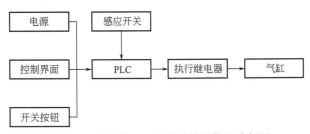

图 6-29　点火器 PLC 电控系统硬件组成框图

(4) 系统技术特点

　　① 点火器自动传送系统采用磁铁吸力、气压传动和 PLC 控制技术，其传送系统与清洁机构及印刷机配合工作，实现了点火器表面印刷中的自动上料、步进传送、印前表面处理、自动印刷、自动摆放等功能，劳动强度和生产成本低，提高了印刷效率和质量。

　　② 气动系统采用单向节流阀对气缸进行双向排气节流调速，有利于提高气缸及其驱动的工作机构的平稳性。

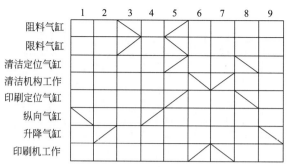

图 6-30　点火器自动传送气动系统位移-步序图

注：横坐标为动作步骤；/表示气缸伸出；\ 表示气缸缩回。

6.2.10　纸张专用冲孔机气动系统

（1）主机功能结构

纸张气动冲孔机是一种采用气压传动对纸张进行自动冲孔、卸料和收集加工的专用机械，如图 6-31 所示。该机主要由机架、冲孔模具和卸料机构等组成，气缸、冲孔模具和卸料机构固定于机架上。冲孔模具包括固定于机架的上模座 3、凹模座 10，安装在上模座的冲头 4、压板 5、弹性元件（硬质聚氯乙烯块）6、导套 7，安装于凹模座上的凹模 9、导柱 8 等。气缸 1 的活塞杆下端通过螺纹连接上模座，在压缩空气作用下，活塞杆带动固定于上模座的冲头完成冲裁动作。卸料机构主要由安装在机架上的气压喷嘴 11、导向槽 12 和储料滑槽 13 组成，通过高压气流将纸张吹离模具。

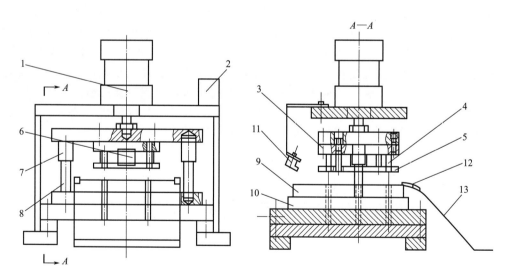

图 6-31　纸张专用冲孔机结构图

1—气缸；2—双延时继电器；3—上模座；4—冲头；5—压板；6—弹性元件；7—导套；
8—导柱；9—凹模；10—凹模座；11—喷嘴；12—导向槽；13—储料滑槽

冲孔机工作时，气缸 1 的活塞杆带动与之相连的上模座、压板及冲头向下运动。压板首先与纸品接触，冲头继续下行，弹性元件（硬质聚氯乙烯块）开始压缩变形，产生弹力，使压板压紧纸张，冲头在压板的引导下冲过纸品，进入凹模，完成冲孔，并将冲裁下的废料通过凹模和凹模座的脱料通孔与纸品分离。接下来，在活塞杆上行中，由于压板与弹性元件组成的退料器阻挡，冲头与纸品分离，弹性元件形变减小，直至完全恢复原状，压板在上模座带动下与物料分离，上行至初始位置，完成一次冲孔过程。

卸料装置通过双延时继电器 2 控制气缸 1 的活塞杆和气压喷嘴 11 连续动作，固定于机架的喷嘴与储料滑槽 13 平行放置（图 6-31 中 A—A）。当冲孔完成后，依靠喷嘴射出的高压气流将冲孔后的纸张吹离凹模上表面，经导向槽 12 滑入储料滑槽，最终被收集。

该机可加工的纸张厚度为 0.1～0.5mm，最大纸张宽度为 250mm，冲孔孔径为 10mm，机器工作频率为 120 次/min。

（2）气动系统原理

由上文可知，纸制品专用气动冲孔机工作时主要有气缸带动冲头冲孔，以及在冲头与物料分离后采用喷嘴喷射高压气流卸料两个动作。为了简化气路结构，减少所需气动控制元件数量并降低成本，气动系统采用双延时时间继电器作为系统的信号源实现以上两个动作的自动连续控制。双延时时间继电器是一种混合式电子器件，它包含两个延时元件，能依次发出两个延时信号，在连续两个延时的程序控制中使用，可以起到两台单延时继电器的作用，具有工作稳定、精度高、延时范围宽、体积小、功耗低、安装方便等特点，如图 6-32 所示。

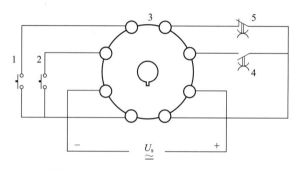

图 6-32　双延时时间继电器电路原理图
1—暂停按钮；2—复位按钮；3—继电器；4—第一延时元件开关；5—第二延时元件开关

当冲孔机开始工作时，接通电源，双延时继电器中的第一延时元件开始延时，控制图 6-33 所示气动系统中电磁铁 1YA 通电，使二位三通电磁换向阀 4 切换至下位，气源（空压机）1 排出的压缩空气经过滤器 2 及阀 4 进入气缸 7 无杆腔，利用活塞两腔压力差推动活塞杆向下运动完成冲孔。冲孔后，当第一延时元件达到设定值时，延时开关反转，电磁铁 1YA 断电使换向阀复至图示上位，压缩空气进入气缸 7 有杆腔，活塞杆带动冲头快速返回。同时触发第二延时元件使电磁铁 2YA 通电，二位二通电磁换向阀 5 切换至左位，高压气流经换向阀 5 和喷嘴 6 喷出，执行卸料动作。第二延时元件达到设定值后，触发复位，第一延时元件重新开始延时。机器完成一个工作循环。

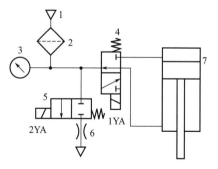

图 6-33　纸张专用冲孔机气动系统原理图
1—气源（空压机）；2—过滤器；3—压力表；4—二位三通电磁换向阀；5—二位二通电磁换向阀；6—喷嘴；7—气缸

该系统气缸输出推力 $F=300$N，在工作压力 $p=0.5$MPa 时，缸径理论值为 $D \geqslant 27.6$mm。实际使用缸径 $D=40$mm。气缸行程标准值为 $L=50$mm。

（3）系统技术特点

① 该冲孔机采用气压传动，结构简单，工作可靠，冲孔精度和质量较高；可有效防止带料现象（指纸张因柔性在摩擦力作用下被冲头带动一起向上运动，不能自动与冲头脱离，

形成废料的现象）的发生；通过装载冲头还可实现两排、每排 3 孔同时冲孔作业，加工出的孔切口光滑，没有毛边。

② 采用双延时继电器自动控制电磁换向阀通断电及冲孔和卸料过程，一次冲孔及卸料时间大约 0.5s，大大提高了生产效率。

6.3　包装与物流机械气动系统

6.3.1　杯装奶茶装箱专用气动机械手系统

（1）主机功能结构

杯装奶茶装箱专用机械手用于杯装奶茶生产线的最后一道工序-杯子装箱。该机械手采

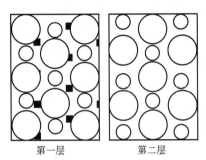

图 6-34　箱中每层奶茶杯排列的俯视图

用气动技术和 PLC 控制。气动机械手能够将每层 15 杯奶茶（口大底小的圆锥体容器）通过其末端执行机构的真空吸盘将其吸附后再通过横向和纵向气缸驱动放置到箱子中，机械手连续动作 2 次完成一个整箱的装箱过程。装箱时奶茶杯口朝上和朝下相互间隔，上下层间要同口径地相对，即口对口、底对底，以最大限度地利用箱子空间，提高运输中的抗挤压能力。2 层共 30 杯，箱中每层奶茶杯排列的俯视图如图 6-34 所示。

茶杯的杯口和底部口径分别为 9cm 和 6cm，高度为 12cm。在气动机械手的真空吸盘吸附之前，奶茶流水线相应机构已将奶茶杯分为 3 列，每列 5 杯，但 3 列总宽度为 9×3＝27（cm），而包装箱有效宽度仅 24cm，故机械手在吸附 3 列奶茶杯后能自动合拢，使 3 列奶茶杯宽度由 27cm 变为 24cm，以便机械手可以将其放入包装箱内，充分利用包装箱内的空间。从图 6-35 所示 3 列奶茶杯间距在机械手吸附前后对比可以看出，3 列奶茶杯由原先最大的空间间隔 27cm 变为 24cm，满足装箱要求。

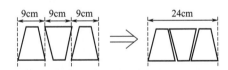

图 6-35　奶茶杯间距在机械手吸附前后变化

（2）气动系统原理

杯装奶茶装箱专用机械手结构原理如图 6-36 所示，系统的执行元件有双行程气缸 1、无杆气缸 2、短行程气缸 10 和真空吸盘 6（15 个）。无杆气缸 2 和双行程气缸 1 通过 Z 形连接件 3 连接，3 块吸盘固定板 4 由 2 套滑块 7、导轨 8 及导轨固定架 13 将其连为一体，每个吸盘固定板上固定有 5 个吸盘（装在吸盘连接件 5 上），U 形支架 12 用来连接双行程气缸 1 和中部的吸盘固定板，无杆气缸带动吸盘固定板 4 和双行程气缸 1 一起横向运动。双行程气缸带动吸盘固定板上下运动，且具有不同的两个行程。短行程气缸 10 可把两侧的吸盘固定板推离中部的吸盘固定板，拉开 3 个吸盘固定板之间的距离，也可以把两侧的吸盘固定板拉到中部的吸盘固定板附近，拉近 3 个吸盘固定板的位置。真空吸盘 6 与真空发生器（图中未画出）相连。在真空发生器提供的真空气体作用下使吸盘对工件产生吸力，机械手控制端与杯装奶茶装箱系统的控制器相连，在控制器的控制下，实现准确的抓取和放置。

（3）PLC 控制系统

根据气动机械手的硬件要求和控制信号数量，共需要 9 个输入端子（气缸检测信号 6 个；气动开关和停止开关各 1 个；奶茶到位信号检测 1 个）。输出信号共 9 个端子（无杆气缸的左、右动作；双程气缸的伸、缩；短行程气缸的伸、缩；吸盘的吸附与释放）。根据输

入输出点数及程序容量采用三菱 FX2N-48MR 型 PLC 为本控制系统的控制器。杯装奶茶装箱气动专用机械手 PLC 的 I/O 地址分配表如表 6-7 所示。

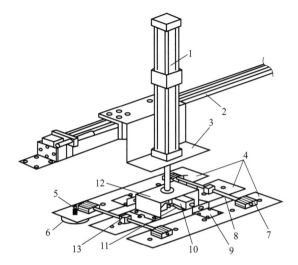

图 6-36 杯装奶茶装箱专用机械手结构原理示意图
1—双行程气缸；2—无杆气缸；3—Z 形连接件；4—吸盘固定板；5—吸盘连接件；6—真空吸盘；7—滑块；
8—导轨；9—推杆支架；10—短行程气缸；11—短行程气缸支架；12—U 形支架；13—导轨固定架

表 6-7　杯装奶茶装箱气动专用机械手 PLC 的 I/O 地址分配表

序号	输入信号			输出信号		
	功能	名称	地址代号	功能	名称	地址代号
1	启动按钮	SB1	X0	横向气缸右行	1YA	Y1
2	停止按钮	SB2	X1	横向气缸左行	2YA	Y2
3	横向气缸右限位	SQ1	X2	升降气缸上级下降	3YA	Y3
4	横向气缸左限位	SQ2	X3	升降气缸上级上升	4YA	Y4
5	升降气缸上级上限位	SQ3	X4	升降气缸下级下降	5YA	Y5
6	升降气缸上级下限位	SQ4	X5	升降气缸下级上升	6YA	Y6
7	升降气缸下级上限位	SQ5	X6	吸盘夹紧气缸	7YA	Y7
8	升降气缸下级下限位	SQ6	X7	吸盘松开气缸	8YA	Y8
9	奶茶到位检测信号	SQ7	X8	物料吸气缸	9YA	Y9

气动机械手控制动作过程为：当系统处于复位状态时，双行程气缸位于无杆气缸左侧，短行程气缸把两侧的吸盘固定板推离中部的吸盘固定板，双程气缸缩回。系统启动后，如果系统检测杯装奶茶到位，双行程气缸首先推出 12cm（杯子高度为 12cm）到达杯装食品，使吸盘与杯装食品接触，然后真空发生器动作，吸盘开始吸起杯装食品；双行程气缸上升 12cm 后，无杆气缸开始从左向右运动到包装箱的正上方，短行程气缸动作使两侧的吸盘固定板靠近中部的吸盘固定板，以使两侧的杯装食品能紧紧靠在中间一列杯装食品上（使 3 列奶茶最大宽度为 24cm），然后双行程气缸下降 24cm，真空发生器停止动作，吸盘放下杯装食品到包装箱底层；双行程气缸上升 24cm，无杆气缸开始从右向左运动到初始位置后，短行程气缸再次动作，把两侧的吸盘固定板推离中部的吸盘固定板，从而完成一次装箱动作；第二次装箱动作与第一次不同之处在于，当无杆气缸到达包装箱正上方后，双行程气缸下降

12cm，而不是第一次的 24cm，完成包装箱内第二层奶茶的装箱。完成一个包装箱的杯装食品装箱需要气动机械手完成 2 次动作，然后进入下一次循环。杯装奶茶装箱气动专用机械手 PLC 控制系统功能如图 6-37 所示。

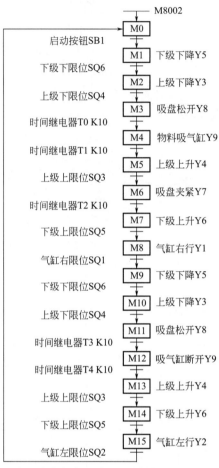

图 6-37　杯装奶茶装箱气动专用机械手 PLC 控制系统功能图

（4）系统技术特点

① 该气动机械手由于采用气压传动、真空吸附及 PLC 控制技术，用于杯装奶茶生产线上自动化装箱，装箱速度高（160 杯/min），劳动强度和用工成本低；以空气为介质的气动技术，不会因泄漏而污染食品和工作环境。该系统稍加变更，还可应用于其他杯装食品生产线（如杯装方便面、杯装茶、杯装果奶、杯装咖啡等），推广应用价值好。

② 该机械手气动系统既有靠正压工作的气缸，又有靠负压工作的吸盘，由于负压的获取是真空发生器，故气缸和吸盘可共用集中空压站或单台空压机作为气源，比为吸盘单独设置真空泵经济性要好。

6.3.2　纸箱包装机气动系统

（1）主机功能结构

纸箱包装机是一种采用气动技术、交流伺服驱动和 PLC 控制技术的新型包装机械，整机由纸板储存区、进瓶输送带、分瓶机构、降落式纸箱成型区、整型喷胶封箱区、热溶胶系统、机架、气动系统、电气及 PLC 控制板等部分组成。该纸箱包装机纸板的供送、被包装物品的分组排列、纸箱成型、黏合整型均等包装动作均由气动执行元件完成，各个执行元件的动作均由 PLC 控制电磁换向阀实现。

（2）气动系统原理

纸箱包装机气动系统原理如图 6-38 所示。系统包括纸板供送作业、纸箱成型装箱和喷胶封箱整型 3 个气动回路。各回路的构成及工作原理如下。

① 纸板供送作业回路。该回路的功能是完成纸板供送动作，包括吸纸板装置升降气缸 8、真空吸盘 15 和打纸板气缸 16 三个执行元件，其运动方向分别由电磁阀 4、10 和 18 控制，其双向运动速度由节流调速阀 5 及 9、11、17 及 19 调控。

当气路接通后，电磁阀 4 通电切换至左位，压缩空气由进气总阀门 1→空气过滤器 2→主压力调节减压阀 3→电磁阀 4（左位）→插入式节流调速阀 5→吸纸板装置升降气缸 8 的无杆腔（有杆腔经阀 9、阀 4 和消声器 61 排气），使缸 8 伸出，气缸 8 磁性活塞环达到磁性开关 7，磁性开关 7 发生感应，PLC 检测到该信号，使电磁阀 10 通电切换至左位，真空发生器 12 动作。其气体流动路线为：压缩空气由进气总阀门 1→空气过滤器 2→主压力调节减压阀 3→电磁阀 10→插入式节流调速阀 11→真空发生器 12（产生负压）→真空过滤器 14→真空吸盘 15（负压），正压气体在真空发生器中经消声器 13→大气中。当电磁阀 4 断电复至图示右位时，气体流动路线为：压缩空气由进气总阀门 1→空气过滤器 2→主压力调节减压阀 3→电磁阀 4（右位）→插入式节流调速阀 9→吸纸板装置升降气缸 8 的有杆腔（无杆腔经阀 5、阀 4 和消声器 61 排气），使气缸 8 缩回，气缸 8 磁性活塞环达到磁性开关 6，磁性开关 6 发生感应，PLC 检测到该信号，电磁阀 10 断电复至图示右位，空气经消声器 13→真空发生器 12→真空过滤器 14→吸盘 15，使吸盘与纸板分离，此时消声器起过滤器作用。纸板从纸板仓中被吸下，纸板检测接近开关光线被挡住，发生感应，PLC 检测到该信号，电磁阀 18 通电切换至左位，打纸板气缸 16 动作。其气体流动路线为：气流由进气总阀门 1→空气过滤器 2→主压力调节减压阀 3→电磁阀 18（左位）→插入式节流调速阀 17→气缸 16 的无杆腔（有杆腔经阀 19、阀 18 和消声器 61 排气），纸板在过桥滚轮配合作用下被送往分瓶（罐）器；电磁阀 18 断电复至图示右位，气缸 16 返回原位。至此整个纸板供送循环完成。

② 纸箱成型装箱回路。该回路的功能是完成纸箱成型装箱动作，包括托盘升降气缸 24、26 和分瓶气缸 32 等两组执行元件。缸 24 和 26 的运动方向合用电磁阀 20 控制，其双向运动速度分别由插入式节流调速阀 21 和 25 调控。缸 32 的运动方向则由电磁阀 29 控制，其双向运动速度分别由插入式节流调速阀 30 和 31 调控。

分瓶机构处检测纸板、被包装物品接近开关光线同时发生感应，PLC 检测到该信号，电磁阀 20 通电切换至左位，控制托盘升降气缸 24、26 动作。其气体流动路线为：压缩空气由进气总阀门 1→空气过滤器 2→主压力调节减压阀 3→电磁阀 20（左位）→插入式节流调速阀 21→气缸 24、26 的无杆腔（有杆腔经阀 25、阀 20 和消声器 61 排气），气缸 24、26 上升到位处于伸出状态。托盘升降气缸磁性活塞环达到磁性开关 23、27，磁性开关 23、27 发生感应，PLC 检测到该信号，控制电磁阀 29 通电切换至左位，使分瓶气缸 32 动作。其气体流动路线为：压缩空气由进气总阀门 1→空气过滤器 2→主压力调节减压阀 3→电磁阀 29（左位）→插入式节流调速阀 31→气缸 32 的有杆腔（无杆腔经阀 30、阀 29 和消声器 61 排气），延时后，电磁阀 29 断电复至右位，气缸 32 返回原位，被包装物品进入分瓶器，等待下一包装循环。被包装物品与纸板在重力作用下随托盘升降气缸 24、26 下降。此时电磁阀 20 断电复至右位，控制托盘升降气缸 24、26 下降。其气体流动路线为：压缩空气经进气总阀门 1→空气过滤器 2→主压力调节减压阀 3→电磁阀 20（右位）→插入式节流调速阀 25→气缸 24、26 的有杆腔（无杆腔经阀 21、阀 20 和消声器 61 排气），使气缸缩回。纸箱成型装箱工序完成。

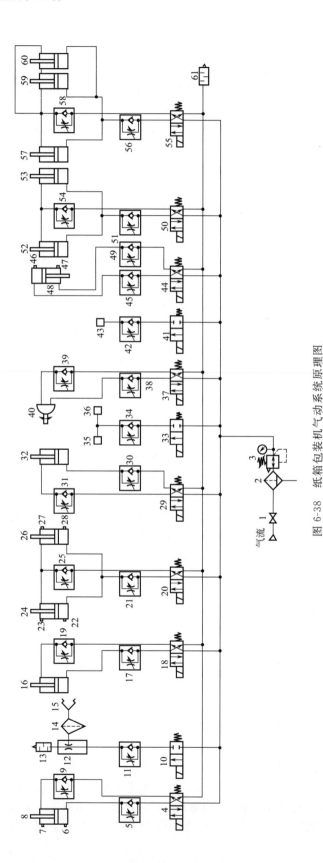

图 6-38 纸箱包装机气动系统原理图

1—进气总阀门;2—空气过滤器;3—主压力调节减压阀(带压力表);4、18、20、29、37、44、50、55—二位四通电磁阀;5、9、11、17、19、21、25、30、31、34、38、39、42、45、49、51、54、56、58—插入式节流调速阀;6—吸纸板装置升降气缸磁性开关 1;7—吸纸板装置升降气缸;8—吸纸板装置升降装置升降气缸;10、33、41—二位二通电磁换向阀;12—真空发生器;13、61—消声器;14—真空过滤器;15—真空吸盘;16—打纸板气缸;22、28—托盘升降气缸磁性开关 1;23、27—托盘升降气缸磁性开关 2;24—托盘升降气缸(左);26—托盘升降气缸(右);32—分瓶气缸;35、36—左、右喷胶头;40—摆动气缸(带磁性开关);43—前喷胶头;46—前封箱气缸磁性开关 1;47—前封箱升降气缸磁性开关 2;48—前封箱升降气缸;52、53—前封箱气缸;57、59、60—左、右侧封箱气缸和整型气缸

气流 1

③ 喷胶封箱整型回路。该回路的功能是纸箱的喷胶封箱整型，包括两侧喷胶头 35、36，摆动气缸 40，前喷胶头 43、前封箱升降气缸 48、前封箱气缸 52、53，左、右侧封和整型气缸 57、59、60 等共 6 组气动执行元件。其运动方向依次由电磁阀 33、37、41、44、50、55 控制；运动速度由插入式节流调速阀 34，38 及 39，42，45 及 49，51 及 54，56 及 58 调控。

在托盘升降气缸 24、26 达到磁性开关 22、28 并产生感应的同时，前封箱升降气缸 48 磁性活塞环达到磁性开关 46 并发生感应，PLC 同时检测到这 2 个信号，控制交流伺服电机动作，被包装物品向前移动一个工位，包装机重复纸板供送、纸箱成型装箱动作。当完成 3 个纸板供送、纸板成型装箱动作后，喷胶光电开关被已成型纸箱挡住发生感应，PLC 检测到该信号，使电磁阀 33 通电切换至左位，两侧喷胶头 35、36 同时工作。其气体流动路线为：压缩空气由进气总阀门 1→空气过滤器 2→主压力调节减压阀 3→电磁阀 33（左位）→插入式节流调速阀 34→左、右喷胶头 35、36 喷胶，延时，电磁阀 33 断电复至图示右位，喷胶停止，延时，电磁阀 33 再次通电切换至左位，左、右喷胶头 35、36 喷胶，延时，电磁阀 33 断电复至右位，喷胶停止，完成侧喷胶动作。完成侧喷胶动作后，电磁阀 37 通电切换至右位，前喷胶头由摆动气缸 40 带动旋转。其气体流动路线为：压缩空气由进气总阀门 1→空气过滤器 2→主压力调节减压阀 3→电磁阀 37（左位）→插入式节流调速阀 38→摆动气缸 40 下腔（上腔经阀 39、阀 37 和消声器 61 排气）。摆动气缸 40 旋转的同时，电磁阀 41 通电切换至左位，前喷胶头 43 喷胶。其气路流动为：压缩空气由进气总阀门 1→空气过滤器 2→主压力调节减压阀 3→电磁阀 41（左位）→插入式节流调速阀 42→前喷胶头 43 喷胶，当摆动气缸 40 摆动到磁性开关发生感应时，PLC 检测到该信号，电磁阀 41 断电复至右位，前喷胶停止。同时电磁阀 44 通电切换至左位，前封箱升降气缸 48 下降。其气体流动路线为：压缩空气由进气总阀门 1→空气过滤器 2→主压力调节减压阀 3→电磁阀 44（左位）→插入式节流调速阀 45→气缸 48 的无杆腔（有杆腔经阀 49、阀 44 和消声器 61 排气），气缸 48 磁性活塞环达到磁性开关 47 发生感应时，PLC 检测到该信号，使电磁阀 50 通电切换至左位，控制前封箱气缸 52、53 动作。其气体流动路线为：压缩空气由进气总阀门 1→空气过滤器 2→主压力调节减压阀 3→电磁阀 50（左位）→插入式节流调速阀 51→气缸 52、53 的无杆腔（有杆腔经阀 54、阀 50 和消声器 61 排气），延时，前封箱动作完成，电磁阀 50 断电复至右位，前封箱气缸 52、53 返回原位。电磁阀 44 断电复至右位，气缸 52、53 上升，气缸 52、53 磁性活塞环达到磁性开关 46 并发生感应，当满足交流伺服电机工作条件时，交流伺服电机动作，被包装物向前移动一个工位，到达侧封工位，电磁阀 55 通电切换至左位，同时控制左、右侧封及整型气缸 57、59、60 动作。其气体流动路线为：压缩空气由进气总阀门 1→空气过滤器 2→主压力调节减压阀 3→电磁阀 55（左位）→插入式节流调速阀 56→左、右侧封气缸和整型气缸 57、59、60 的无杆腔（有杆腔经阀 58、阀 55 和消声器 61 排气），延时，电磁阀 55 断电复至图示右位，气缸 57、59、60 回位，整个封箱过程完成，被包装物移出。

(3) 系统技术特点

① 采用气动系统及 PLC 控制的纸箱包装机能够可靠快速地实现自动化装箱包装过程，纸板供送机构位置精确，性能可靠，可避免产生双纸板。通过改变分瓶器装置，调整喷胶、封箱、整型气缸位置及 PLC 软件程序，可以改变包装规格，拓展性好。

② 采用气动系统实现纸箱包装机的纸板供送、纸箱成型、喷胶、封箱整型过程，结构紧凑简捷、反应迅速、自动化程度高、绿色环保，不会对生产环境和产品造成污染。

③ 气动系统的执行元件包括直线气缸、摆动气缸、真空吸盘、喷胶头等 4 类，并用电磁换向阀控制运动方向，用插入式节流调速阀进行调速。用多数气缸带有磁性开关，以作为

系统多数电磁换向阀通断电切换及交流伺服电机动作的信号源。

④ 系统共用正压气源，真空吸盘所需负压通过真空发生器提供，较之采用真空泵，成本低、使用维护简便。

6.3.3 包装机械 PCM 气动控制系统

（1）系统功能特点

气动包装机是国内外已经大范围使用的包装设备，PCM 是一种对气动计算机进行控制和定位系统，具有既节省费用反应又很精准的特点，它能够克服常规气动控制因空气压缩性大，精度不高的缺陷。

（2）气动系统原理

PCM 控制气动系统原理如图 6-39 所示，由图 6-39 可知，气缸 1 作为执行元件驱动惯性负载 2，线性光栅传感器 3 用于位移检测，其栅距为 0.04m，精度为 ±0.01mm，输出信号为相位差为 90° 的两路方波信号，无须 A/D 转换，可直接存入计算机中。此时计算机结合位移数值和具体的信号等来进行比较判别，从而生成偏差控制信号，通过接口板及功率放大器，控制 $V_0 \sim V_4$ 的通断。其中 PCM 阀组 V_0、V_1、V_2 的节流口有效面积成等比级数，分别调整为 $0.110165mm^2$、$0.220329mm^2$、$0.440658mm^2$。对应于 000 至 111 共 8 个二制控制码，能够得到 8 类不一样的节流流量，相应地得到 8 类不同的气缸速度。

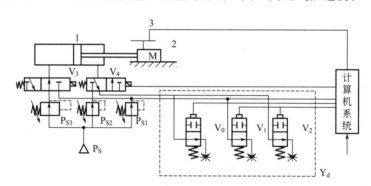

图 6-39　PCM 控制气动系统原理图
1—气缸；2—惯性负载；3—位置传感器（数显光栅）

（3）计算机控制

本系统采用 IBM PC/AT 机作为控制器的核心，由 IBM PC/AT 微型计算机、I/O 接口、SGC-2 型数显光栅传感器、阀门驱动电路、电磁阀和气缸组成闭环控制系统（图 6-40），并采用 PID(比例＋积分＋微分) 调节与控制。

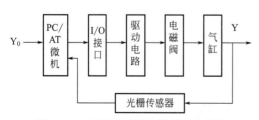

图 6-40　PC 微机闭环控制系统方块图

（4）系统技术特点

① 可以通过使用廉价的、反应一般的开关阀获取多种流量，满足执行元件多级速度的要求，成本低，稳定性好。

② 以 IBM-PC/AT 机为控制器的计算机数字控制，构成便捷，可进行人机互动，方便控制量变动，通过软件的编制等达到控制目的，以满足气缸的位移及精度要求。

③ 能够通过事先将开关阀调整到不同流量，从而满足不同规格气缸及不同位移和时间的要求。

6.3.4　料仓自动取料装置气动系统

(1) 主机功能结构

料仓自动取料装置（图 6-41）的功用是通过气缸 A 的运动实现从料仓中取出物料，通过气缸 B 的运动把物料推下滑槽，使物料自动进入包装箱中。该装置通过气缸行程端点的 4 个磁性开关 S1～S4 对物料位置进行检测，用 PLC 对其进行动作控制。结合图 6-42 对自动取料装置的工作过程说明如下：按下系统的启动按钮，当光电传感器 SP1 检测到包装箱运送到位后，气缸 A 伸出，将工件从料仓底部推出。当磁性开关 S1 检测到缸 A 伸出到位后，气缸 B 才能伸出将工件推入输送滑槽，工件完成自动装箱。当磁性开关 S2 检测到气缸 B 伸出到位延时 5s 后，气缸 A 退回，磁性开关 S3 检测到气缸 A 退回后，气缸 B 才能退回，从而完成一次工件取料输送。当磁性开关 S4 检测到气缸 B 退回到位延时 10s 后，才允许气缸再次伸出。接下来依次重复上面的工作过程。当按下停止按钮时，整个系统停止工作。包装箱由步进电机带动传送带进行传送。料仓底部装有光电传感器 SP2 检测是否还有工件，当无物料时，传感器发出信号，程序控制系统停止工作。上述整个工作过程由 PLC 进行程序控制，工作流程图如图 6-42 所示。

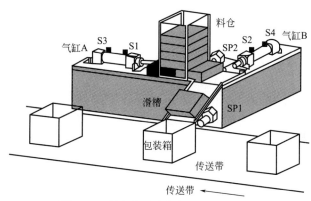

图 6-41　料仓自动取料装置结构原理图

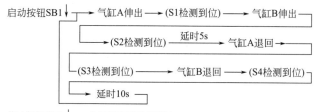

图 6-42　料仓自动取料装置工作流程图

(2) 气动系统原理

料仓自动取料装置气动系统原理如图 6-43 所示，系统的气源 1 为静音空气压缩机，额定输出气压 1MPa，额定流量 116L/min。系统的执行元件就是上文提及的 2 个单杆双作用气缸 A 和气缸 B，其主控阀为二位五通气控换向阀 7 和 8，阀 7 的控制气流由二位三通电磁换向阀 3 和 4 交替控制切换，阀 8 的控制气流由二位三通电磁换向阀 5 和 6 交替控制切换。阀 3～6 的电磁铁 1YA～4YA 通断电的信号源是两只气缸行程端点的 4 个磁性开关 S1～S4。单向节流阀 9 和 10 用于气缸 A 和气缸 B 伸出时的进气节流调速。系统工作时，当磁性开关检测到气缸所处的位置时会将信号送给 PLC，由程序控制电磁阀的通断电使电磁阀控制气控换向阀换向，就可以控制两气缸的伸缩运动顺序，来完成取料装箱的过程。结合图 6-42 所示工作流程，容易了解各工况下各电磁铁的通断电情况及系统的气流路线。

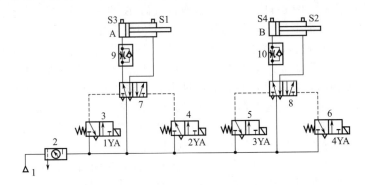

图 6-43　料仓自动取料装置气动系统原理图

1—气源；2—气动三联件；3～6—二位三通电磁换向阀；7,8—二位五通气控换向阀；
9,10—单向节流阀；A,B—气缸；S1～S4—磁性开关

（3）PLC 电控系统

根据取料装置的输入信号（2 个控制按钮、2 个光电传感器和 4 个磁性开关等共 8 个）和输出信号（4 个电磁换向阀和 1 个步进电机），电控系统采用 FX_{2N}-48MR 型 PLC，其 I/O 地址分配如表 6-8 所示，PLC 硬件接线如图 6-44 所示。采用步进梯形指令 STL 编写的顺序动作程序如图 6-45 所示，STL 指令的操作元件是编号 S0～S499 的状态寄存器，其中 S0～S9 用于初始步。当转换条件满足时，STL 指令将下一步序的状态寄存器置位，而上一步序的状态寄存器自动复位。

表 6-8　料仓自动取料装置气动系统 PLC 的 I/O 地址分配表

序号	输入信号			输出信号		
	功能	名称	地址代号	功能	名称	地址代号
1	启动按钮	SB1	X0	气缸 A 伸出	1YA	Y0
2	停止按钮	SB2	X1	气缸 A 缩回	2YA	Y1
3	气缸 A 伸出到位	S1	X2	气缸 B 伸出	3YA	Y2
4	气缸 A 缩回到位	S3	X3	气缸 B 缩回	4YA	Y3
5	气缸 B 伸出到位	S2	X4	不进电机 M1 旋转	5YA	Y4
6	气缸 B 缩回到位	S4	X5			
7	包装箱运送到位	SP1	X6			
8	料仓无物料	SP2	X7			

（4）系统技术特点

① 料仓自动取料气动装置采用气压传动和 PLC 控制，实现了取料自动化，动作准确可靠。

② 气动系统的气控主阀的导阀采用磁性开关作为信号源的电磁换向阀，动作快捷，有利于采用 PLC 对系统进行自动控制。

③ 气缸伸出运动通过节流阀进气节流调速，因气缸排气无背压，故运动平稳性不及排气节流调速。

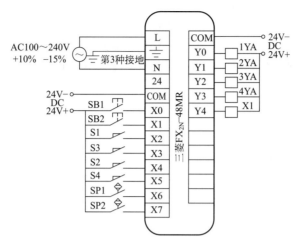

图 6-44　料仓自动取料装置 PLC 硬件接线图

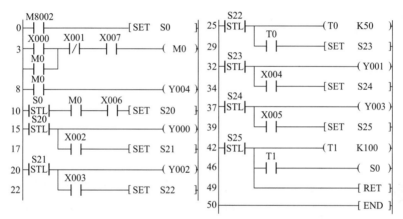

图 6-45　料仓自动取料装置 PLC 系统控制程序

6.3.5　微型瓶标志自动印刷气动系统

（1）主机功能结构

微型瓶标志自动印刷系统的功能是对直径为 4～8mm 的药丸包装用微型小圆锥、小圆柱瓶的图文标志进行自动印刷，以保证药品的质量安全与可追溯性。针对微型瓶的结构形状特点，系统采用移印方式，即把要印刷的图文进行照相、制版，而后蚀刻在钢模板上，印刷时将油墨刷涂在其表面，用刮墨刀把图文上多余的油墨刮去，由胶头将图文沾起，转印到承印物，形成与原稿一样的图文。微型瓶标志自动印刷系统由主机、气动及电制 3 部分组成。主机完成微型瓶的上料、理料、传送、印刷、烘干、下料；气动部分为机械部分的各动作提供动力；电控系统则以 PLC 为核心，通过气动系统控制各个动作的顺序和动作的协调，完成承印物的自动印刷。

微型瓶标志自动印刷系统主机结构原理如图 6-46 所示，上料振动盘利用电磁铁产生的振动自动上料，完成微型瓶的自动定向、排序、输送，分 4 组将其同步连续送至理料机构。理料机构（由 2 个气缸和 2 组导向的直线导轨等组成，见图 6-47）分 4 组同步梳理，将微型瓶置放于机构的凹槽内。传料机构（由 3 个传送气缸和 3 组导向导轨等组成，见图 6-48）则将理料机构凹槽内的微型瓶成组步进传送至接料机构（由 2 个同步动作的气缸等组成，见

图 6-49）的凹槽。在传料机构的传送中，微型瓶在接料机构的凹槽内成组不断换位，至印刷工位时印刷机构（由 2 个执行气缸、上墨机构、胶头、钢模板等组成，见图 6-50）在组合胶头、上墨辊、刮墨刀等的配合下完成标志印刷。在烘干工位，烘干器对完成印刷的图文进行烘干。到落料工位时，在脱料片、落料盘的配合下完成下料，实现印刷过程的全自动化。

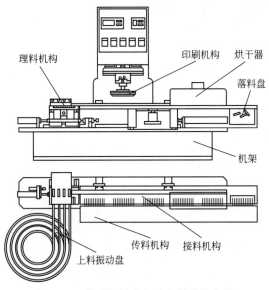

图 6-46 微型瓶标志自动印刷系统主机结构原理图

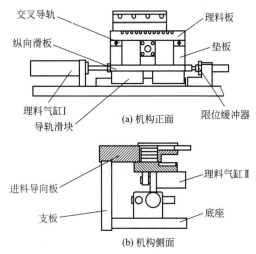

图 6-47 微型瓶标志自动印刷系统理料机构结构原理

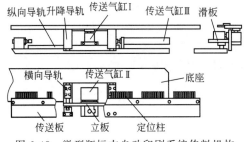

图 6-48 微型瓶标志自动印刷系统传料机构

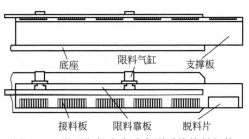

图 6-49 微型瓶标志自动印刷系统接料机构

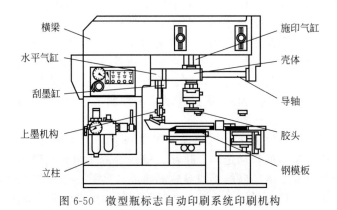

图 6-50 微型瓶标志自动印刷系统印刷机构

(2) 气动系统原理

　　微型瓶标志自动印刷气动系统原理如图 6-51 所示。系统的气源为空压机 41，它经二位二通开关阀 40 和气动二联件 39 向系统提供洁净且符合压力要求的压缩空气。系统的执行元件有理料气缸（Ⅰ）1、理料气缸（Ⅱ）2、传送气缸（Ⅰ）3、传送气缸（Ⅱ）4、传送气缸（Ⅲ）5、限料气缸（2 个）6、水平气缸 7、施印气缸 8 和刮墨气缸 9。其中，为方便调整，印刷机构的刮墨气缸 9（弹簧复位的单作用缸）用二位二通行程换向阀 18 和二位三通气控换向阀 19 控制其运动方向；为保证同步，接料机构的 2 个限料气缸 6 气路并联，并用同一个二位五通电磁换向阀 15 控制其运动方向；其余气缸 1～5、7、8 则依次分别采用二位五通电磁换向阀 10～14、16、17 控制其运动方向。各气缸的运动速度依次分别采用单向节流阀 21 和 22、23 和 24、25 和 26、27 和 28、29 和 30、31 和 32、33 和 34、35 和 36 和 37 双向排气节流调速。电磁换向阀的通断电主要信号源是霍尔开关，机械部件的动作由各个相应的气缸通过活塞杆驱动来实现。

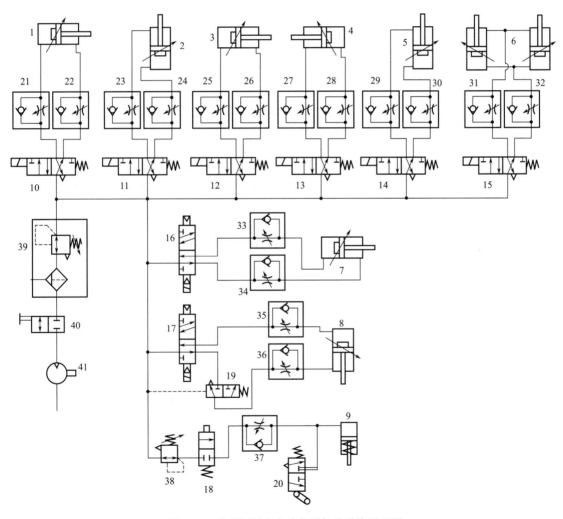

图 6-51　微型瓶标志自动印刷气动系统原理图

1—理料气缸（Ⅰ）；2—理料气缸（Ⅱ）；3—传送气缸（Ⅰ）；4—传送气缸（Ⅱ）；5—传送气缸（Ⅲ）；6—限料气缸（2 个）；7—水平气缸；8—施印气缸；9—刮墨气缸；10～15—二位五通电磁换向阀；16,17—二位五通先导电磁换向阀；18—二位二通行程换向阀；19—二位三通气控换向阀；20—二位三通行程换向阀；21～37—单向节流阀；38—减压阀；39—气动二联件；40—二位二通开关阀；41—空压机

（3）PLC 电控系统

微型瓶标志自动印刷 PLC 电控系统由一组开关按钮、15 个霍尔开关、9 个继电器及电源等组成（图 6-52）。PLC 有手动调整、复位、单周、自动等 4 种模式。当控制界面设置为手动调整模式时，PLC 接收开关按钮的动作信号，控制器按程序控制输出，由继电器控制相应的电磁阀动作，再通过气路系统实现对机械执行系统的控制。当控制界面设置为复位模式时，由霍尔开关对各机械部件的当前位置进行判断，对不在初始位置的机械部件通过控制气动系统的动作使其回到初始位置。当控制界面设置为单周模式或自动模式时，均由霍尔开关输入信号，PLC 执行单周程序或自动程序，单周模式完成一次动作循环，而自动模式则将按照程序进行自动运行，其气动系统的位移-动作步骤如图 6-53 所示。

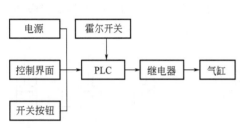

图 6-52 微型瓶标志自动印刷 PLC 电控
系统组成框图

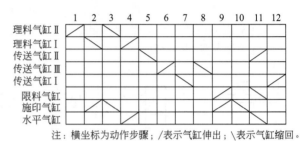

注：横坐标为动作步骤；/表示气缸伸出；\表示气缸缩回。

图 6-53 微型瓶标志自动印刷气动系统
位移-动作步骤图

（4）系统技术特点

① 微型瓶标志自动印刷系统采用气压传动和 PLC 自动控制，生产效率高。印刷速度可达 15000～20000 件/时；适用于直径为 4～8mm 的各种药丸包装的小圆锥、小圆柱瓶的印刷；自动化水平高，人工成本低，系统稳定性好，质量可靠。在保证上料效率的同时，通过对相关零件进行适当的保护处理，保证微型瓶传送时的表面质量要求。

② 气动系统中，除刮墨气缸为单作用缸并采用行程阀换向及单向节流阀单侧节流调速外，其余均为双作用缸，采用电磁换向阀控制其运动方向，并采用单向节流阀双向节流调速，有利于提高各缸及其驱动的工作机构的平稳性。

6.3.6 码垛机器人多功能抓取装置气动系统

（1）主机功能结构

多功能抓取装置是码垛机器人的一种末端执行机构，它综合了真空吸盘和托盘勾爪抓取方案，不仅能抓取箱类、袋类包装（包装材质致密不透气）、板材及桶类包装，还可通过不更换抓取装置实现自动码放托盘，以满足现代企业生产的高效通用性需求。该多功能抓取装置主要由主体框架、真空系统及其附件、托盘夹取系统及其附件等组成，如图 6-54 所示。铝型材主体框架可通过连接法兰 9 与码垛机器人末端相连，使之成为码垛机器人末端执行器。

2 组真空波纹吸盘吸附装置 7（每组共有 12 个真空吸盘组件 11），均布安装在两个吸盘组件安装板上。吸盘组件安装板通过连接板固定在主体框架上，其中连接板上面设有 4 组安装孔，故可改变安装位置，以实现调节 2 组真空波纹吸盘吸附装置之间的距离，适应不同尺寸的包装物。2 组真空波纹吸盘吸附装置共分为 3 个区域（图 6-55），相对应的安装于主体框架上的真空发生及气动控制装置，由 3 个真空发生器 6（产生真空吸盘所需的负压）、3 个压力开关 5（用于监控系统真空建立与否，确保真空系统的安全可靠工作。当真空系统存在泄漏，真空压力设定尚未实现时，开关处于关闭状态；当真空压力达到设定值时，开关工作，表示吸盘表面密封良好，码垛机器人可以动作），以及 6 个电磁阀组 4（用于控制真空吸盘吸放以及托盘夹取动作气缸的伸缩动作）组成。每个分区有 8 组吸盘组件，可根据待码包装物的尺寸选择真空吸盘启用区域。

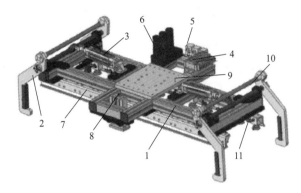

图 6-54　真空吸盘式多功能抓取装置结构示意图

1—安装框架；2—托盘勾爪；3—托盘夹取动作气缸；4—电磁阀组；5—压力开关；6—真空发生器；7—真空吸附装置；8—位置检测气缸；9—连接法兰；10—托盘勾爪组件；11—真空吸盘组件

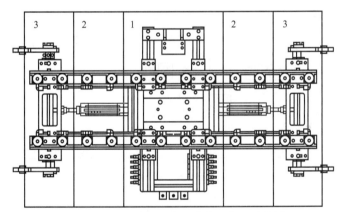

图 6-55　真空波纹吸盘吸附装置分区示意图

　　两组托盘勾爪组件 10 对称安装在主体框架上，每组托盘夹取装置由一对托盘勾爪、一个曲柄轴、一个连接轴以及一个动作气缸组成。动作气缸的活塞杆带动曲柄轴转动实现两个托盘勾爪的勾取和放松动作。另外，4 个托盘勾爪上各附有尼龙护套，以提高托盘勾爪抓取码垛托盘时的摩擦力，并防止损坏托盘。

　　为了在抓取码放托盘时保护真空吸盘不被托盘损坏，多功能抓取装置还设有托盘位置检测装置，由位置检测气缸、挡板组成。位置检测气缸内附磁石，外附感应开关，通过设置感应开关位置，以保证码垛托盘与真空吸盘之间存在安全距离。

　　真空吸盘式多功能抓取装置在工作前，可先根据待吸取物尺寸调节两组真空波纹吸盘吸取装置之间距离，再根据码垛托盘尺寸，通过调节 4 个轴固定座以及 4 个胀紧套来调节托盘勾爪之间的距离。动作气缸驱动 4 个托盘勾爪张开，待位置检测气缸确定托盘与真空吸盘距离合适时，动作气缸驱动 4 个托盘勾爪夹取码垛托盘，之后码垛机器人将码垛托盘放置在预设的码垛区域，动作气缸驱动托盘勾爪收回，以防止托盘勾爪影响吸取包装物。在吸取待码包装物时，码垛机器人带动真空吸盘式多功能抓取装置下移，使真空吸盘接触待吸取物上表面并产生一定压缩量，吸盘与待码包装物表面密封，此时真空发生器工作产生负压。当压力开关检测气动回路压力达到预先设置值时，表明吸盘表面接触密封良好，真空吸盘紧紧吸住待码包装物，码垛机器人动作，将待码包装物转运到码垛托盘上并进行码垛。通过控制电磁阀换向可使正压气源连通所有真空吸盘破坏真空，令真空吸盘式多功能抓取装置放下被吸取物。往复动作，即可实现产品转运码垛。

（2）气动系统原理

多功能抓取装置气动系统原理如图 6-56 所示，它由 3 部分组成：一是真空吸附部分（3组），各组的执行元件是 8 个真空吸盘 12.1、12.2 和 12.3，其真空产生及破坏分别由三位四通电磁换向阀 3～5 控制，其真空产生及压力监测分别由真空发生器、过滤器和压力开关组成的真空控制组件 9～11 控制；二是托盘勾爪部分，托盘勾爪气缸 13 和 14 的运动状态分别由三位三通电磁换向阀（气缸动作换向阀）6 和 7 控制；三是高度检测部分，高度检测气缸 15 的运动状态由换向阀 8 控制。

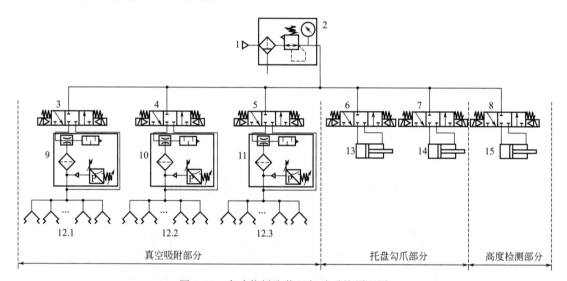

图 6-56　多功能抓取装置气动系统原理图

1—气源；2—气动二联件；3～5—三位三通电磁换向阀（真空发生及破坏阀）；6～8—三位三通电磁换向阀
（气缸动作换向阀）；9～11—真空控制组件；12—真空吸盘；13,14—托盘勾爪气缸；15—高度检测气缸

气缸部分直接采用气源 1 通过气动二联件过滤减压后的压缩空气作为工作介质；真空吸附部分则是将气源 1 通过气动二联件过滤减压后的正压压缩空气，通过真空发生器产生的真空气体作为工作介质。

在 3 组真空吸盘中，单组 8 个吸盘吸附的包装物重 20kg，即每个吸盘需具有能吸起 2.5kg 质量物体的吸力。当取直径为 50mm 的真空吸盘时，真空发生器需产生的最大真空度为 $p=78$kPa。系统实际采用 Vuototecnica 品牌的真空组件，即 08 50 30 MA 型真空吸盘、M18 SSX 型真空发生器（在 0.5MPa 供给压力下，最大真空度可达 85kPa）和 12 20 10P 型真空压力开关。

（3）系统技术特点

① 多功能抓取装置采用真空吸盘和托盘抓取气缸两类执行元件，结构简单、可靠性高、绿色无污染，可作为码垛机器人的末端执行器，对纸箱类、纸盒类、袋类、桶类、板材、托盘等包装物进行吸附、搬运和码放作业。通用性强，不易损坏被抓取物料，转运效率高。

② 真空吸附和气缸部分共用正压气源供气。前者通过真空发生器获取真空，与采用真空泵供气的独立真空设备相比，结构简单，经济便利。

6.3.7　彩珠筒烟花全自动包装机气动系统

（1）主机功能结构

彩珠筒烟花全自动包装机用于彩珠筒烟花的外包装自动作业，其工艺流程如图 6-57 所示。其中输送包装纸和刷胶由输纸电机带动传送带与刷胶辊来完成；其余动作则采用气压传动，即通过气缸和真空吸盘实现设备的送料、压紧、供纸、卸料动作。整机采用 PLC 控制。

（2）气动系统原理

彩珠筒烟花全自动包装机气动系统原理如图 6-58 所示。系统的正压执行元件有卸料气缸 A、送料气缸 B、压紧气缸 C、供纸气缸 D，其主控阀依次分别为二位五通电磁换向阀 3～6，其运动速度通过各缸两气口装设的单向节流阀进口节流调控；系统的负压执行元件为真空吸盘（用于吸纸动作）。正压和负压气源由空压机 1 经过气动三联件 2 提供，真空发生器将正压气体转换为负压供真空吸盘使用，其工作由二位二通电磁换向阀 17 控制，过滤器用于真空过滤。除启动和停止按钮外，系统中各换向阀电磁铁 1YA～5YA 的主要信号源是各气缸上磁感式传感器 1B1、1B2，2B1、2B2，3B1、3B2，4B1、4B2。气动系统各工况动作原理如下。

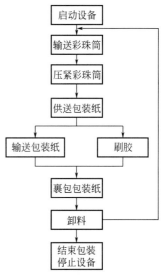

图 6-57　彩珠筒烟花全自动
包装机工艺流程图

① 送料（工件送至包装工位）。电磁铁 2YA 通电使换向阀 4 切换至左位，送料气缸 B 右移，移动速度由阀 10 中节流阀的开度决定。当缸 B 运动至磁感应式传感器 2B2 位置时，发出退回信号，电磁铁 2YA 断电使阀 4 复至图示右位，送料气缸向左运动，当运动至磁感应式传感器 2B1 位置时，发出供纸信号。

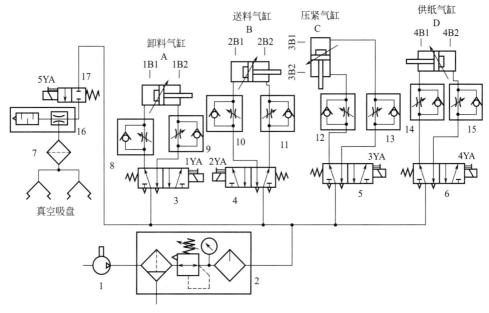

图 6-58　彩珠筒烟花全自动包装机气动系统原理图

1—空压机；2—气动三联件；3～6—二位五通电磁换向阀；7—真空过滤器；8～15—单向节流阀；
16—真空发生器；17—二位二通电磁换向阀

② 供纸（将包装纸供送到输送工位）。电磁铁 5YA 通电使换向阀 17 切换至左位，真空吸盘动作吸纸，电磁铁 4YA 通电使换向阀 6 切换至右位，供纸气缸 D 左移，移动速度由阀 15 中的节流阀开度决定。当供纸气缸 D 运动至磁感应式传感器 4B1 位置时发信。电磁铁 5YA 和 4YA 断电，使换向阀 17 复至右位和阀 6 复至左位，真空吸盘停止动作；供纸气缸 D 向右运动，当运动至磁感应式传感器 4B2 位置时，发出压紧信号。

③ 压紧（将包装纸盒工件压紧）。电磁铁 3YA 通电使换向阀 5 切换至右位，立置的压紧气缸 C 下行，下行速度由阀 13 中的节流阀开度决定。当运动至磁感应式传感器 3B2 位置时发信，使包装电机开始运动，并对工件进行包装。同时，PLC 控制一定时间，以保证包装完成后，电磁铁 3YA 断电使换向阀 5 复至图示左位，压紧气缸 C 向上运动，当运动至磁感应式传感器 3B1 位置时，发出卸料信号。

④ 卸料（将包装好的工件脱离包装工位）。电磁铁 1YA 通电使换向阀 3 切换至右位，卸料气缸 A 向左运动，当运动至磁感应式传感器 1B1 位置时发信。电磁铁 1YA 断电使换向阀 3 复至图示左位，卸料气缸 A 迅速回到磁感应式传感器 1B2 位置，发出送料信号。

⑤ 更换工件，进入下一个循环。

⑥ 当按下停止按钮时，系统需等到每个工序都完成后，才能复位，并停止工作。当按下急停按钮时，系统立刻停止运转。

（3）PLC 电控系统

电控系统的核心是三菱公司 FX3U-32MR 型 PLC，按照工艺流程和气动系统控制要求，其 PLC 的 I/O 地址分配如表 6-9 所示。系统控制程序采用顺序功能图编制，编程软件为 FXGP。先利用计算机进行编程和调试，调试成功后，通过接口电缆将控制程序下载到 PLC 中。彩珠筒烟花全自动包装机 PLC 电控系统控制流程框图如图 6-59 所示，PLC 控制系统按照工序及控制流程进行相关动作，即可完成彩珠筒烟花全自动包装。

表 6-9 彩珠筒烟花全自动包装机 PLC 的 I/O 地址分配表

序号	输入信号		输出信号	
	功能	地址代号	功能	地址代号
1	启动按钮 S1	X0	卸料气缸 A 电磁铁 1YA	Y0
2	停止按钮 S2	X1	送料气缸 B 电磁铁 2YA	Y1
3	气缸 B 左工位 2B1	X2	压紧气缸 C 电磁铁 3YA	Y2
4	气缸 B 右工位 2B2	X3	供纸气缸 D 电磁铁 4YA	Y3
5	气缸 D 左工位 4B1	X4	真空吸盘吸纸 电磁铁 5YA	Y4
6	气缸 D 右工位 4B2	X5	包装电机	Y5
7	气缸 C 上工位 3B1	X6		
8	气缸 C 下工位 3B2	X7		
9	气缸 A 左工位 1B1	X10		
10	气缸 A 右工位 1B2	X11		

（4）系统技术特点

① 彩珠筒烟花外包装机采用气压传动和 PLC 控制，实现了人与烟花包装的分离，安全防爆；提高了自动化水平和安全性及生产效率，降低了劳动强度。

② 气动系统的正压和负压部分共用空压机供气，通过真空发生器产生所需负压，较单独为负压部分设置真空泵经济性和使用维护便利性要好。

③ 4 个气缸均采用进气节流调速方式，对于提高执行机构工作平稳性而言，若改用排

气节流，则效果更佳。

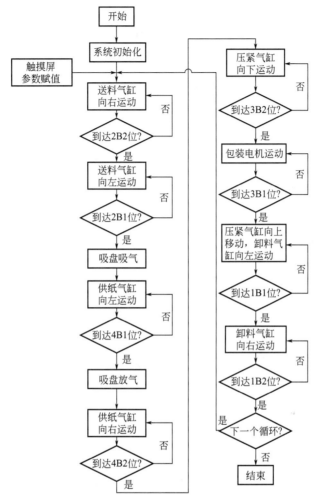

图 6-59 彩珠筒烟花全自动包装机 PLC 电控系统控制流程框图

6.3.8 方块地毯包装机自动包箱气动系统

（1）主机功能结构

方块地毯（拼块地毯）是以弹性材料或高分子材料为背衬，机制地毯胚毯为表层面料的正方形地毯块，主要应用于商务领域。其形成包装由方块地毯包装机完成，机器的核心功能是自动包箱。包箱部分主要由纸箱定位纵向调整机构、压箱机构、侧沿折叠机构、下沿折叠机构、喷胶机构和上沿折叠机构等组成，这些机构均采用气压传动（气缸及气动滑台），如图 6-60 所示。包箱步骤 [图 6-61（a）] 为：侧沿折叠→下沿折叠→上沿折叠。包箱工作流程如图 6-61（b）所示。

如图 6-61 所示，包箱作业时，纵向调整气缸运动时可以带动纸箱定位气缸运动，进而带动纸箱定位气缸上的定位板，达到定位的目的。在纸箱定位好后，压箱气缸开始运动将地毯压紧，为后面的包装做准备。包箱从侧沿折叠开始，侧沿折叠气缸动作，带动侧沿折叠板转动，将两侧沿折叠。随后，升降平台上升，同时下沿折叠气缸动作，这时两个下沿折叠气缸带动的折叠板从下往上将下沿折叠。下沿折叠后，气动滑台和喷胶仪同时运动，在纸箱下沿上喷胶（点喷）。喷胶完成后，上沿气缸运动，带动上沿折叠板折叠。

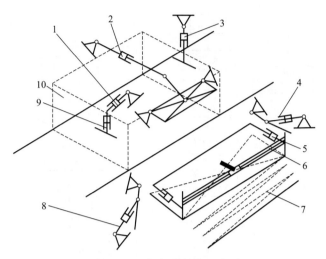

图 6-60 包箱部分结构示意图

1—纸箱定位纵向调整机构；2—上沿折叠机构；3—压箱机构；4—右侧沿折叠机构；5—下沿折叠机构；
6—喷胶机构；7—升降平台；8—左侧沿折叠机构；9—纸箱定位机构；10—纸箱

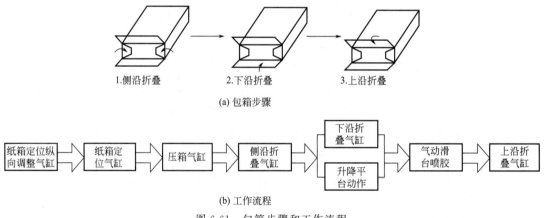

图 6-61 包箱步骤和工作流程

（2）气动系统原理

方块地毯包装机自动包箱气动系统原理如图 6-62 所示，系统的执行元件有纸箱定位纵向调整机构气缸 1、纸箱定位气缸 2、压箱气缸 3、侧沿折叠气缸 4 和 5（共 4 个）、上沿折叠气缸 6 和 7（共 4 个）、右喷胶滑台气缸 8、左喷胶滑台气缸 9、下沿折叠气缸 10 和 11（共 4 个）。其中缸 1 为双活塞气缸，其主控阀为二位五通单电控换向阀 36 和 37，采用单向节流阀 12～15 进行排气节流调速；缸 2～缸 11 的主控阀依次分别为二位五通换向阀 38～47（其中，阀 38、39、44、45 为双电控阀，其余为单电控阀），缸 2～缸 11 中各缸的两个气口均设有单向节流阀对缸进行排气节流调速，这些阀分别为 16～35。12 个电磁换向阀安装在同一块汇流板（图中未画出）上，气源 48 经截止阀 49、气动三联件 50 和汇流板向系统提供压缩空气，供气压力通过压力表 51 观测。消声器 52～55 用于降低排气噪声。

结合（1）中关于包箱的工作流程的描述，容易了解气动系统在各工况下的动作状态及气流路线。

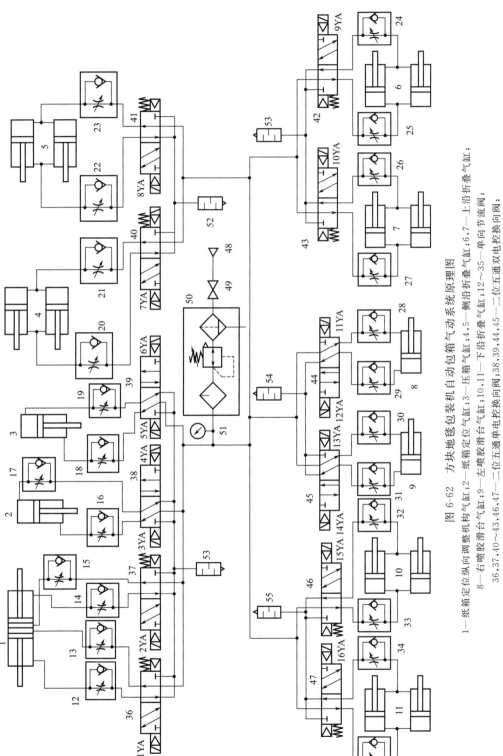

图 6-62　方块地毯包装机自动包箱气动系统原理图

1—纸箱定位纵向调整机构气缸；2—纸箱定位气缸；3—压箱气缸；4、5—侧沿折叠气缸；6、7—上沿折叠气缸；
8—右喷胶滑台气缸；9—左喷胶滑台气缸；10、11—下沿气缸；12～35—单向节流阀；
36、37、40～43、46、47—二位五通双电控换向阀；38、39、44、45—二位五通单电控换向阀；
48—气源；49—截止阀；50—气动三联件；51—压力表；52～55—消声器

（3）系统技术特点

① 方块地毯包装机集机、电、光、气于一体化，可提高包装的自动化水平和生产效率，减少了人力、物力需求，降低了包装成本。气压传动自洁性好，不会对产品造成污染。

② 系统各气动执行元件均采用排气节流调速，有利于提高工作部件的运行平稳性；根据工艺要求，合理调节各节流阀，可以改善包装质量，减少辅助时间。为了减少多缸同时动作对系统工作压力的影响，可在气动三联件之后增设储气罐（蓄能器）。

6.3.9　高速小袋包装机气动系统

（1）主机功能结构

高速小袋包装机采用气压传动和 PLC 控制，用于小袋食品的高速包装（0.5g，240 袋/min），具有聚料定量、包装成型、物料填充、包装封口等多项功能。

如图 6-63 所示，高速小袋包装机主要由供料盘 1，吹气口 2、3，触摸屏 4、气动控制阀组 5、变频器 6、切刀 8、横封 9、纵封牵引轮 10 等部分组成，其工作流程框图如图 6-64 所示，其中，供料方式为气动（吹气）供料。包装机工作时，包装纸经引导轮被送到包装袋成型器处，成型后的包装袋通过纵封加热轮完成热封合，并在纵封牵引轮的牵引下到达横封处，横封机构吸合将包装袋下口封合。此时物料经由气动供料装置的输送管道进入包装袋中，紧接着通过分离吹气口，压缩空气再次进入管道，将输送管道中残留物料分离，横封机构再次吸合，完成包装袋上部封合。包装机横封机构采用 U 形封口，吸合一次可同时完成当前次包装袋上口的封合和下一包装袋下口的封合。完成包装后，切刀将包装袋切离，落下的包装袋经过导向轮落入传送带中。

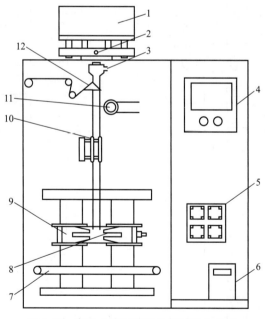

图 6-63　高速小袋包装机总体结构示意图

1—供料盘；2—供料吹气口；3—分离吹气口；4—触摸屏及控制按钮；5—气动控制阀组；6—变频器；
7—传送带；8—切刀；9—横封；10—纵封牵引轮；11—纵封；12—包装袋成型器

（2）气动（吹气）供料装置结构原理

如前所述，该包装机通过气动方式完成高速供料，其吹气供料装置结构原理如图 6-65 所示，在盛料盘 11 内有 8 个通孔 10，通孔内固定着容积式盛料器 5，容积式盛料器下部为金属细纱网，使气体能顺利通过。旋转盘 8 的侧壁设有气道，并且旋转盘经过连接件和盛料盘固定，使得通孔 10 和连接气道 9 在垂直方向保持无间隙重合，在转动时，物料盘与旋转盘有相同的旋转速度。当物料倒入盛料盘后，盛料盘旋转，物料落入容积式盛料器中。当盛料盘的通孔 10 与送料气道 4 在垂直位置重合时，压缩气体从进气气孔 7 进入，沿着路径从连接气道 9 到通孔 10 再到送料气道 4，即可将固定体积的物料带入输送管道，进入包装环节。

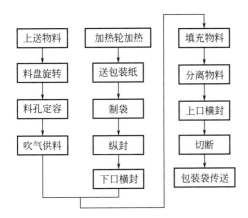

图 6-64　高速小袋包装机工作流程框图

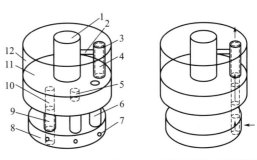

图 6-65　高速小袋包装机吹气供料装置结构原理图

1—中心轴；2—固定臂；3—送料管道；4—送料气道；5—容积式盛料器；6—连接管道；7—进气气孔；8—旋转盘；9—连接气道；10—通孔；11—盛料盘；12—围罩

(3) 气动系统原理

高速小袋包装机气动系统原理如图 6-66 所示，气源 1 经储气罐 2 和气动三联件 3 向系统提供压缩空气。系统的执行元件是 4 个气缸；纵封气缸 8 用于推动纵封沿纵封移动槽进行

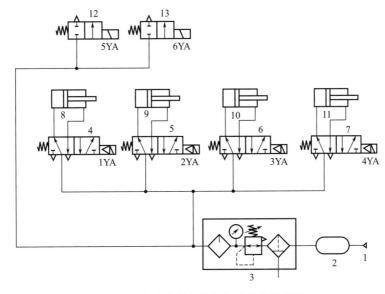

图 6-66　高速小袋包装机气动系统原理图

1—气源；2—储气罐；3—气动三联件；4～7—二位五通电磁换向阀；8—纵封气缸；9—纵封牵引轮气缸；10—横封气缸；11—切刀气缸；12—送料电磁阀；13—分离电磁阀

水平移动，在纵封到达指定位置后，提供恒定的气压，使纵封保持在指定位置，从而进行包装纸的纵封处理；纵封牵引轮气缸 9 用于推动后侧的纵封牵引轮向前侧牵引轮靠近，使牵引轮快速到达并保持在指定位置；横封气缸 10 用于推动横封，减小横封的水平行程，减少工作时；切刀气缸 11 用于快速推动切刀，确保将包装完毕的包装袋高速切割分离。气缸 8～11 的主控元件依次为二位五通电磁换向阀 4～7。

送料和分离分别采用二位二通电磁阀 12 和 13 控制：送料电磁阀 12 的作用是，当供料部分各气道位置匹配构成完整气道时开启，使得压缩空气顺利从进气口进入，将物料经由送料气道输送到管道中；分离电磁阀 13 则是在检测到物料沿管道经过检测点后开启，压缩空气从分离吹气口进入管道，确保物料完全进入包装袋包范围内，从而减少物料包装误差。

（4）PLC 电控系统

电控系统采用三菱 FX3U-32MT 型 PLC 并加装温度测量与控制模块 FX2N-2LC，PLC 电控系统的输入、输出地址分配如表 6-10 所示。控制程序采用高速计数器，以保证高速计数的精准性。

表 6-10　高速小袋包装机 PLC 的 I/O 地址分配表

序号	输入信号		输出信号	
	功能	地址代号	功能	地址代号
1	旋转编码器 A 相	X0	电机启动	Y0
2	旋转编码器 B 相	X1	电机点动	Y1
3	旋转编码器复位	X3	袋传送控制电机	Y2
4	计数光电开关	X4	补料控制电机	Y3
5	电机启动键	X5	横封电磁阀	Y4
6	电机点动键	X6	切刀电磁阀	Y5
7	电机停止键	X7	报警信号灯	Y6
8	气源不足报警	X10	送料电磁阀	Y7
9	无料检测接近开关	X11	分离电磁阀	Y10
10	急停按钮	X12	分组计数电磁阀	Y11
11			纵封压紧电磁阀	Y12
12			送纸电磁阀	Y13
13			气源电磁阀	Y14

（5）系统技术特点

① 高速小袋包装机采用吹气供料及气压驱动横封、纵封和切刀机构，通过 PLC 电控系统实现整机的自动控制，结构简单紧凑，生产效率高，安全可靠，不会因介质泄漏而污染物料。

② 气动系统组成简单，在满足驱动要求的同时，还可通过电磁换向阀实现送料和分离的控制。

6.3.10　自动物料（药品）装瓶系统气动系统

（1）主机功能结构

自动物料（药品）装瓶系统由机械、气动和 PLC 电控系统等部分组成，用于制药企业物料（药品）装瓶的自动化作业。机械系统为单元式模块结构，即由料瓶供应单元 1、物料供应单元 2、瓶盖供应单元 3、瓶盖拧紧单元 4 组成，如图 6-67 所示。其主要功能是料瓶、瓶盖和物料存储、定位和支撑，推送料瓶、瓶盖和物料过程中方向引导与定位，为传感器、直流电机和气动元件提供支承等，机械系统各单元的功能如表 6-11 所示。系统工作时的主要动作为：料瓶的推出与推送、物料装瓶、加盖、拧盖及入库。系统采用井式料仓（具有内、外圆柱面，便于物料存储和定位）分别存储料瓶、瓶盖和球形物料。料瓶的传送由直线气缸推送。工作过程中，料瓶、物料、瓶盖的有无以及位置检测由光电传感器完成，为了编程控制方便，气缸上安装磁性开关，以判断气缸伸出或缩回的状态。由于瓶盖的拧紧需要沿料瓶轴线方向直线运动和绕料瓶轴线回转运动，故采用直线气缸和低速直流电动机的组合结构。

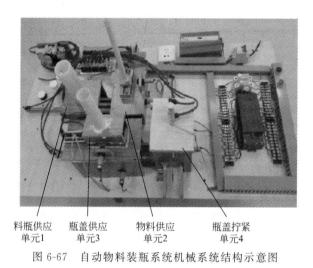

料瓶供应　瓶盖供应　物料供应　瓶盖拧紧
单元1　　单元3　　单元2　　单元4

图 6-67　自动物料装瓶系统机械系统结构示意图

表 6-11　机械系统各单元的功能

单元序号	功能及构成
料瓶供应单元 1	用于供应料瓶。由井式料仓 1 和支撑底座 1 构成
物料供应单元 2	用于供应物料。由上支撑底座与井式料仓 2 和下支撑底座组成。井式料仓 2 安装在单元 2 上支撑底座上。单元 2 上气缸和引导槽把物料推入落料孔中（在单元 2 料瓶定位位置的正上方，便于落入药瓶内）
瓶盖供应单元 3	用于供应瓶盖。由上支撑底座与井式料仓 3 和下支撑底座组成。井式料仓 3 安装在单元 3 上支撑底座上。单元 3 上气缸和引导槽把瓶盖推入落盖孔中
瓶盖拧紧单元 4	用于料瓶盖拧紧，由支撑底座、单元 4 下气缸、引导槽、单元 4 上升降气缸、直线电机和升降气缸与直线电机的连接附件组成

注：各单元的下气缸和引导槽布置在下支撑底座的底面，便于推出并引导料瓶。

　　自动物料装瓶系统的工艺流程框图如图 6-68 所示。操作者将料瓶、物料（球形药品）和瓶盖分别放入各自井式料仓中，井式料以内圆柱面定位，检测装置对井式料仓中的料瓶进行检测。系统启动后，当检测到料瓶供应单元 1 有料瓶时，推出料瓶到达物料供应单元 2（装药品）；当传感器检测到有药品且料瓶到位后，推出药片装入料瓶；装药品完成后推出料瓶到达瓶盖供应单元 3（供药瓶盖），当检测到有盖且料瓶到位后，推出瓶盖至药瓶上方。装瓶盖完成后推出料瓶到达瓶盖拧紧单元 4（拧紧瓶盖），当检测到料瓶到位后，执行拧盖动作。瓶盖拧紧后推瓶入库。

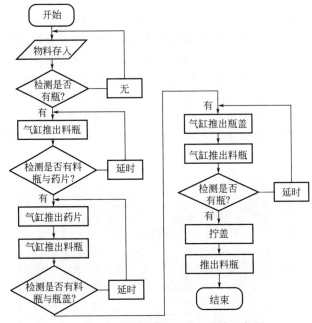

图 6-68 自动物料装瓶系统工艺流程框图

(2) 气动系统原理

自动物料装瓶系统气动系统原理如图 6-69 所示。系统的气源是空压机 24，它经气动三

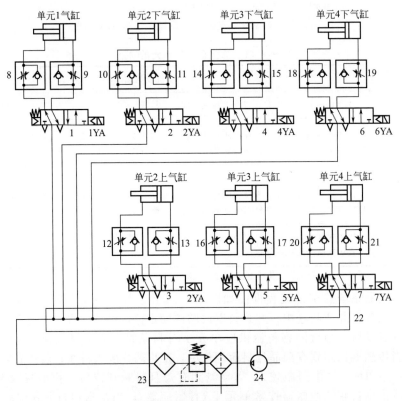

图 6-69 自动物料装瓶系统气动系统原理图

1～7—二位五通电磁换向阀；8～21—单向节流阀；22—汇流板；23—气动三联件；24—空压机

联件 23 向系统提供压缩空气。系统的气动执行元件有单元 1 气缸，单元 2、单元 3、单元 4 的下、上气缸等共 7 个气缸；其主控阀依次为二位五通电磁换向阀 1～7，各缸两气口均装有带快速接头的单向节流阀（依次为 8～21），用于进气节流调速；单元 2 上气缸和单元 3 上气缸两端均配有磁性开关（共 4 个），以实现其活塞杆伸缩位置的检测并发信。电磁阀安装在有 7 个安装位置的汇流板上。

当开启空压机并打开控制开关后，所有换向阀的电磁铁 1YA～7YA 均处于断电状态使其处于左位，压缩空气经换向阀和进口单向节流阀中的节流阀进入气缸有杆腔（无杆腔经单向节流阀中的单向阀排气），活塞杆退回到气缸底部。当换向阀的电磁铁分别通电时，各气缸分别伸出，实现单元 1 气缸推出料瓶至单元 2，单元 2 上气缸推出球形物料入药瓶，单元 2 下气缸推出料瓶至单元 3，单元 3 上气缸推出瓶盖至药瓶，单元 3 下气缸推出料瓶至单元 4、单元 4 上气缸下降拧紧瓶盖，单元 4 下气缸推出料瓶至入库。

（3）PLC 电控系统

自动物料装瓶系统采用西门子 S7-200 系列中 CPU226DC/DC/DC 的 PLC 作为控制器，其输入/输出 I/O 为 24/16，地址分配及硬件接线如图 6-70 所示。PLC 控制程序按自动物料装瓶系统工艺流程及各执行气缸动作顺序进行编制。PLC 接收按钮的启动和停止控制信号，根据各传感器反馈的状态信号，结合控制程序给各个电磁阀发出控制指令，使气缸和直流电机按照系统工艺流程图动作，从而控制整个系统工作。

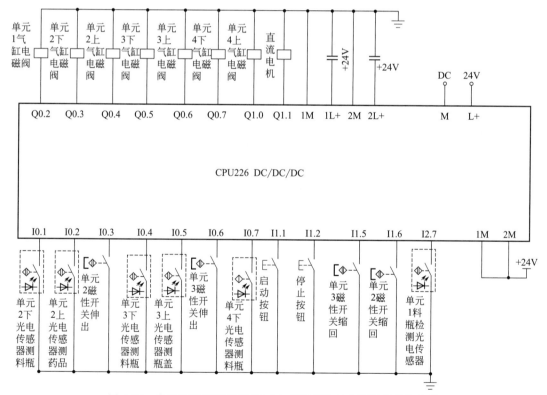

图 6-70　自动物料装瓶系统 PLC 电控系统地址分配及硬件接线图

（4）系统技术特点

① 自动物料装瓶系统将机械、气动和 PLC 电控技术融为一体，可实现医药生产过程中药品装瓶、计数、加盖、拧紧、入库等环节的自动化绿色生产。既避免了简单枯燥的重复性劳动，又确保了装瓶药品数量精确性，实现了生产过程信息化。

② 气动系统采用进气节流调速，如若改用排气节流，则对提高执行机构的运动平稳性更为有利。

③ 物料供应单元 2 上推料气缸、瓶盖供应单元 3 上推瓶盖气缸两端均配置有磁性开关（共 4 个），以实现其活塞杆伸缩位置的检测并发信。

④ 自动物料装瓶系统部分气动元件及电控元件的型号特性如表 6-12 所示。

表 6-12　自动物料装瓶系统部分气动元件及电控元件的型号特性

序号	元件	名称	型号	特性及说明
1	气动元件	空压机	EWS24（ELUAN 公司产品）	无油空压机,气源
2		气缸	CDJ2KB16-200（4 个）	用于料瓶推送
3		气缸	CDJ2KB16-50（3 个）	分别用于推料、推盖、直线电机升降
4		二位五通电磁换向阀	SY5120（7 个）	各气缸的动作控制
5		磁性开关	D-C73（4 个）	单元 2 上气缸、单元 3 上气缸活塞杆的伸缩位置检测并发信
6	电控元件	启动、停止按钮	LA25（2 个）	系统启动和停止
7		检测传感器	SB03-1K	光电漫反射式传感器,各单元检测是否有料瓶、物料、瓶盖
8		直流电机	XD-25GA370	直流减速电机,用于瓶盖的拧紧和上下直线升降运动,转速为 100rad/min,电压为 DC24V
9		PLC	S7-200 系列 CPU226DC/DC/DC	整机的控制器
10		AC/DC 电源模块	MWQ-120D	经过变压可输出直流 24V/12V/5V 电压

第7章
电子信息产业与机械手及机器人气动系统

7.1 概述

电子信息产业是研制和生产电子设备及各种电子元件、器件、仪器、仪表的工业，由电子元器件、广播电视设备、通信导航设备、雷达设备、电子计算机、电子仪器仪表、光电子、微电子和其他电子专用设备等生产行业组成。随着大规模集成电路和计算机的大量生产和使用，光纤通信、数字化通信、卫星通信技术的兴起，使电子信息工业成为一个迅速崛起的高技术产业，并对国民经济各部门和军事国防领域的发展产生了深刻影响，对人们的工作及生活水平的提高发挥着越来越重要的作用。电子信息制造业的工作环境一般要求洁净无污染，生产设备的载荷较小，但通常具有高速、高精度运转。

机械手是模拟人手和臂动作的机电系统，根据机电耦合原理，按主从原则进行工作，因此，它只是人手和臂的延长物，没有自主能力，附属于主机设备，动作简单、操作程序固定的重复操作，定位点不变的操作装置。即是按固定抓取、搬运物件或是操作工具的自动操作装置，它是早期机器人雏形。机器人则是靠自身动力和控制能力来实现各种功能的一种机器，它可以接受人类指挥，也可以按照预先编排的程序动作，现代工业机器人还可以根据人工智能技术制定的原则纲领行动。机器人在生产作业中能代替某些单调、频繁和重复的长时间作业，或在高温、高粉尘、高磁场、高海拔、高层建筑物及缆索维护、深海潜水等危险、恶劣环境下的作业。

电子信息产业与机械手及机器人的上述工况特点，使其驱动方式除采用电控伺服＋机械和液压外，为了提高设备的自动化、智能化水平和生产效率，减轻劳动强度，保护操作者安全及健康，大量采用气动这一洁净环保、节能高效、安全可靠、简单易控的驱动方式，并具有机、电、气一体化的显著应用特点。例如，光纤插芯压接机、液晶抛光机、微型电子元器件贴片机、电机线圈绕线机恒力压线板、液晶显示屏点胶机、超大超薄柔性液晶玻璃面板测量机、铅酸蓄电池回收处理刀切分离器、笔记本电脑键盘内塑料框架埋钉热熔机；自动化生产线机械零件抓（搬）运机械手、吸盘式机械手、车辆防撞梁抓取翻转机械手、医药安瓿瓶开启机械手；蠕动式气动微型管道机器人、连续行进式缆索维护机器人、爬行机器人、MRI（核磁共振成像）导航针刺手术机器人、上肢康复机器人、气动人工肌肉驱动器的六足步行机器人、可越障的抛投机器人、蠕动爬杆机器人、真空吸附爬壁机器人等。

本章介绍电子信息产业与机械手及机器人中14例典型气动系统。

7.2　电子家电工业中的气动系统

7.2.1　光纤插芯压接机气动系统

（1）主机功能结构

圆柱体光纤陶瓷插芯中心有一个微孔，用作固定光纤（图 7-1）。插芯与光纤连接器的插头压接时，要求两者精密对中，否则会影响光纤连接器的插入损耗和回波损耗，最终导致光纤通信的传输性能减弱，故将插芯压入连接器中并与之连接是光纤连接器生产中一道重要的工序，它是通过借助外力将光纤陶瓷插芯产生细微挤压变形后，使之与光纤连接器的 V 形槽进行连接。压接机就是对光纤陶瓷插芯和光纤连接器进行压接作业的一种专用机械（图 7-2），该机由主机和气动系统组成。主机由底座、光纤陶瓷插芯定位槽、触碰板等组成，用来实现光纤陶瓷插芯和光纤连接器的放置、定位，并通过气缸驱动按要求完成压接的加工动作。

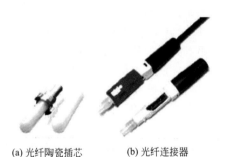

(a) 光纤陶瓷插芯　　(b) 光纤连接器

图 7-1　光纤陶瓷插芯和光纤连接器

图 7-2　光纤插芯压接机实物外形照片
1—定位槽；2—触碰板；3—底座；4—轻触
开关；5—电磁控制阀；6—气缸

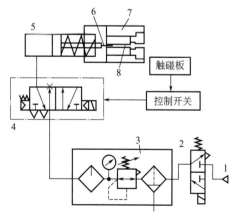

图 7-3　光纤插芯压接机气动系统原理图
1—气源；2—二位三通电磁阀；3—气动三联件；
4—二位五通电磁换向阀；5—气缸；
6—顶杆；7—压接模具；8—定位槽

（2）气动系统原理

光纤插芯压接机气动系统原理如图 7-3 所示。气源 1 经气动三联件 3 向系统提供经过滤、减压和润滑油雾化的压缩空气，二位三通电磁阀 2 为系统总开关阀。气缸 5 是系统唯一的执行元件（缸径为 30mm、行程为 50mm 的活塞式单作用单杆薄型气缸），其伸出运动由二位五通电磁换向阀 4 控制，缩回则靠有杆腔的弹簧力复位。控制开关为轻触开关，依靠内部金属弹片的受力状态实现闭合和断开。当开关上施加轻微的压力时，开关闭合接通；当释放压力时，开关断开。轻触开关结构小巧，连接简单，操作方便，易于控制。

当进行压接工作时，电磁阀 2 通电切换至下位。按下触碰板，控制开关闭合接通，二位五通电磁阀 4 通电切换至右位，压缩空气经电磁阀 2、气动三联件 3 和电磁阀 4 进入气缸 5 无杆腔，活塞杆克服弹簧力伸出，与活塞杆连接的顶杆将定位槽 8 中的光纤陶瓷插芯压入光纤连接器的

V 形槽内；松开触碰板，电磁阀 4 断电复至图示左位，切断进入气缸的压缩空气，气缸活塞杆和顶杆 6 在复位弹簧的作用下缩回，完成一次压接过程。

（3）系统技术特点

① 压接机采用气压传动，结构简单紧凑，体积小，重量轻，成本低，使用维护方便，可直接安装在工作台上进行作业。工效高（达传统的人工压接的 6 倍）；压接能力强，压接产品质量好。

② 工作介质绿色环保，无污染。除空压机声音外，无任何传动或能量转换的噪声，改善了工作环境。

③ 只需更改压接模具定位槽的尺寸，就可对不同型号的产品进行压接作业。

7.2.2　微型电子元器件贴片机气动系统

（1）主机功能结构

表面贴装技术 SMT（Surface Mounting Technology），是一种无须对印制电路板（Printed Circuit Board，PCB）进行钻孔（插装孔），直接将片式电子元器件或适合于表面组装的微型元器件贴装或焊接到印制或其他表面规定位置上的装联技术，贴片机是 SMT 技术的关键设备。贴片机主要由机架、元器件供料器、PCB 板承载机构、贴装头、驱动系统和计算机控制系统等组成。作为贴片机的一个重要组成部分，气动系统主要用于完成 PCB 板定位、夹紧，贴片头的取料、贴片等动作。

图 7-4 所示为龙门框架式贴片机结构及运动状态示意图，其运动过程为：PCB 板沿轨道传输，导轨一侧固定、一侧活动，用以适应不同宽度的 PCB 板；PCB 板进入贴片区后，气动升降台升起，PCB 板被紧紧夹在金属压片和传送带之间，不能沿着 U 轴方向有任何位移；双作用气缸升起，PCB 板被牢牢固定，开始贴片。

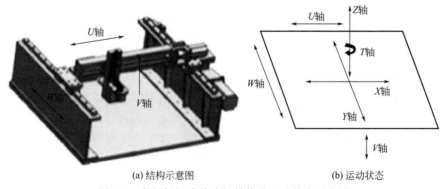

(a) 结构示意图　　　　　　　　(b) 运动状态

图 7-4　龙门框架式贴片机结构及运动状态示意图

总之，贴片机主要动作有 PCB 板的支撑、夹紧，贴片头的取料/贴片动作，贴片机真空破坏、完成贴片等 3 个。其具体工作顺序为：①输送 PCB 板。PCB 板沿 U 轴方向送至贴片区。②夹住 PCB 板。气动升降台在单作用气缸作用下伸出，夹住 PCB 板。③定位 PCB 板。双作用气缸升起，插入 PCB 板的孔中，起到定位作用。④取料。贴片头沿 Z 轴吸取元件。⑤贴片。贴片头放下元件，实现贴片。⑥破坏真空。按下操控按钮，破坏真空。⑦双作用气缸复位缩回。⑧单作用气缸复位缩回。⑨输送 PCB 板。输送带将 PCB 板输送至完成区。

（2）气动系统原理

贴片机气动系统原理如图 7-5 所示。气源 1 经气动三联件 2 和总开关 3 向以下各功能回路提供压缩空气。

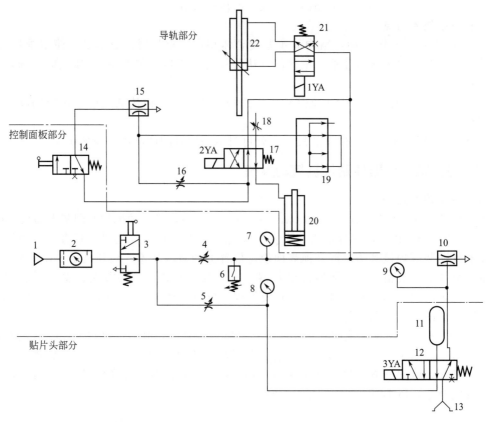

图 7-5 贴片机气动系统原理图

1—气源；2—气动三联件；3,14—二位三通手动换向阀（总开关）；4,5,16,18—节流阀；6—压力继电器；
7~9—压力表；10,15—真空发生器；11—蓄能器（储气罐）；12—二位五通电磁换向阀；13—真空吸盘；
17,21—二位四通电磁换向阀；19—分流器；20—单作用气缸；22—双作用气缸

① 贴片头回路。该回路的执行元件是真空吸盘 13，用于完成贴片头的取/放料动作。该回路有两个支路：一是正压支路，其气流路线为气源 1→气动三联件 2→总开关 3→节流阀 5→二位五通电磁换向阀 12→蓄能器 11。另一个是负压支路，其气流路线为真空发生器 10→电磁阀 12→真空吸盘 13，该支路的气压值由压力表 9 进行监测。

在电磁铁 3YA 不通电使二位五通电磁阀 12 处于图示右位时，吸盘 13 产生负压，将元件吸取；从总开关 3 流出的压缩空气经换向阀 12 向蓄能器 11 充气，为后续的贴片动作提供具有一定压力的压缩空气。当电磁铁 3YA 通电使换向阀 12 切换至左位时，真空吸盘 13 无负压，蓄能器经阀 12 与真空吸盘通路相通，其内部充满高压气体，将真空吸盘处的元件吹出，准确地将元件放至贴片位置，实现贴片动作。由此可见，只需控制电磁阀的通断电，即可准确地控制真空吸盘处的气压，从而实现元件的吸取和释放。由于电磁阀的响应时间为 6ms，故吸盘处的气体的正负压可在 10ms 内完成切换。

② 导轨支撑回路。气动系统另一功能是对 V 轴 PCB 板的支撑。当待贴片的 PCB 板就位后，由于 W 轴方向已经固定，传送带的摩擦力也使得在 U 轴方向固定，垂直于板的 V 轴方向上，金属压片紧压在 PCB 板上方，使得 V 轴向下固紧。V 轴方向向上的支撑则是由输送带下方的单作用气缸 20 驱动升降台实现。

实现 V 轴向上固紧的气动回路包括两个支路：一个是由二位四通电磁阀 21 控制的双作

气缸 22；另一个是由二位四通电磁阀 17 控制的单作用气缸 20。双作用气缸 22 处于 PCB 板正下方，在系统中起"定位销"的作用。在初始状态，双作用气缸处于最低位置；当电磁铁 1YA 通电使阀 21 切换至下位之后，从气动三联件 2 供出的压缩空气进入缸 22 的下腔，活塞杆向上运动，顶入 PCB 板的基准点之中，起定位作用。

单作用气缸 20 则是通过螺栓与升降平台固紧。在电磁铁 2YA 未通电使阀 17 处于图示右位时，升降台在弹簧力作用下处于最上端，升降台会带动 PCB 板传送导轨的皮带处于最上端，由于传送带与金属压片的摩擦力极大，PCB 板处于运动到位被固定的状态；当电磁铁 2YA 通电使阀 17 切换至左位时，升降台落下，传送带与金属压片不接触，PCB 板会跟随皮带沿 U 轴运动。

通过两个气缸的动作状态（表 7-1）容易了解各工况下气缸的进排气路线。

表 7-1　双作用气缸和单作用气缸动作状态表

序号	电磁阀 21	电磁阀 17	工况动作	
	1YA	2YA	双作用气缸 22	单作用气缸 20
1	＋	－	活塞杆处在最下端	活塞杆处在最下端
2	－	－	活塞杆处在最下端	活塞杆处在最上端
3	－	＋	活塞杆上行	活塞杆不动
4	＋	＋	活塞杆处在最上端	活塞杆处在最下端

注：＋为通电；－为断电。

③ 控制面板上破坏真空回路。当扳动阀 14 手柄使其切换至左位时，压缩空气经二位四通电磁换向阀 17 右位进入二位三通手动换向阀 14 左位，切断真空发生器的进气路，破坏了回路上的真空气路。

（3）系统技术特点

贴片机采用气压传动，通过真空吸盘实现元件的吸取和放置，负压和正压分别由真空发生器和蓄能器提供。工件 PCB 板的定位与固紧分别通过两个气缸完成。

7.2.3　电机线圈绕线机恒力压线板气动系统

（1）主机功能结构

绕线机的恒力压线板用于电机线圈绕线时对圆铜线施加恒定握力，以解决人工手持铜线、劳动强度大、线圈质量差的问题。压线板装置结构如图 7-6 所示，绕制线圈时，压线板

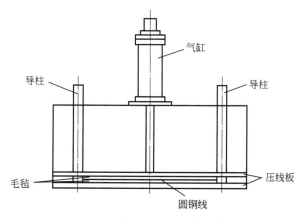

图 7-6　压线板装置结构示意图

通过尾部外法兰立式安装的气缸驱动,并用两个导柱导向,给圆铜线施以恒定的握力,使绕线均匀。

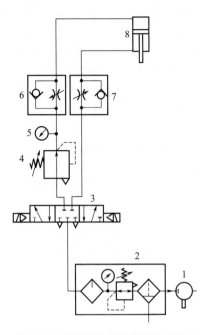

图 7-7　压线板装置气动系统原理图
1—空压机；2—气动三联件；3—三位五通
电磁换向阀；4—减压阀；5—压力表；
6,7—单向节流阀；8—气缸

单机半自动化工作,结构简单实用。

(2) 气动系统原理

压线板装置气动系统原理如图 7-7 所示,系统唯一的执行元件是带动压线板对圆铜线加压施以握力的气缸 8,其运动由三位五通电磁换向阀 3 控制,其向下和回程运动速度分别由单向节流阀 7 和 6 调控,减压阀 4 根据压线板所需握力调控气缸所需的压缩空气工作压力并维持恒定,以保证压线板在线圈绕线过程中给圆铜线施以恒定握力,减压阀输出压力通过压力表 5 监控。

系统的气源是空压机 1,通过气动三联件 2（分水滤气器、减压阀和油雾器）向系统提供洁净干燥、一定压力和润滑油雾化后的压缩空气。空压机提供的总管压力由压力传感器（图中未画出）监控,当所提供的总管压力达到压力传感器设定的最大值时,电磁阀断电,空压机以空载方式运行,如果在 6min 内总管压力下降到压力传感器设定的值,则系统关闭；如果在 6min 内总管压力下降至压力传感器设定的值,则电磁阀重新通电,空压机切换到负载运行,安全地提供绕线机所需的恒定气压。

(3) 系统技术特点

① 压线板采用气压传动与电气控制配合,实现了单机半自动化工作,结构简单实用。

② 利用力-气对应关系（$F = pA$,式中,p 为压缩空气压力；A 为气缸有效作用面积）,通过减压阀定压作用和结构一定的气缸向圆铜线施以恒定握力,取代了人工手握圆铜线方式,劳动强度低,绕线圈质量高。

③ 工作行程采用单向节流阀排气节流调速,有利于提高气缸工作平稳性。

④ 通过压力传感器检测控制系统总管压力及空压机的启停。

⑤ 压线板装置气动系统主要元件型号规格如表 7-2 所示。

表 7-2　压线板装置气动系统主要元件型号规格

序号	元件名称	型号	技术规格	
1	喷油螺杆空气压缩机	10A	压力 1.0MPa	排气量为 $1.01m^3/min$
				出口管径 $G\frac{3}{4}"$
2	分水滤气器	QSL-15-$\frac{C1}{S1}$		
3	油雾器	QIU-15-$\frac{C1}{S1}$		
4	压力控制阀	QTY-15-$\frac{C1}{S1}$		
5	三位五通电磁换向阀	4V430C-15		
6	单向节流阀	KLJ-15		

7.2.4　超大超薄柔性液晶玻璃面板测量机气动系统

(1) 主机功能结构

随着电子产品的不断更新换代，对液晶面板尺寸（目前可达 1800mm×1500mm，但单片玻璃厚度逐步薄化为 0.5mm、0.4mm 甚至 0.3mm 以下）与数量的需求持续增长。面板测量机是一种用于大尺寸、高柔度、易碎的液晶面板生产并线的视觉检测设备，工件的取放和移动过程均采用气动技术。

液晶玻璃面板测量机由气缸、大理石检测平台和机械臂等组成，如图 7-8 所示。其测量工艺需求为：机械臂移动定位到面板上方，定位面板中心并抓取面板移动到大理石平台上，使面板各边分别校正到相邻刀口标尺，多路检测相机模组同时移动，利用机器视觉多工位精确测量面板尺寸和角度，获得面板各边直线度和缺陷的质检数据信息，当此工序完成后，机械臂移动面板至下道工序。大理石平台和面板取放动作由气动系统负压回路及负压破坏回路来完成，机械臂的提升采用垂直安装的正压气缸动作实现。图 7-9 所示为液晶玻璃面板测量机实物。

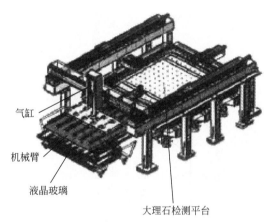

气缸

机械臂

液晶玻璃

大理石检测平台

图 7-8　液晶玻璃面板测量机结构示意图

图 7-9　液晶玻璃面板测量机实物

(2) 气动系统原理

液晶玻璃面板测量机气动系统原理如图 7-10 所示。

整个气动系统分为机械臂、大理石腔和气缸等 3 条支路，在机械臂支路和大理石腔支路都需正负气压交替实现面板取放。大理石腔体共分为中间大腔体和两边各一个小腔体，以适应大小面板吸附的通用性要求。

大理石平台负压回路通过负压传感器（图中未画出）对气源和大理石腔体内压力数据进行采集，完成对大理石平台吸附工作状况的实时监控；负压破坏回路通过正压的引入完成平台对玻璃面板的释放动作。负压回路和负压破坏回路通过二位三通电磁换向阀 E、F、G 实现大理石腔体的状态切换来完成大理石平台对面板的吸附与释放动作。

面板取放负压回路也采用负压传感器（图中未画出）来实时采集吸盘支路负压压力数据，然后通过调节电-气比例阀（图中未画出）来实现负压压力的实时调节，实现机械臂吸盘 1 对不同面板吸附压力及其稳定性的要求。通过电磁阀控制负压支路的通断来实现面板取放功能。负压破坏回路中正压气体经过调速节流阀 15 控制流量大小，调节面板释放动作的快慢节拍。

气缸 14 驱动机械臂升降移动的速度通过电-气比例调速阀 13 进行调控。

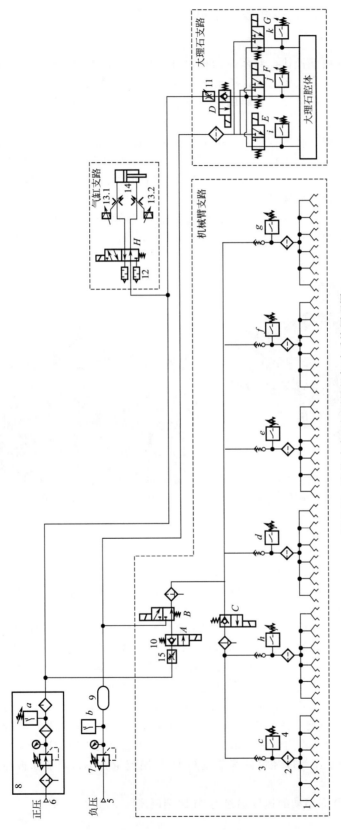

图 7-10 液晶玻璃面板测量机气动系统原理图

1—真空吸盘；2—真空过滤器；3—真空辅助器；4—压力开关；5—负压气源；6—正压气源；7—真空减压阀；
8—气动三联件；9—真空罐；10—电磁换向阀（A～H）；11,15—调速节流阀；12—排气消声器；
13—电气比例调速阀；14—气缸；a～k—压力开关（压力继电器）

系统的真空吸盘分为 6 组，每组 6 个吸嘴，中间 4 组为吸取小面板区域，增加两条支路共 6 路，则为大面板区域，吸嘴在距离面板边缘 50mm 的区域内均匀布点（图 7-11），并对 1、6 组和 2～5 组吸嘴分别用不同电磁阀控制，每组加装负压逻辑阀，使其在吸附时相对独立。

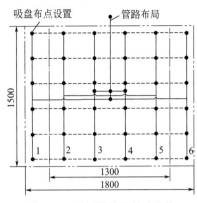

图 7-11　面板测量机气动系统
真空吸盘分组布点图

气动系统的主要工作过程如下。

① 吸盘吸附。负压气源 5（真空泵）打开，二位二通电磁阀 C 通电切换至下位（吸取小玻璃面板时，阀 C 无动作），真空经真空辅助阀 3 通入机械臂 6 组真空吸盘而吸附大玻璃面板，二位五通电磁换向阀 H 通电切换至上位，正压气体经阀 H 和比例调速阀 13-2 进入气缸 14 上腔，机械臂上升，横梁移动到位，电磁阀 H 断电复位，机械臂下移到位。

② 吸盘释放与大理石平台吸附。二位二通电磁换向阀 A、B 通电切换至下位，吸盘 1 通入正压释放玻璃面板；二位三通电磁换向阀 E、F、G 通电切换至右位，大理石腔体负压吸附（吸取小玻璃面板时，电磁阀 E、G 断电，只需大理石中间腔体吸附），二位五通电磁阀 H 通电，气缸 14 带动机械臂上升，设备视觉检测开始。

③ 大理石平台释放与吸盘移送。检测结束后，二位五通电磁换向阀 H 断电复至图示上位，气缸 14 上腔通入正压带动机械臂下移，二位二通电磁换向阀 D 通电切换至左位，二位三通电磁换向阀 E、F、G 断电复至图示左位，正压通入大理石腔体释放玻璃面板；二位三通电磁换向阀 B 断电复至图示下位，机械臂吸盘吸取玻璃面板，电磁阀 H 通电，机械臂上移，横梁移动运走玻璃到小车上方，电磁阀 H 断电复位，气缸带动机械臂下移到位，电磁阀 A、B 通电切换，机械臂放下玻璃面板，电磁阀 A 断电复至图示上位而关闭，检测动作完成。

（3）系统技术特点

① 基于机械臂协同操控的液晶玻璃面板测量机气动系统，可满足大尺寸液晶面板取放和移运过程自动控制。

② 采用负压吸盘进行吸附作业，采用正压气缸驱动机械臂的升降。

③ 为了保证气动系统安全，采取以下多种措施。

a. 在负压回路中采用了电-气比例阀，实现不同厚度规格面板吸附负压的自动调节，以适应不同厚度规格面板的混流生产对吸附负压的要求，并避免吸盘处负压与大气压力差损坏玻璃面板。

b. 采用丁腈橡胶的风琴形吸盘和带缓冲的吸盘接管，以免机械臂运动速度突变等原因，使接触面出现一定的倾斜和弧度摆动的工况时，提升玻璃面板吸附抵抗变形和振动能力，保证工件吸附的安全稳定性。

c. 在吸盘分组基础上，系统采用负压逻辑阀控制，使各组吸盘间相互独立，单个吸盘失效，即可自动对同组吸盘进行关闭隔离，避免失效扩散，从而影响到测量机的吸附安全。当一个吸盘出现失效导致同组 6 个吸盘关闭时，压力开关 c～h 至少有一个达不到设定压力值，系统即自动停止面板的取放和移运，并报警提示对相应组吸盘进行检测与更换。

d. 当供气系统故障时，提升气缸如不能有效防止机械臂急坠，就可能会导致面板与设备的损坏。将正压气源处压力开关 a 与控制提升气缸关联互锁，当压力开关报警时，电磁阀则切断提升气缸与气源的联系，使气缸形成密闭腔体，防止机械臂急坠；同时机械臂气动系统负压支路设计为常通，并增设真空罐，延迟其取放动作失效的影响，以融入人工干预的反应时间，提升机械臂气动取放动作的安全可靠性。

由于采取上述技术措施，使得气动系统运行安全可靠，在断电情况下，吸盘可安全吸附面板延时大于 60s。

④ 液晶玻璃面板测量机气动系统主要技术参数如表 7-3 所示。

表 7-3　液晶玻璃面板测量机气动系统主要技术参数

序号	元件	参数	数值	单位	序号	元件	参数	数值	单位
1	提升气缸	输出力 F_1	1.765	kN	17	真空罐	吸盘支路吸附节点	230	个
2		行程 L	400	mm	18		每个吸附点的泄漏量	10	mL/s
3		速度	<100	mm/s	19		负压吸附节点总泄漏量 q_4	$230 \times 10 = 2300$	mL/s
4		单程时间 t	5	s					
5		系统气压	0.7	MPa	20		容量 V	5	L
6		缸径 D	63	mm	21	管路	通径 d_2	6.5	mm
7		活塞杆直径 d	20	mm	22		总长（聚氨酯软管）	23	mm
8		耗气量 q_1	0.249	L/s	23		反应时间 t_1	2	s
9	真空吸盘	大面板重量	50	N	24		耗气量 q_2	0.25	L/s
10		小面板重量	34	N	25	大理石腔	总容积 V	13.4	L
11		大玻璃面板吸盘总吸吊力	300	N	26		正常工作压力	$p_1 = 101 - 40 = 61$	kPa
12		吸盘个数	36	个	27		面板释放时压力 p_0	101	kPa
13		单个吸嘴的吸吊力	$300 \div 36 = 8.3$	N	28		反应时间 t_2	5	s
14		真空泵额定压力	-600	Mbar	29		耗气量 q_3	1.757	L/s
15		吸附负压	-40	kPa	30		压缩空气消耗总量 $q = q_1 + q_2 + q_3$	135.36	L/min
16		吸盘直径 d_1	20	mm	31		真空吸附抽气量 $q' = q_2 + q_3 + q_4$	258	L/min

7.2.5　铅酸蓄电池回收处理刀切分离器液压与气动系统

（1）主机功能结构

刀切分离器是对铅酸蓄电池进行回收的一种切割装置，它通过改变刀片高度、侧压、下压、推送刀切等 4 步完成对多种规格蓄电池的切割，采用液压与气动实现自动化作业。铅酸蓄电池回收处理刀切分离器主体结构配置如图 7-12 所示，主要由刀片升降装置 1、下压装置 2、推送装置 4 及侧压装置 5 等部分组成。

下压装置与侧压装置由单杆气缸驱动，推送装置与刀片升降装置分别采用单液压缸和双液压缸驱动。刀切时，下压装置与侧压装置始终压紧工作台上的蓄电池。该装置采用斜切的方式刀切蓄电池（刀片在水平面内倾斜安装在与液压缸活塞杆相连的升降块上），升降装置整体安装在刀切分离器的底板上，与后续的振动分离器衔接。为

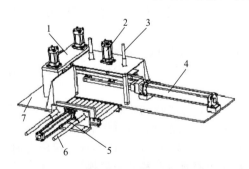

图 7-12　铅酸蓄电池回收处理刀切分离器主体结构配置示意图

1—刀片升降装置；2—下压装置；3,6—双导杆；
4—推送装置；5—侧压装置；7—底板

避免工作时，两个气缸的活塞杆及推送装置的液压缸的活塞杆因受径向作用力作用而过早损坏，气缸采用双导杆对气缸活塞杆进行保护，液压缸则采用立柱方形凹槽内的滑块机构对活塞杆进行保护。

在刀切过程中，通过刀片升降装置 1 中的液压缸调节刀片高度，使刀片与待切割蓄电池汇流条根部高度相适应。侧压装置 5 的气缸活塞杆将蓄电池从辊子运输线上推入刀切分离装置中，并压紧蓄电池。气缸驱动的下压及侧压装置将蓄电池压紧后，由液压缸驱动的推送装置 4 推送蓄电池经过刀片升降装置 1 进行刀切，直至上盖与下槽体完全分离。此后，下槽体继续被推入回收预处理工艺的振动分离器中。

（2）液压系统原理

从图 7-13 中可看到推送装置以及刀片升降装置的液压系统原理。2 个刀片升降液压缸 11 和 12 的进回油路并联，并采用三位四通电磁换向阀 7 控制其运动状态；2 个液压缸的同步运动由分流集流阀 10 调控，以保证双缸流量基本一致，满足升降精度需求；双缸锁紧由液压锁 9 控制；调速阀用于刀片速度调节和稳定。升降油路的油源为双联叶片泵 3 的小泵，其工作压力由电磁溢流阀 4-1 控制并由压力表 6-1 监控。当电磁铁 3YA 通电使阀 7 切换至右位时，小泵的压力油经阀 5、液压锁 9 右侧的液控单向阀进入双缸无杆腔（同时反向导通左侧液控单向阀，使双缸有杆腔油液经分流集流阀 10 左侧液控单向阀和阀 7 排回油箱），双缸同步下行；在刀切时，电磁铁 2YA 和 3YA 均断电使换向阀 7 处于 Y 型中位，控制压力油接通油箱而使液压锁 9 封闭双缸两腔，将双缸锁紧，以抗拒刀切过程中受到的外力干扰；刀切过程中，电磁铁 6YA 断电使电磁换向阀切换至右位，泵 3 的小泵卸荷。每完成一次刀切，电磁铁 2YA 通电使换向阀 7 切换至左位，小泵的压力油在经阀 7、液压锁 9 左侧的液控单向阀和分流集流阀 10 进入双缸有杆腔的同时，反向导通右侧液控单向阀，使缸的无杆腔经锁 9 和阀 7 向油箱排油，活塞杆完全缩回，再调定下一次刀片升降高度，以消除分流集流阀及双缸同步的累积误差。

推送液压缸 13 的运动状态由三位四通电磁换向阀 8 控制，油源为双联叶片泵 3 的大泵，

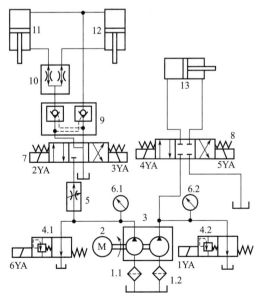

图 7-13　铅酸蓄电池回收处理刀切分离器液压系统原理图

1—过滤器；2—电动机；3—双联叶片泵；4—电磁溢流阀；5—调速阀；6—压力表；7—三位四通电磁换向阀
（Y 形中位机能）；8—三位四通电磁换向阀（O 形中位机能）；9—双向液压锁；10—分流集流阀；
11，12—刀片升降液压缸；13—推送液压缸

工作压力的设定及卸荷由电磁溢流阀控制,压力表 6.2 用于监控其压力。

（3）气动系统原理

从图 7-14 中可以看到下压和测压装置的气动系统原理,系统的执行元件为下压气缸 9 和侧压气缸 10,其运动方向分别由三位五通电磁换向阀 6 和二位五通电磁换向阀 5 控制,消声器 4、11 用于降低高速排气噪声;缸 9 下行加压与缸 10 右行侧压时的运动速度由单向节流阀 7 调控。气源 1 经截止阀 2 和气动三联件 3 向系统提供洁净、干燥、减压和润滑油雾化后的压缩空气。

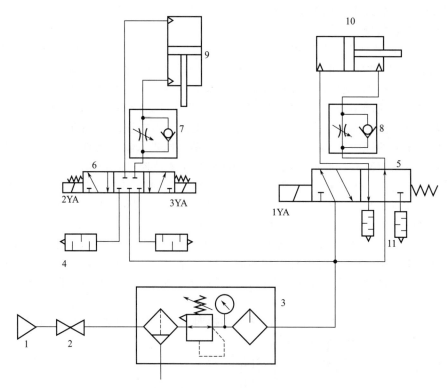

图 7-14　铅酸蓄电池回收处理刀切分离器气动系统原理图
1—气源;2—截止阀;3—气动三联件;4,11—消声器;5—二位五通电磁换向阀;
6—三位五通电磁换向阀;7,8—单向节流阀;9—下压气缸;10—侧压气缸

电磁铁 2YA 通电使换向阀 6 切换至左位时,压缩空气经阀 6 进入气缸 9 无杆腔(有杆腔经阀 6 排气),活塞杆带动下压装置下行将蓄电池压紧(下行速度由阀 7 的开度决定),之后,电磁铁 2YA 和 3YA 断电使换向阀 6 复至图示中位,保证在刀切完成后,活塞杆不会因突然失去下压反作用力而产生向下冲击现象。

（4）系统技术特点

① 铅酸蓄电池刀切分离器按工作机构的负载大小分别采用液压传动和气压传动,二者有机配合,实现了刀切分离器对不同规格型号铅酸蓄电池的切割及作业自动化,结构简单,易于维护。

② 在液压系统中,按工作性质将双联泵中的小泵和大泵分别作为刀切升降液压回路和推送液压回路的油源,以避免负载和速度性质不同造成压力及流量干扰,影响系统的正常工作;通过电磁溢流阀进行调压与卸荷,有利于系统节能和减少发热;通过液压锁及三位四通换向阀的 Y 形中位机能实现升降液压缸在刀切过程中的锁紧;通过分流集流阀实现双缸同步。

③ 在气动系统中，采用单向节流阀对气缸进行排气节流调速，有利于提高工作机构的运行平稳性。

④ 铅酸蓄电池回收处理刀切分离器液压气动系统主要技术参数如表 7-4 所示。

表 7-4　铅酸蓄电池回收处理刀切分离器液压气动系统主要技术参数

序号	元件	参数	数值	单位	序号	元件	参数	数值	单位
1	推送液压缸	最大负载 F_1	15	kN	14	液压泵	泄漏系数 K	1.2	
2		行程 L_1	700	mm	15		大泵流量 $q_{P1}=Kq_1$	56.52	L/min
3		工进速度	100	mm/s	16		小泵流量 $q_{P1}=Kq_2$	4.5	
4		系统压力 p_1	2.2	MPa	17		驱动电机功率 P	4	kW
5		缸径 D_1	100	mm	18	下压气缸	最大负载 F_3	180	N
6		活塞杆直径 d_1	50	mm	19		行程	100	mm
7		流量 q_1	47.1	L/min	20		缸径 D_3	50	mm
8	升降液压缸	最大负载 F_2	250	N	21		工作压力 p_4	0.6	MPa
9		行程 L_2	75	mm	22	侧压气缸	最大负载 F_4	200	N
10		下降速度	10	mm/s	23		行程 L_4	500	mm
11		缸径 D_2	63	mm	24		缸径 D_4	50	mm
12		两腔面积比	2		25		工作压力 p_4	0.6	MPa
13		单缸流量 q_2	1.87	L/min	26	蓄电池	高差×宽度	46×42	mm

7.2.6　笔记本电脑键盘内塑料框架埋钉热熔机气动系统

（1）主机功能结构

热熔机在电子和灯具等产品的组装流水线中使用普遍，其功能是将螺母等热熔零件熔入塑料件内，以便塑料件和其他零件间的组装，或者将两个及以上不便于用螺母连接的零件或产品进行热熔组装。本热熔机采用气压传动，用于某品牌笔记本电脑键盘内塑料框架埋钉作业，即在塑料框架上预留底孔，将铜制螺母打入孔内固定，以便塑料框架与其他元件采用螺钉连接。

热熔机由机架 1、工作台 2、工作台上固定的 4 个立柱导轨 3、工作台上方套合在立柱导轨上的加热板 5、立柱导轨上方固定的控制柜 6 等组成，如图 7-15 所示。气缸活塞杆 7 与加热板 5 固连，工作台与加热板分别安装治具的上、下模板。机器工作时，气缸活塞杆带动加热板上下动作，操作工手持塑料框架在工作台的治具下模板定位，而后手持螺母套入上模板的钉套中，按动开关，钉套下降深入孔洞实现热熔固定。钉套升起时，螺母已经热固在塑料框架的孔洞中，而后进行下一次埋钉操作。

（2）气动系统原理

热熔机气动系统原理如图 7-16 所示，气源 1 经二位三通手动换向阀（气源开关）2 和气动二联件 3 向系统提供过滤和合适压力的压缩空气。气缸 9 用于驱动热熔机的加热板升降完成埋钉作业，缸 9 的主控阀为三通五通电磁换向阀 4，其运动速度由单向节流阀 5 和 6 双向排气节流完成，缸的快慢速换接由二位二通电磁换向阀 8 和单向节流阀 7 完成。气缸上安装的 3 个磁电开关

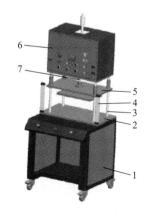

图 7-15　热熔机结构图
1—机架；2—工作台；3—主柱导轨；4—光幕；5—加热板；6—控制柜；7—气缸活塞杆

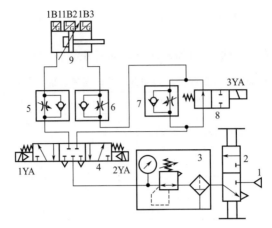

图 7-16　热熔机气动系统原理图

1—气源；2—二位三通手动换向阀（气源开关）；3—气动二联件；4—三位五通电磁换向阀；

5～7—单向节流阀；8—二位二通电磁换向阀；9—气缸（带磁性开关）

1B1、1B2、1B3 是系统的主要信号源。热熔机气动系统动作状态如表 7-5 所示。

表 7-5　热熔机气动系统动作状态表

序号	工况动作	电磁阀 4		电磁阀 8	延时继电器 1	延时继电器 2
		1YA	2YA	3YA		
1	快进	+	-	-	-	-
2	中停	-	-	-	+	-
3	慢进	+	-	+	-	-
4	原位停止	-	-	-	-	+
5	快退	-	+	-	-	-
6	手动慢进	+	-	+	-	-
7	手动快退	-	+	-	-	-
8	光幕	-	-	-	-	-
9	急停	-	-	-	-	-

注：＋为通电；－为断电。

采用费斯托公司的 FluidSIM 软件系统设计的与气动回路相关联的电气控制系统原理如图 7-17 所示。

结合图 7-16 和图 7-17 对系统工作过程简要说明如下：打开气源总开关（即阀 2 切换至上位），接通气源，检测传感器开始工作，磁电开关 1B1 有信号，为了安全起见，实际生产中要左、右手同时按下两个气动按钮，继电器 K1 才能够接通，电磁铁 1YA 通电使换向阀 4 切换至左位，压缩空气经阀 4 和阀 5 中的单向阀进入气缸 9 无杆腔（有杆腔经阀 6 中的节流阀和阀 8 及阀 4 排气），活塞杆带动加热板快速伸出（快进）；当运动到磁电开关 1B2 处时，活塞杆停止；延时继电器 K4 延时一定时间后，继电器 K1、K3 接通，电磁铁 1YA、3YA 同时通电使阀 4 切换至左位，阀 8 切换至右位，气缸进气气流路线与快进相同，但排气则经阀 6 和阀 7 及阀 4，故气缸切换至慢速进给，准备热熔埋钉；当运动达到电磁开关 1B3 处时，活塞杆停止，延时继电器 K5 延时一定时间后，完成热熔埋钉动作，继电器 K2 接通，电磁铁 2YA 通电使换向阀 4 切换至右位，活塞杆带动加热板快速退回至初始位置。

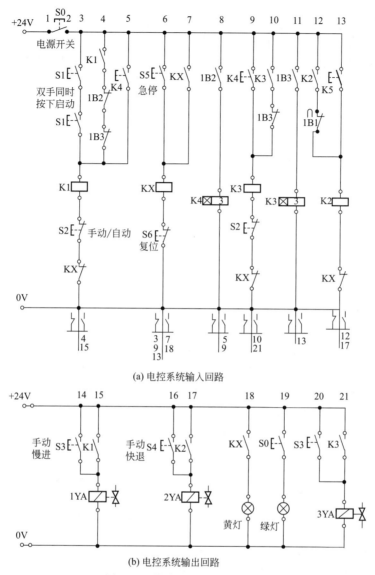

(a) 电控系统输入回路

(b) 电控系统输出回路

图 7-17　热熔机电控系统原理图

（3）系统技术特点

热熔机采用气压传动并采用 FluidSIM 软件对气动系统和电控系统进行设计与仿真；整机结构紧凑，气动回路组成简单。

7.3　机械手气动系统

7.3.1　自动化生产线机械零件抓运机械手气动系统

（1）主机功能结构

在自动化生产线（自动线）机械零件的抓取、搬运和放置中采用图 7-18 所示的机械手，机械手安装在导轨上，其中零件的抓取和放置动作由气动系统完成；搬运动作由步进电机驱动输送带来完成；其末端执行结构是夹紧气缸。通过控制高速脉冲的个数和频率，结合方向信号，控制步进电机转角、转速和转向的调节，实现机械手在生产线上的位移、速度、方向

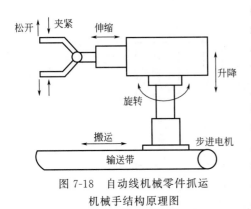

图 7-18 自动线机械零件抓运
机械手结构原理图

等参数的控制。根据零件加工工艺流程要求，该机械手在工作时，把零件从送料站搬运到第一个工艺位置，完成工艺加工后，再把零件搬运至第二个工艺位置……，在完成零件加工工艺流程中所有搬运工作后，机械手回到原点位置搬运下一个零件。机械手在气压传动和 PCL 控制下的具体工作流程为：①启动。系统初始化，机械手回坐标原点。②检测各工艺位置是否有零件。根据各工艺位置检测到的零件信息，机械手去有零件的工艺位置抓取零件并送回废料箱，直到所有工艺位置上均没有零件为止。③抓取零件。在送料站有零件送出时，机械手臂顺时针旋转 90°，手爪伸出、夹紧零件、提升，缩回

并旋转至手臂原点。④搬运。机械手在输送带的作用下，由送料位置移动到第一个工艺位置。⑤放置零件。机械手到达第一个工艺位置后，机械手顺时针旋转 90°，手臂伸出后下降，放置零件，手爪松开，手臂上升，缩回并旋转至手臂原点等待。待第一个工艺完成后，机械手再把零件搬运至第二个工艺位置。⑥循环④和⑤，直到完成零件的所有工艺完成后，机械手回原点，开始第二个零件的搬运。

(2) 气动系统原理

自动线机械零件抓运机械手气动系统原理如图 7-19 所示，执行元件有升降气缸、伸缩气缸、旋转气缸（摆动气马达）和夹紧气缸，其气流方向分别由二位四通电磁换向阀 1~4 控制，实现机械手的升降、伸缩、旋转和手爪的松开、抓紧等动作，气缸两端极限位置装有磁性感应开关，用于检测机械手的运行状态并向 PLC 反馈相应信号。单向节流阀 5 及 6、7 及 8、9 及 10 分别用于升降缸、伸缩缸和旋转缸的双向排气节流调速，以改变机械手抓取和放置零件的快慢。

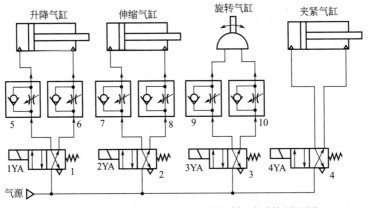

图 7-19 自动线机械零件抓运机械手气动系统原理图
1~4—二位四通电磁换向阀；5~10—单向节流阀

(3) PLC 电控系统

在自动化生产线上，PLC 电控系统是核心主工作站，它控制着气动机械手这一搬运工作从站与其他工作从站（如加工、装配、涂装等）配合协同工作，PLC 控制系统通过 PPI 协议与各从站进行信息通信。自动线机械零件抓运机械手 PLC 电控系统框图如图 7-20 所示。其中 PLC 为西门子 S7-200 系列（CPU226），其 I/O 地址如表 7-6 所示。机械手的动作

是由 4 个气缸和 1 个步进电机完成，控制程序采用主控程序和子程序相结合的方法进行编制，由于机械手工作时的抓取、搬运、放置等动作是重复进行的，故这 3 个动作为子程序，在需要的时候调取使用，控制程序框图如图 7-21 所示。

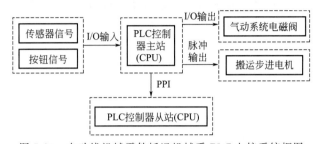

图 7-20　自动线机械零件抓运机械手 PLC 电控系统框图

表 7-6　自动线机械零件抓运机械手 PLC 的 I/O 地址分配表

序号	输入信号		输出信号	
	功能	端口地址代号	功能	端口地址代号
1	复位	I0.0	步进电机脉冲	Q0.0
2	启动	I0.1	步进电机方向	Q0.1
3	紧急停止	I0.2	手臂上升	Q0.2
4	机械手原点	I0.3	手臂伸出	Q0.3
5	搬运左限位	I0.4	手臂旋转	Q0.4
6	搬运右限位	I0.5	手臂夹紧	Q0.5
7	旋转原点位置	I0.6	蜂鸣器	Q0.6
8	顺时针旋转限位	I0.7	红色信号灯	Q0.7
9	上升限位	I0.0	红色信号灯	Q1.0
10	下降限位	I0.1	红色信号灯	Q1.1
11	伸出限位	I0.2		
12	缩回限位	I0.3		
13	手爪松开	I0.4		

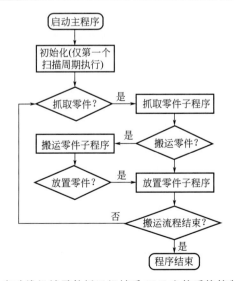

图 7-21　自动线机械零件抓运机械手 PLC 电控系统控制程序框图

（4）系统技术特点

① 该机械手集机械、气动、PLC 电控于一体，自动化水平和生产效率高，工作介质绿色环保，有利于减轻操作者劳动强度和操作危险性，保护操作者人身健康。

② 气动系统中采用了附带磁性感应开关的气缸，实现了执行元件工作状态的检测与信号反馈（PLC 的输入信号），与 PLC 一起构成完整的自动控制系统；气缸采用单向节流阀双向排气节流调速，有利于提高各执行机构的运行平稳性。

7.3.2 教学用气动机械手系统

（1）主机功能结构

此处介绍的气动机械手，主要为学校教学实训之用，学生可以自行安装、调试，进行课程教学实验，该气动机械手包括旋转气缸 A、升降气缸 B、伸缩气缸 C 和夹手气缸 D 四个执行机构，如图 7-22 所示。其功能依次为：旋转气缸 A 带动机械手臂的旋转；升降气缸 B 带动手臂的升、降；伸缩气缸 C 带动手臂的伸、缩；夹手气缸 D 作为机械手的末端执行装置用于带动手指的松开与夹紧。

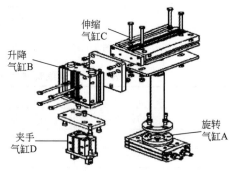

图 7-22 教学用气动机械手结构示意图

（2）气动系统原理

教学用机械手气动系统原理如图 7-23 所示。系统的执行元件如有旋转气缸 A、升降气缸 B、伸缩气缸 C 和夹手气缸 D，各缸都带有磁环，以使气缸外的磁性开关发信控制机械手的工作顺序；各缸的运动方向依次分别由二位五通电磁换向阀 1、3、2 和 4 控制，其双向排气节流调速依次分别由 5 及 6、9 及 10、7 及 8、11 及 12 完成。系统的压缩空气由气源经分水滤气器和减压阀提供。由表 7-7 所示的教学用机械手气动系统动作状态表，容易了解系统在各工况下的气流路线。

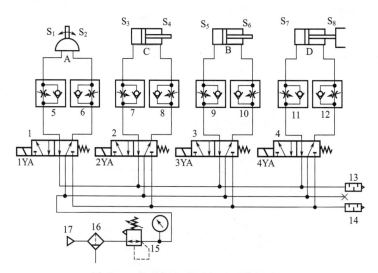

图 7-23 教学用机械手气动系统原理图

1～4—二位五通电磁换向阀；5～12—单向节流阀；13,14—消声器；15—减压阀；16—分水滤气器；
17—气源；S_1～S_8—磁性开关；A—旋转气缸；B—升降气缸；C—伸缩气缸；D—夹手气缸

表 7-7　教学用机械手气动系统动作状态表

序号	信号源	工况动作	电磁阀 1	电磁阀 2	电磁阀 3	电磁阀 4
			1YA	2YA	3YA	4YA
1	按下启动按钮	缸 C 带动手臂前伸	−	+	−	+
2	磁性开关 S4	缸 B 带动前臂下降	−	+	+	+
3	磁性开关 S6	缸 D 带动夹手夹紧	−	+	+	−
4	磁性开关 S7	缸 B 带动前臂上升	−	−	−	−
5	磁性开关 S5	缸 C 带动手臂收回	−	−	−	−
6	磁性开关 S3	缸 A 带动旋转气缸右旋	+	−	−	−
7	磁性开关 S2	缸 C 带动手臂前伸	+	−	−	−
8	磁性开关 S4	缸 B 带动前臂下降	+	+	+	−
9	磁性开关 S6	缸 D 带动夹手松开	+	−	−	+
10	磁性开关 S8	缸 B 带动前臂上升	+	+	−	+
11	磁性开关 S5	缸 C 带动手臂收回	+	−	−	+
12	磁性开关 S3	缸 A 带动旋转气缸左旋	−	−	−	+
13	磁性开关 S1	停止、原位				

注：1.＋为通电；一为断电。

2.原位：旋转气缸处于 0°（左旋到底）状态，升降气缸和伸缩气缸的活塞杆都处于收回状态，手指气缸处于松开状态。

(3) PLC 电控系统

机械手采用 PLC（西门子 S7-200 系列）电控系统实施控制；机械手的开关面板（图 7-24）由一个三档开关按钮和两个按动按钮组成；整个 PLC 的 I/O 地址分配及硬件接线如图 7-25 所示。当气缸工作到端点位置时，相应的磁性开关发信给 PLC，再由 PLC 根据控制程序（梯形图）发出指令，来控制下一步动作。

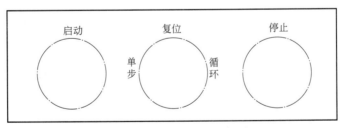

图 7-24　教学用机械手开关面板

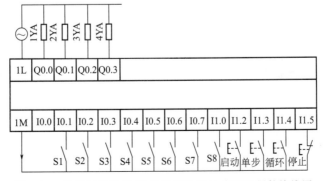

图 7-25　教学用机械手 PLC 的 I/O 地址分配及硬件接线图

(4) 系统技术特点

① 该气动机械手集机械、气动与 PLC 电控于一体，制造操作方便，拆卸简单，适用于学生实训教学。

② 为了便于实验时组装与拆卸，气动系统在满足功用要求的同时，夹手气缸在电磁铁断电的状态下仍处于夹紧状态结构，满足了最基本的安全性要求；手臂升降气缸和手臂伸缩气缸均具有导向功能。

7.3.3 车辆防撞梁抓取翻转机械手气动系统

(1) 主机功能结构

防撞梁是车辆中的重要部件（重 5kg），可在碰撞时吸收由此所产生的冲击能量，保障

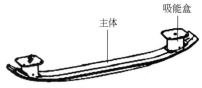

图 7-26 防撞梁的结构组成

人员安全。防撞梁由吸能盒及主体部分组成（图 7-26）。在防撞梁制造过程中，完成胶接工序及热压工序后，气动机械手要将防撞梁夹取从水平位置再翻转 90°并固定，以便机器人对它完成钻铆工序。

防撞梁抓取翻转机械手总体结构如图 7-27 所示，其末端执行器为气动卡爪（简称气爪）3，同时有两个直线移动组件使卡爪进入抓取工作区域，作业完毕退回初始位置，它具备沿 X 轴、Z 轴移动以及绕 B 轴转动的自由度，其中 X 轴和 Z 轴采用滚珠丝杠传动，B 轴转动由电机和行星减速器带动。各轴的移动及转动由步进电机驱动实现，并带自锁功能。夹取动作由气动（气缸的移动以及气爪的松夹并自锁）完成。翻转关节处设有两个触碰式开关，用来检测翻转初始角度以及翻转终点角度。在气爪下方设有一个触碰式开关，用来检测气爪是否下降到可以抓取防撞梁的位置。X 轴和 Z 轴通过设置光电开关来检测两端极限位置以及是否移动到气动卡爪的抓取工作位置。

(2) 气动系统原理

机械手的抓取动作由气动系统（图 7-28）完成，执行元件为两个气爪 5 和 6（型号 MHZ

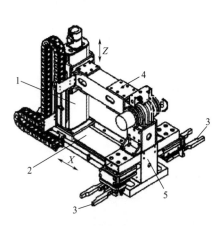

图 7-27 防撞梁抓取翻转机械手总体结构示意图
1—Z 轴运动组件；2—X 轴运动组件；
3—气爪；4—横梁；5—翻转组件

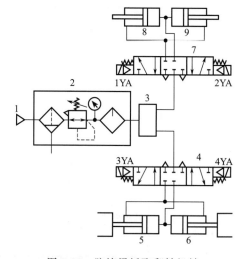

图 7-28 防撞梁抓取翻转机械
手气动系统原理图
1—空压机；2—气动三联件；3—阀板；4,7—三位
五通电磁换向阀；5,6—气爪；8,9—气缸

2-40D，松夹行程为 30～60mm）及两个气缸 8 和 9（型号 MGPM40-75，有效行程 75mm）。气爪的作用是对防撞梁进行夹紧或松开，夹持部位为防撞梁的两处吸能盒，两个气爪的位置分别设置于左右气缸的下方，可以随气缸伸出或缩回；气缸的主要作用是带动气爪移动到指定的位置，以便气爪执行夹紧或松开防撞梁的动作。气缸分别设置在翻转组件的左右两侧。两个气爪和两个气缸的运动状态分别由三位五通电磁换向阀 4 和 7 控制；电磁阀 4 和 7 的中位均为 O 型机能，可对气爪和气缸锁紧，以使气缸和气爪保持当前的状态位置。空压机 1 经气动三联件 2 和阀板 3 分为两路向气爪和气缸提供压缩空气，空压机供气压力为 1MPa。由系统的动作状态（表 7-8）容易了解系统在各工况下换向阀的电磁铁通断情况及气流路线。

表 7-8　防撞梁抓取翻转机械手气动系统动作状态表

序号	工况动作	电磁铁			
		1YA	2YA	3YA	4YA
1	夹紧	−	+	+	−
2	松开	+	−	−	+
3	锁紧				

注：＋为通电；—为断电。

（3）系统技术特点

① 三自由度机械手可实现对防撞梁进行抓取、翻转并固定配合机器人工作。通过气动系统驱动末端气动卡爪实现夹取，步进电机控制各轴移动以及翻转并带自锁功能。工作可靠度高，能够满足机器人对防撞梁钻铆工序的要求。

② 气动系统元件数量少，气路结构简单。

7.3.4　医药安瓿瓶开启机械手气动系统

（1）主机功能结构

安瓿瓶是医药行业用于盛装注射或口服药液的小型玻璃容器，容量一般为 1～25mL，但对医务人员或有关消费者而言，在使用（开启折断）中经常出现开启困难及产生断裂口割伤手指等事故。气动机械手就是一种对安瓿瓶进行安全开启的专用设备，它采用气压传动和 PLC 控制，能对不同规格的安瓿瓶进行开启。

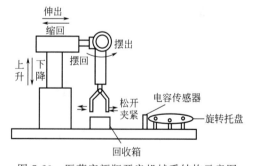

图 7-29　医药安瓿瓶开启机械手结构示意图

如图 7-29 所示，该机械手主要由折断机构、旋转托盘机构、蜂鸣报警装置、尺寸选择开关、气动系统和 PLC 电控系统等几部分组成。主要功能部件的作用如表 7-9 所示。

表 7-9　医药安瓿瓶开启机械手主要功能部件的作用

序号	功能部件名称	作用
1	安瓿瓶折断机构	由四自由度的气动机械手构成，以 4 个气缸为执行元件，完成升降、伸缩、旋转、夹紧动作，工作循环一次折断一个安瓿瓶的瓶口
2	旋转托盘机构	它是一个直径为 10cm 的圆形塑料托盘，托盘上注塑有 6 个直径为 12mm、深度为 30mm 的凹槽，用于承载安瓿瓶。该旋转托盘机构以一台步进电机为执行元件，工件是否到位通过电容传感器检测

序号	功能部件名称	作用
3	蜂鸣报警装置	当旋转托盘转动 360°时,给出报警信号
4	安瓿瓶规格尺寸选择开关	现抗生素、疫苗等药品所使用的安瓿瓶容量一般为 1mL、2mL 两种,加工之前通过控制面板的旋钮开关来选择加工工件的容量,旋钮开关旋至左边为 1mL 安瓿瓶,旋至右边为 2mL 安瓿瓶

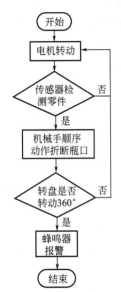

图 7-30　医药安瓿瓶开启机械手工作原理框图

由图 7-30 所示框图可知,机械手的工作原理为:按下开始按钮,盛有安瓿瓶的旋转托盘在步进电机的带动下旋转(旋转方向不限),当处于加工位置处的电容传感器检测到安瓿瓶时,传感器发出信号使旋转托盘停转,同时机械手动作完成折断安瓿瓶瓶口工作,接着旋转托盘继续旋转,待电容传感器再次检测到加工工件时,重复上述动作,否则继续旋转,直到旋转托盘转动 360°时,蜂鸣报警器发出工作完成报警信号,系统停止工作(机械手复位,步进电机停转)。安瓿瓶折断机构(即机械手)的工作流程为:启动(原点位)→升降气缸上升→伸缩气缸伸出→升降气缸下降→夹紧气缸夹紧(保压)→摆动气缸上旋45°→升降气缸上升→伸缩气缸缩回→摆动气缸回摆→夹紧气缸松开,准备下次循环。

(2) 气动系统原理

医药安瓿开启机械手气动系统原理如图 7-31 所示,系统的气源 1 经气动二联件向各执行元件提供压缩空气,输出压力为 0.5MPa。如上文所述,该机械手的执行元件主要有升降气缸、伸缩气缸、摆动气缸、夹紧气缸 4 个气缸,其中升降气缸为带有磁性开关的气缸,目的是使该缸下降的距离和停位更为准确。上述各缸的主控阀依次分别为电磁换向阀 3～6,各气缸进排气口依次分别设有排气节流的单向节流阀 7 及 8、9 及 10、11 及 12、13 及 14,通过调节其开度满足各气缸的负载大小不同的要求,并防止在动作过程中因突然断电等原因造成的机械零件冲击

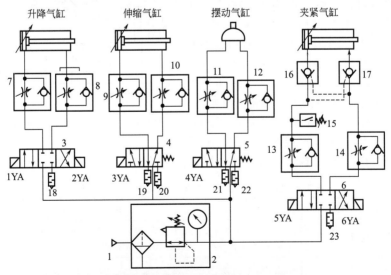

图 7-31　医药安瓿瓶开启机械手气动系统原理图

1—气源;2—气动二联件;3,6—三位四通电磁换向阀;4,5—二位五通电磁换向阀;
7～14—单向节流阀;15—压力继电器;16,17—气控单向阀;18～23—消声器

损伤。在夹紧气缸无杆腔进气支路设有压力继电器 15，其作用是在夹紧气缸夹紧工件颈部过程中，保证手指既能可靠夹紧硬而脆的安瓿瓶的颈部，又不致将瓶口夹碎，故压力继电器的设定压力为恰好夹紧瓶颈的大小，当夹紧气缸夹紧工件进气压力达到压力继电器 15 设定值时发信，电磁铁 5YA 断电使换向阀 6 复至中位，夹紧气缸被气控单向阀 16 和 17 锁紧保压，保证工件恰好抓紧。

系统的原位状态为升降气缸下降、伸缩气缸缩回、摆动气缸摆回、夹紧气缸松开。

（3）PLC 电控系统

整个机械手控制需要 13 个输入，8 个输出，故电控系统采用 FX1N-24MT 型 PLC（14 输入，10 输出，输出类型为继电器）进行控制。PLC 的 I/O 地址分配如表 7-10 所示，图 7-32 所示为医药安瓿瓶开启机械手的控制程序（特征步进梯形图）。

表 7-10　医药安瓿瓶开启机械手 PLC 的 I/O 地址分配表

序号	输入信号		输出信号	
	功能	端口地址代号	功能	端口地址代号
1	开始按钮 SB1	X0	转盘电机脉冲 M1	Y0
2	停止按钮 SB2	X1	蜂鸣器 K1	Y1
3	1mL/2mL 切换 SA1	X2	升降气缸上升电磁铁 1YA	Y2
4	电容传感器 B1	X3	升降气缸下降电磁铁 2YA	Y3
5	升降气缸上升限位 1B1	X4	伸缩气缸电磁铁 3YA	Y4
6	升降气缸 1mL 限位 1B2	X5	摆动气缸电磁铁 4YA	Y5
7	升降气缸 2mL 限位 1B3	X6	夹紧气缸夹紧电磁铁 5YA	Y6
8	伸缩气缸伸出限位 2B1	X7	夹紧气缸松开电磁铁 6YA	Y7
9	伸缩气缸缩回限位 2B2	X8		
10	摆动气缸上摆限位 3B1	X9		
11	摆动气缸摆回限位 3B2	X10		
12	夹紧气缸夹紧 4B1	X11		
13	夹紧气缸松开限位 4B2	X12		

系统的动作顺序如下：按下启动按钮，步进电机（步距角为 1.8°）带动旋转托盘转动，电容传感器检测到加工工件时，步进电机停转。同时气动系统开启，机械手的升降气缸上升，伸缩气缸伸出，升降气缸下降，下降位置根据工件容量选择旋钮而定，夹紧气缸夹紧，摆动气缸上摆 45°，升降气缸再次上升，伸缩气缸缩回，摆动气缸回摆，夹紧气缸松开让折断的瓶颈掉入回收箱中；此时步进电机继续转动，电容传感器再次检测到安瓿瓶时，重复上述过程，否则电机继续转动，当旋转托盘转动 360°时，蜂鸣报警器报警，系统工作停止。

（4）系统技术特点

① 安瓿瓶开启四自由度机械手采用气缸和步进电机作为执行元件和 PLC 电气控制，实现了安瓿瓶瓶口的有效安全可靠开启；结构简单，气动工作介质对生产环境及工件和药品无污染，既保护了医务人员及消费者安全，又提高了工作效率。

② 气动系统为顺序控制，升降气缸附带磁性开关，以满足不同规格安瓿瓶的夹取要求。

③ 各执行元件均采用单向节流阀进行双向排气节流调速，通过其背压满足各气缸的负载大小不同的要求，并防止因故产生的冲击损伤系统。

④ 通过压力继电器设定夹紧气缸工作压力，以保证可靠夹紧又不损坏工件，并利用气

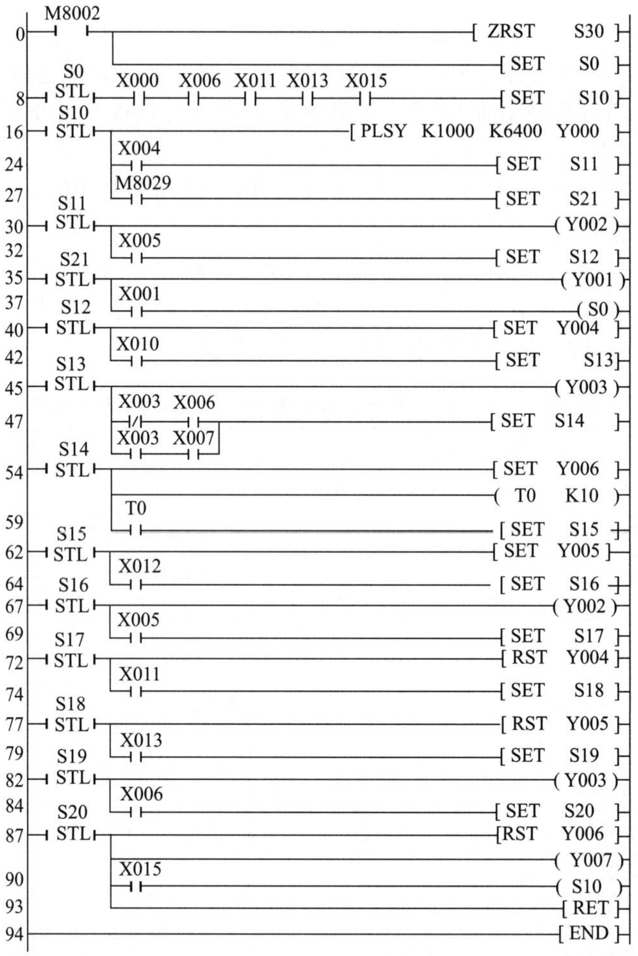

```
     M8002
  0 ├─┤├──┬───────────────────────────────────────[ ZRST   S30 ]
         │                                         [ SET    S0  ]
     S0   X000  X006  X011  X013  X015
  8 ├─STL─┤├────┤├────┤├────┤├────┤├────────────────[ SET    S10 ]
     S10
 16 ├─STL─┬───────────────────────────[ PLSY  K1000  K6400  Y000 ]
         │ X004
 24      ├─┤├──────────────────────────────────────[ SET    S11 ]
         │ M8029
 27      └─┤├──────────────────────────────────────[ SET    S21 ]
     S11
 30 ├─STL─┬──────────────────────────────────────────────( Y002 )
         │ X005
 32      └─┤├──────────────────────────────────────[ SET    S12 ]
     S21
 35 ├─STL─┬──────────────────────────────────────────────( Y001 )
         │ X001
 37      └─┤├──────────────────────────────────────────────( S0 )
     S12
 40 ├─STL─┬─────────────────────────────────────────[ SET   Y004 ]
         │ X010
 42      └─┤├──────────────────────────────────────[ SET    S13 ]
     S13
 45 ├─STL─┬──────────────────────────────────────────────( Y003 )
         │ X003  X006
 47      ├─┤/├───┤├─────────────────────────────────[ SET    S14 ]
         │ X003  X007
         └─┤├────┤├──┘
     S14
 54 ├─STL─┬─────────────────────────────────────────[ SET   Y006 ]
         │                                                ( T0  K10 )
         │ T0
 59      └─┤├──────────────────────────────────────[ SET    S15 ]
     S15
 62 ├─STL─┬─────────────────────────────────────────[ SET   Y005 ]
         │ X012
 64      └─┤├──────────────────────────────────────[ SET    S16 ]
     S16
 67 ├─STL─┬──────────────────────────────────────────────( Y002 )
         │ X005
 69      └─┤├──────────────────────────────────────[ SET    S17 ]
     S17
 72 ├─STL─┬─────────────────────────────────────────[ RST   Y004 ]
         │ X011
 74      └─┤├──────────────────────────────────────[ SET    S18 ]
     S18
 77 ├─STL─┬─────────────────────────────────────────[ RST   Y005 ]
         │ X013
 79      └─┤├──────────────────────────────────────[ SET    S19 ]
     S19
 82 ├─STL─┬──────────────────────────────────────────────( Y003 )
         │ X006
 84      └─┤├──────────────────────────────────────[ SET    S20 ]
     S20
 87 ├─STL─┬─────────────────────────────────────────[ RST   Y006 ]
         │                                                ( Y007 )
         │ X015
 90      └─┤├──────────────────────────────────────────────( S10 )
 93 ├──────────────────────────────────────────────────────[ RET ]
 94 ├──────────────────────────────────────────────────────[ END ]
```

图 7-32　医药安瓿瓶开启机械手的控制程序（特征步进梯形图）

控单向阀实现气缸锁紧保压。但从释放气控单向阀控制腔压力能以提高锁紧的可靠性而言，如能将夹紧气缸 O 型中位机能换向阀换为 Y 型或 H 型阀则更好。

7.3.5　采用 PLC 和触摸屏的生产线工件搬运机械手气动系统

（1）主机功能结构

生产线工件搬运机械手的主要功能是将生产线上上一工位的工件根据合格与否搬运到不同分支的流水线上，该机械手采用气压传动和 PLC 及触摸屏技术，机械手的动作顺序为：伸出→夹紧→上升→顺时针旋转（合格品）/逆时针旋转（不合格品）→下降→放松→缩回→逆时针旋转（合格品）/顺时针旋转（不合格品）。

（2）气动系统原理

生产线工件搬运机械手气动系统原理如图 7-33 所示，系统的执行元件有 2 个弹簧复位的单作用普通气缸、1 个 3 位摆台（摆动气缸）和 1 个单作用气动手爪。2 个普通气缸中，1 个用于带动机械手升、降，另外 1 个带动机械手的伸、缩，3 位摆台则用于带动机械手顺时针以及逆时针旋转运动，气动手爪用于工件的夹紧与松开。伸缩缸、升降缸和气动手爪的运动方向分别由二位三通电磁换向阀 5、7、8 控制，摆台的旋向则由三位五通电磁换向阀 6 控制，换向阀 5～8 的排气口依次设有排气节流阀，其中的消声器可以降低排气噪声。系统的压缩空气由气源 1 提供，其供气压力由控制器 2 调控和检测，并可通过压力表 3 显示，供气流量则由数字流量计检测。

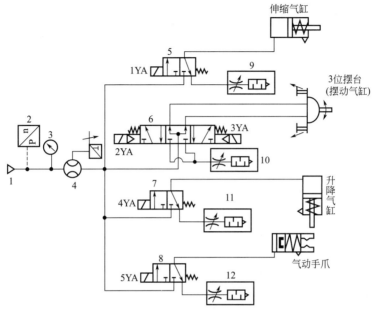

图 7-33　生产线工件搬运机械手气动系统原理图

1—气源；2—压力变送器（控制器）；3—压力表；4—数字流量计；5,7,8—二位三通电磁换向阀；

6—三位五通电磁换向阀；9～12—排气节流阀

（3）PLC 电控系统

整个生产线控制系统采用主站加从站的分布式控制模式（图 7-34），主站负责从站之间的数据通信，从站负责控制各自的控制单元，在每个从站上配置有触摸屏，实现对控制单元的控制和工作状态的实时显示。在监控中心配置了上位机，在上位机上基于 WinCC 设有整个流水线的监控系统。

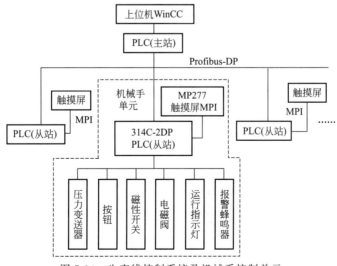

图 7-34　生产线控制系统及机械手控制单元

作为整个生产线控制系统的一个组成部分,机械手单元的控制单元(系统)采用从站 PLC 加触摸屏的模式,从站 PLC 主要负责系统控制逻辑关系的实现,触摸屏主要用于人机交互。整个控制系统的硬件部分由 PLC、触摸屏、压力变送器、磁性开关、电磁阀、运行指示灯、报警蜂鸣器等元器件组成(见图 7-34 中的虚线框部分)。

触摸屏采用 10in 的多功能面板 MP277,配置 Windows CEV3.0 操作系统,用 WinCC flexible 组态,实现了机械手操作过程的可视化。

PLC 选用 CPU314C-2DP,是一个用于分布式结构的紧凑型 PLC,其内置数字量和模拟量 I/O 可以连接到过程信号,PROFIBUS DP 主站/从站接口可以连接到单独的 I/O 单元。整个控制系统的输入信号有压力变送器的气体压力的模拟量信号、按钮和气缸的磁性开关的开关量信号以及测试单元的对零件测试结果信号。压力变送器产生的模拟量信号用以判断气体的压力是否满足要求;按钮的开关量信号用以反映操作者对气动机械手的动作指令,气缸的磁性开关的开关量反映气缸活塞杆的位置。系统的输出信号有换向阀的电磁铁信号、运行指示灯和报警蜂鸣器信号。电磁铁信号用以驱动气缸的动作与否,运转指示灯显示系统的运行状况,当系统出现误操作,系统气体压力过高或过低,不能满足系统要求时,报警蜂鸣器将会鸣叫报警,确保系统的运行安全。

系统的控制程序用 S7-300 系列 PLC 的编程软件 STEP 7 进行编制,监控软件用 WinCC flexible 开发。控制程序包括 OB1、OB100 和 OB35 等 3 个对象块:OB100 负责初始化;OB1 负责实现控制逻辑关系;OB35 负责系统运行时触摸屏上的动态画面的切换。

采用 WinCC flexible 开发触摸屏的监控系统包括单步模式、连续模式、故障报警模块和用户管理模块等 4 个模块,各模块的功能任务见表 7-11。

表 7-11 机械手触摸屏监控系统各模块的功能任务

序号	功能模块名称	作用
1	单步模式	单步模式(手动模式)实现对机械手单步运行控制(即机械手每次只完成一步动作),完成一次搬运任务共有 9 个单步动作(图 7-35):伸缩气缸伸出、气动气爪夹紧工件、升降气缸上升、3 位摆台的左旋(或右旋)摆动、升降气缸下降、气缸自左向右旋转、气动气爪松开工件、伸缩气缸缩回和 3 位摆台的右旋(或左旋)摆动
2	连续模式	连续模式是指机械手连续完成多步动作,完成一次工件的搬运任务。主要负责控制机械手完成一次作业所有动作的连续执行,并以动画形式实时显示机械手运行状态
3	故障报警模块	主要负责系统的故障显示,当系统出现故障时,如气压过高或过低,对机械手的错误操作等,发出提示消息,以便管理维护人员及时发现,及时维修
4	用户管理模块	主要负责用户权限的管理,根据用户的职责赋予用户各自不同的权限,限制用户的非法操作,以大大减少事故的发生概率

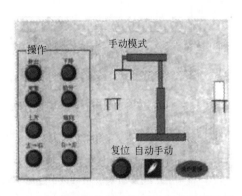

图 7-35 气动机械手控制系统手动模式运行画面

（4）系统技术特点

① 该气动搬运机械手是一个由机械、气动、电气、PLC 和触摸屏等融为一体的机电一体化工业装备，既保证了机械手各种动作之间的严格的先后逻辑关系，也实现了操作过程的可视化和系统的安全性。提高了生产线的自动化和现代化水平，劳动强度低，生产效率高。

② 机械手的气动系统采用三位转台实现机械手的旋转，采用 3 个弹簧复位的单作用气缸（含气爪）实现升降、伸缩和夹松动作；采用压力变送器和数字流量计对系统的气压和流量进行动态监控，保证了系统运转的可靠性和安全性。

7.4　机器人气动系统

7.4.1　蠕动式气动微型管道机器人气动系统

（1）主机功能结构

管道机器人是一种可沿细小管道内部或外部自动行走，携带一种或多种传感器及操作机械，在操作人员的遥控操作或计算机的自动控制下进行一系列的管道作业的光机电一体化设备。此机器人是采用气动技术的蠕动式微型管道机器人，它由导引杆、气动系统和单片机（430）电控系统组成，可以在内径为 40~60mm 的管道内爬行。蠕动式气动微型管道机器人实物如图 7-36 所示（图中显示出控制系统电路和气动管道）。

图 7-36　蠕动式气动微型管道机器人实物外形图

（2）气动系统原理

蠕动式微型管道机器人气动系统原理如图 7-37 所示，其执行元件有两个作为机器人的脚的双活塞单作用气缸 1、3，一个作为躯体的单作用气缸 2，其运动状态分别由二位三通电磁换向阀 4、6 和 5 控制；气源经减压阀 7 给系统提供合适气压。

两个双活塞单作用气缸 1、3 在充气时两个活塞撑开，可顶住管子内壁；单作用气缸 2 在充气时活塞杆伸长，可实现机器人的前进动作，气缸有杆腔内置盘形螺旋弹簧，用于换向阀排气后活塞的复位，如图 7-38 所示。一个完整的运动周期是：气缸 1 充气，活塞杆撑住管壁；气缸 3 伸长实现前进的动作；气缸 2 充气，活塞杆撑住管壁；气缸 1 放气，活塞杆在复位弹簧作用下收回；气缸 3 活塞杆收回；气缸 1 充气撑住管壁；气缸 2 放气，活塞收回，这样就完成了一个运动周期。倒退时各气缸充放气的时序与前进时相反。

（3）单片机电控系统

该机器人采用作为控制系统核心的 430 单片机，其 CPU 如图 7-39 所示，在前述运动原理中，各活塞的充放气的时序由一块 430 单片机控制的 3 个两位三通电磁阀的开关时序来实现。控制电路（省略）和电磁阀开关时序图如图 7-40 所示。其工作原理是：来自空压机的高压气体经减压阀减压后变成具有工作需要气压的气体，接到 3 个电磁阀。在单片机没上电时，3 个阀是关闭的（图 7-37 中的

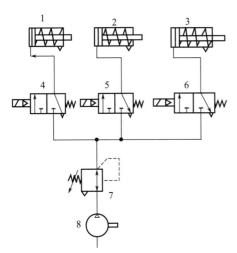

图 7-37　蠕动式微型管道机器人
气动系统原理图

1,3—双活塞单作用气缸；2—单作用气缸；
4~6—二位三通电磁换向阀；
7—减压阀；8—空压机

右位），上电后，单片机的 3 个输出端口按事先编制和写入的程序（从略）所设定的时序变

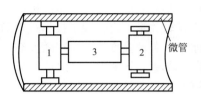

图 7-38　蠕动式微型管道
机器人运动原理图
1，3—双活塞单作用气缸；
2—单作用气缸

化输出高低电平，由此控制 3 个电磁阀的开关。气动系统的电磁阀的驱动电压是 24V，而单片机的输出高电平只有 5V，不足以驱动电磁阀，因此在单片机的输出端用光电隔离管和场效应管将 5V 的高电平提高到 24V，来驱动电磁阀。为了使机器人能够实现调速的功能，使其能够根据具体情况选用合适的速度通过特定的管道，可通过在单片机程序中设定多种不同的 CP 脉冲持续时间（T 为 0.1s、0.3s、0.5s、1s 等）来实现。

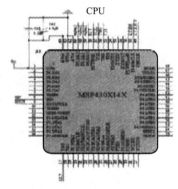

图 7-39　机器人控制单片机 CPU

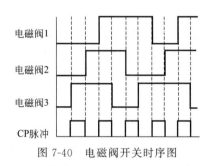

图 7-40　电磁阀开关时序图

（4）系统技术特点

① 机器人采用气压传动和单片机控制，将机械、气动、电子、控制等多方面技术融为一体，功能全面、体积小巧、运行可靠，能在一定内径的管道内实现水平前进、后退，竖直上升、下降，变速运行，具有一定弧度的弯道等动作，适应性强。以此机器人为载体，附加上检测设备及工具，可用于管道质量检测、故障诊断及清障。

② 执行元件采用弹簧复位的单作用气缸作为执行器并通过单片机控制阀的通断，前进与后退的转换速度快；通过在程序中设定多种不同的 CP 脉冲持续时间，实现机器人的调速。

7.4.2　电子气动搬运机器人气动系统

（1）主机功能结构

电子气动搬运机器人用于工业领域工件的搬运作业。图 7-41 所示为该机器人的实物外形图。该机器人综合了圆柱坐标型和极（球）坐标型工业机器人的特点，能实现体旋转、体升降、臂旋转、臂伸缩、腕旋转等 5 个自由度运动。结合图 7-42，可见体旋转 1、臂旋转 3 采用步进电机驱动，以满足多工位精确定位需要；其余部分体升降 2、臂伸缩 4、腕旋转 5 采用气缸，完成工作范围内的移动和搬运任务；末端执行器（指夹持 6）则采用指夹持气缸，通过更换不同指部元件实现不同工件的夹持。

图 7-42 所示为该机器人的结构图，其机座与机身合成一体。机身的回转运动（体旋转）由步进电机＋同步齿形带传动，以满足搬运机器人体旋转定位精度的需求。机身升降运动（体升降）采用平台式导杆气缸驱动，该缸无须外加导向装置、安装高度小、能承受偏心负载，并能通过其 T 槽结构方便地安装附件。

搬运机器人通过臂部运动改变手部在空间的位置，手臂运动包括臂旋转、臂伸缩 2 个自由度，采用极坐标型运动方式。在结构上，将臂旋转、臂伸缩的功能执行机构模块化，然后通过连接板的组合实现。臂旋转采用"步进电机＋同步齿形带"驱动。其中，步进电机置于手臂端部，在作为动力源的同时，与臂伸缩部分构成力平衡，以避免运动中各构件重力所引起的偏重力矩起伏过大影响机器人定位精度和性能；臂伸缩则采用直线气缸，该缸具有高度小、内置磁环定行程、凸轮轴承摩擦小、寿命长、调行程装置、便于安装等特点。

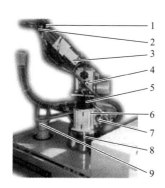

图 7-41　电子气动搬运机器人实物外形图
1—指夹持；2—腕旋转；3—臂伸缩；4—臂旋转；5—工件；
6—体升降；7—气动阀岛；8—体旋转；9—工作台

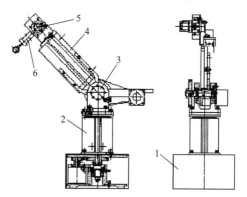

图 7-42　电子气动搬运机器人结构图
1—体旋转；2—体升降；3—臂旋转；
4—臂伸缩；5—腕旋转；6—指夹持

腕旋转自由度主要实现搬运机器人指部的姿态变化，采用回转气缸驱动，通过可调整限位块来满足指部的位置调整需要。指夹持自由度主要完成对搬运物体的夹持、释放等动作，采用标准气动夹持气缸，并通过连接板安装于腕旋转的回转气缸上。

（2）气动系统原理

搬运机器人气动系统原理如图 7-43 所示，系统的执行元件有体升降、臂伸缩、腕旋转（摆动气缸）和指夹持等 4 个气缸，各气缸的主控阀分别为三位五通电磁换向阀 4～7，单向节流阀 8 及 9、10 及 11、12 及 13、14 及 15 分别用于上述的排气节流调速，节流背压有利

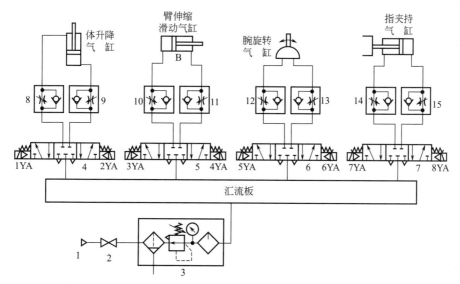

图 7-43　搬运机器人气动系统原理图
1—气源；2—截止阀；3—气动三联件；4～7—三位五通电磁换向阀；8～15—单向节流阀

于提高执行机构运行稳定性。电磁换向阀采用阀岛技术，多个电磁阀采用总线结构集成在一起。系统的气源 1 经截止阀和气动三联件及汇流板向各执行气缸提供压缩空气。

（3）PLC 电控系统

搬运机器人 PLC 电控系统组成框图如图 7-44 所示。其控制核心为三菱公司的 FX_{2N}-64MR 型 PLC，系统硬件还扩展 2 个脉冲输出模块（FX_{2N}-1PG）用于步进电机运动控制。PLC 电控系统控制程序编制采用三菱公司 PLC 编程软件，具有实现系统初始化、返回原点、手动操作、自动运行、故障检测及报警等功能。

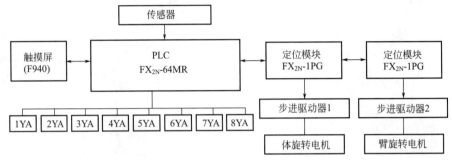

图 7-44　搬运机器人 PLC 电控系统组成框图

（4）系统技术特点

① 电子气动工业机器人将微电子、气动和模块化设计有机结合，能实现 5 个自由度运动；对机器人中执行单元相似部件进行模块化结构设计，通过适当调整参数或快速更换可换零部件，实现系统重构，完成不同的功能需求。柔性强、设计制造周期短、适应面宽、性价比高。

② 该机器人气动系统主控阀采用阀岛技术进行安装，多个电磁阀采用总线结构集成在一起，缩小了体积，减少了控制管线，便于安装、综合布线和控制，结构紧凑、简化；各执行气缸采用单向节流阀双向排气节流调速，有利于执行机构平稳工作。

③ 电子气动搬运机器人系统执行元件型号参数如表 7-12 所示。

表 7-12　电子气动搬运机器人系统执行元件元件型号参数

序号	自由度	执行元件		工作参数	数值范围	单位
		名称	型号			
1	体运动	步进电机		回转角度	$0°\sim300°$	
2	体升降	平台式导杆气缸	MGF40-100	高度	100	mm
3	臂旋转	步进电机		回转角度	$-60°\sim120°$	
4	臂伸缩	直线气缸	MXF20-100	伸缩长度	200	mm
5	腕旋转	回转气缸	MDSVB7	回转角度	$90°,0°$	
6	指夹持	标准夹持气缸	MHQZ-16D			

注：所有气缸均为 SMC 产品。

7.4.3　连续行进式缆索维护机器人气动系统

（1）主机功能结构

连续行进式缆索维护机器人是一种对斜拉桥缆索表面进行定期防腐喷涂（涂漆）施工作业的专用设备，其实物外形如图 7-45 所示。机器人采用全气压驱动和 PLC 控制，在爬升过程中，以斜拉桥缆索为中心，沿缆索爬升至缆索顶点，在其返回时，将对缆索实施连续喷涂作业。该机器人的结构原理如图 7-46 所示，整体分成上体、下体与喷涂机构 3 部分，并通过上、下移动机构将此 3 部分连接起来；上、下体均由支撑板、夹紧装置和导向装置组成，夹紧装置采用自动对中平行式夹紧的结构形式，结构简单、夹紧力大，对不同结构形式、不同直径尺寸的缆索具有较好的适应性；变刚度弹性导向机构，可使机器人在运动过程中能够保持良好的对中性及对缆索凸起的自适应性；喷涂作业单元由支撑板、回转喷涂机构等部分组成；上、下移动机构由导向轴及移动缸组构成，移动缸组由 2 个气缸和 1 个阻尼液压缸并联组成，2 个液压阻尼缸和 4 个移动气缸构成同步定比速度分配回路，可实现机器人的连续升降；通过 PLC 控制可实现机器人的自动升降，当地面气源或导气管突发故障而无法正常供气时，储气罐作为备用能源可使机器人安全返回。

图 7-45　连续行进式缆索维护机器人实物外形图

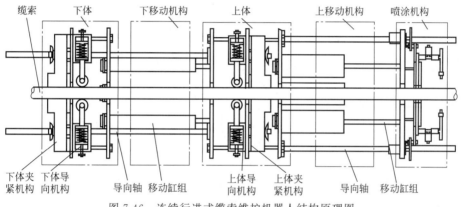

图 7-46　连续行进式缆索维护机器人结构原理图

机器人连续爬升行进工作原理为：机器人通过 2 个夹紧气缸驱动夹紧装置，为机器人依附在缆索上提供动力。作为机器人升降移动执行元件的两组移动气缸运动方向相反，其速度差值始终保持恒定。机器人连续上升过程动作节拍的分解及下降时的动作说明见表 7-13。

表 7-13　机器人连续上升过程动作节拍分解及下降时的动作说明

动作序号	1	2	3	4	5	6
示意图						
动作节拍描述	下体夹紧缸夹紧	上体夹紧缸松开	上移动缸组以速度 v 匀速缩回，下移动缸组以速度 $2v$ 伸出，机器人本体以速度 v 匀速上升	上体夹紧缸夹紧	下体夹紧缸松开	上移动缸组以速度 v 伸出，下移动缸组以 $2v$ 速度缩回，机器人本体以速度 v 匀速上升
说明	按上述动作顺序重复，机器人实现连续恒速爬升；机器人下降时，改变动作节拍循环程序，即可实现连续恒速下降					

（2）气动系统原理

连续行进式缆索维护机器人采用拖缆作业方式，气动系统主要完成机器人的夹紧、移动、喷涂及安全保护 4 部分工作，其原理如图 7-47 所示。系统的压缩空气由气源（地面泵站）通过输气管向布置在机器人本体上的气动元件提供；气动三联件 1 用于供气压力的过滤、调压和润滑油雾化，二位二通手动换向阀 2 用于系统供气的总开关。系统的执行元件有并联的上夹紧气缸 21 及下夹紧气缸 23、上体移动气缸组 26 及下体移动气缸组 24 和喷枪 9，上述各执行部分的主控阀依次分别为二位五通电磁换向阀 10、13、17、14 和二位二通电磁换向阀 5，阀 10、13、14、17 的各排气口依次装有排气节流阀 27～34，可以对执行机构的运行速度进行调节。

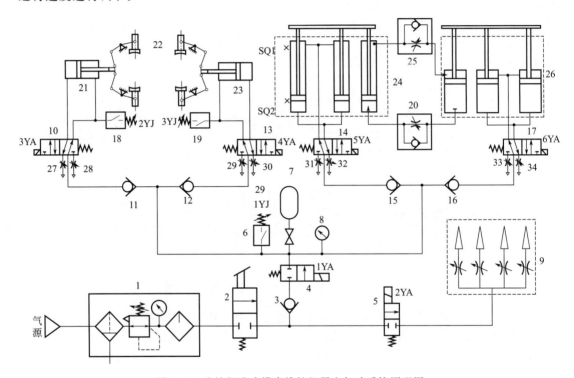

图 7-47　连续行进式缆索维护机器人气动系统原理图

1—气动三联件；2—二位二通手动换向阀；3,11,12,15,16—单向阀；4,5—二位二通电磁换向阀；
6,18,19—压力继电器；7—蓄能器；8—压力表；9—喷枪；10,13,14,17—二位五通电磁换向阀；
20,25—液压单向节流阀；21—上夹紧气缸；22—夹紧爪；23—下夹紧气缸；24—下体移动气缸组；
26—上体移动气缸组；27～34—排气节流阀

该气动系统的技术重点是上、下两组移动缸构成的同步定比速度分配回路及机器人作业的安全保障措施。

① 同步定比速度分配回路。为保证喷涂作业质量，机器人的移动速度的稳定性及连续性是一个很关键的技术指标。为此系统中采用由上、下两组移动缸构成的同步定比速度分配回路，上体移动气缸组 26，下体移动气缸组 24 分别由规格相同的 2 个气缸与 1 个液压缸并联组成气-液阻尼回路，下液压阻尼缸与上液压阻尼缸行程比为 2∶1，活塞杆和活塞的面积比均为 1∶2，2 个阻尼液压缸的有杆腔、无杆腔充满油液，用油管将其并联起来，在移动缸组实现伸缩动作时，2 个阻尼液压缸起到阻尼限速和实时速度等比分配的作用。在 2 个阻尼缸的连接油管上分别安装了单向节流阀 20、25，通过对两个节流阀口开度的调节与设定，

既控制了机器人整体的移动速度，又有效地解决了 2 个移动缸组活塞杆在伸出和缩回行程中速度不匹配的问题。

② 安全保障措施。由于机器人需沿缆索爬升到几十米的高空进行喷涂作业，为了保证其安全性，在气动系统中采取如下 5 条安全保障措施：a. 分别用压力继电器 18 和 19 检测 2 个夹紧执行气缸的锁紧压力，电控系统只有在接收到相应压力继电器发出可靠夹紧信号时，才控制实施下一动作指令。b. 用单向阀 3、11、12、15、16 将夹紧气缸回路、移动气缸组回路及喷枪 9 的喷涂回路进行了压力隔离，有效地避免了本系统不同回路分动作时相互间的干扰。c. 压力继电器 6 实时监测地面泵站对机器人本体的供气压力，在供气压力不足时，为电控系统采取安全措施提供启动信号。d. 在气动系统出现故障时，蓄能器 7 作为应急动力源，为机器人可靠夹紧缆索提供能量。e. 在夹紧缸回路中的电磁换向阀 10、13 和主回路中的电磁换向阀 4，均采用断电有效的控制方式，以确保机器人在系统掉电情况下能够安全地依附在缆索上。

连续行进式缆索维护机器人气动系统动作状态如表 7-14 所示，由该表容易了解机器人的动作循环并对各工况下的气流路线做出分析。

(3) PLC 电控系统

机器人的 PLC 电控系统（图 7-48）由机器人本体控制系统和地面监控系统两部分组成，这两部分通过同轴视频电缆和 RS-485 信号传输电缆进行信息交换，使其保持协调工作。针对缆索喷涂机器人的工作特点，控制单元采用两台 DVP 系列的 PLC，采用主从式的控制方式，机器人在缆索上的移动动作和喷涂作业由机器人本体携带的 PLC 直接控制，根据地面指令或各气缸上的磁性行程开关及压力继电器的状态，自动控制电磁换向阀通断电，从而控制机器人升、降及停止。机器人本体上携带 3 个 CCD（Charge Coupled Device）摄像头，通过 1 个频道转换器由一路同轴电缆传输到地面监视器上，操作人员根据监视器上的图像和实际工况，通过操作面板上的控制按钮由地面监控系统的 PLC 与机器人本体上的 PLC 间接通信实现对机器人的作业监控。所采用的 DVP 系列 PLC 内部集成 RS-485 通信模块，具有标准的 RS-485 通信接口，只需两根信号电缆，即可实现 1200m 的可靠通信。

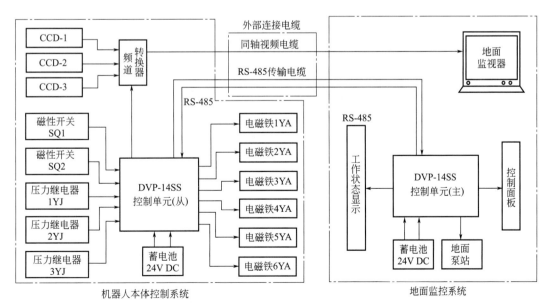

图 7-48　连续行进缆索维护机器人 PLC 电控系统组成框图

表 7-14　连续行进式缆索维护机器人气动系统动作状态表

循环状态	序号	信号源	工况动作	手动阀 2	电磁铁					
					电磁阀 4 1YA	电磁阀 5 2YA	电磁阀 10 3YA	电磁阀 13 4YA	电磁阀 14 5YA	电磁阀 17 6YA
上升循环	1	SB1	初始	+	+	−	−	−	−	+
	2	磁性开关 SQ2	下体夹紧	+	+	−	−	−	+	+
	3	压力继电器 3YJ(+)	上体放松	+	+	−	+	−	−	+
	4	压力继电器 2YJ(−)	上体移动气缸组缩回　下体移动气缸组伸出	+	+	−	+	−	+	−
	5	磁性开关 SQ1	上体夹紧	+	+	−	−	+	−	−
	6	压力继电器 2YJ(+)	下体放松	+	+	−	−	+	+	+
	7	压力继电器 3YJ(−)	上体移动气缸组伸出　下体移动气缸组缩回	+	+	−	−	+	+	+
下降循环喷涂作业	8	终点光电开关 CK1	初始	+	+	+	−	−	−	−
	9	磁性开关 SQ1	上体夹紧	+	+	+	−	−	+	−
	10	压力继电器 2YJ(+)	下体放松	+	+	+	−	+	+	−
	11	压力继电器 3YJ(−)	上体移动气缸组伸出　下体移动气缸组缩回	+	+	+	−	+	−	+
	12	磁性开关 SQ2	下体夹紧	+	+	+	−	−	+	+
	13	压力继电器 3YJ(+)	上体放松	+	+	+	+	−	−	+
	14	压力继电器 3YJ(−)	上体移动气缸组缩回　下体移动气缸组伸出	+	+	+	+	−	−	+

注：1. ＋为电磁铁通、电手动阀接通，−为断电。
2. SQ 为磁性开关，SB 为手动开关，CK 为终点检测光电开关。
3. 表中元件编号与图 7-47 中一致。

（4）系统技术特点

① 连续行进式缆索维护机器人采用同步定比速度分配回路为核心的全气压系统驱动，并用 PLC 为核心元件的主从式电控系统实施监控控制，具有行进速度稳定、连续及对缆索适应能力强的特点，为提高机器人缆索防腐喷涂作业质量提供了技术保障。

② 在气动系统中采取压力继电器检测夹紧气缸锁紧压力、单向阀压力隔离防回路间动作干扰、压力继电器实时监测地面泵站供气压力、蓄能器作应急动力源、在夹紧缸回路和主回路中的电磁换向阀采用断电有效的控制方式等安全保障措施，保证了机器人在高空喷涂作业的安全可靠性。

③ 连续行进式缆索维护机器人部分技术参数见表 7-15。

表 7-15　连续行进式缆索维护机器人部分技术参数

序号	元件	参数	数值	单位
1	机器人本体	外形尺寸	$1800 \times 674 \times 700$	mm
2		总质量	75	kg
3		行进速度可调范围	$0.5 \sim 6.5$	m/min
4		爬越缆索表面异性凸出高度	5	mm
5	实验缆索	外径	80	mm
6		倾斜角度	$0° \sim 90°$	

第8章

农林机械、建材建筑机械
与起重工具气动系统

8.1 概述

气动技术已成为包括养殖业在内的农业机械和林业机械现代化的重要手段，采用气动技术并与 PLC 控制技术紧密结合，不仅提高了农林机械的作业效率和工作质量，还大幅减少了物料损失和能耗，也彰显了气动技术在农林机械迈向自动化、现代化、智能化过程中的重要作用。气动技术在农林机械中的典型应用有针吸式穴盘自动播种机、果树修剪机、可降解育苗钵制备装置、苗盘自动分拣上线机、禽蛋自动卸托机、鸡蛋自动分拣平台、苹果分类包装机械手、气动式核桃破壳机、节水节能型气动循环健康养殖系统、稻米加工全自动包装机组、家具木块自动钻孔机等。

目前气动技术已成为建材制造生产与建筑施工机械设备中不可或缺的传动控制方式之一。气动技术在砖坯码垛机器人、陶瓷卫生洁具（坐便器）漏水检验、混凝土气动搅拌机、钢筋笼滚焊机、混凝土搅拌站等建材建筑机械中获得了广泛应用。

手持气动工具由于便携、快捷，所以在各种机械及电子产品紧固件拧紧作业与建筑装修装饰连接件打击作业中都可以看到其应用的影子。随着近年来外向型经济的发展和国际经济的一体化进程的加快，气动工具产品更新换代速度日新月异。在传统气动工具基础上，气动技术在起重工具中的应用也日益增多，并与计算机控制技术紧密结合，逐渐走向自动化、智能化，其典型应用有限载式气动葫芦、智能气动平衡吊、升降双开移门电梯等。

本章介绍农林机械、建材建筑机械与起重工具中的 10 例典型气动系统。

8.2 农林机械气动系统

8.2.1 禽蛋自动卸托机气动系统

（1）主机功能结构

卸托机是洁蛋（经清洗、消毒、干燥、分级、喷膜保鲜、包装、冷藏等工艺进行销售的带壳禽蛋）生产线的重要设备之一，该机的功能是将从养殖场（户）处运来的装在蛋托中的禽蛋卸至洁蛋生产线输送的线上，既要完成禽蛋卸托任务，又需与其他设备相连接组成生产线。卸托机的主机由上蛋平台、链条输送带和卸托机构等三大部分组成，如图 8-1 所示。上蛋平台（输送带）1 将卸托机从蛋托内卸下的禽蛋输送到其他工序；链条输送带 7 用于装蛋的蛋托输送及蛋托收集；卸托机构（包括机架 9、导向气缸 8、摆动气缸 3 和吸蛋机构（2）5 等）是该机的核心部分，通过气动系统完成禽蛋卸托。在气动系统和 PLC 控制下，该机可实现禽蛋自动卸托作业。

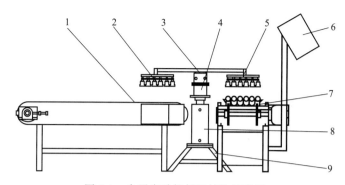

图 8-1　禽蛋自动卸托机结构示意图

1—上蛋平台；2—吸蛋机构（1）；3—摆动气缸；4—连接块；5—吸蛋机构（2）；

6—控制箱；7—链条输送带；8—导向气缸；9—机架

（2）气动系统原理

禽蛋自动卸托机气动系统原理如图 8-2 所示。按功能系统可分为正压驱动回路和真空吸附回路两大部分，前者的功能是完成由导向气缸 14 带动吸蛋结构的上升和下降运动；由压蛋托气缸 15 按住蛋托，不使其在吸蛋时与禽蛋一起提升；由旋转气缸 16 带动真空吸盘作 180°往复摆动。后者通过两个吸蛋机构（每个机构有 5 个吸盘组，每组 6 个吸盘）中的吸盘组件 1 至吸盘组件 5 完成将蛋托中的禽蛋从蛋托中吸起并放到上蛋平台上。气源 1 的压缩空气经截止阀 2 和气动三联件 3 供给正压回路，并通过真空发生器 17 和 18 产生负压供吸蛋真空回路 1 和 2 使用。

① 正压回路。正压回路的执行元件为气路并联的导向气缸 14、压蛋托气缸 15 和 180°旋转气缸 16；缸 14 和 15 前后端点带有磁性开关。缸 14、缸 15 和缸 16 的主控阀为三位四通电磁换向阀 4～6，其运行速度依次分别由调速阀 9～11 控制。其工作过程为：当机器开始工作时，有禽蛋的蛋托输送到卸托工位，并由光电位置传感器检测到位后发信给 PLC，电磁铁 3YA 通电使三位四通电磁换向阀 5 切换至左位，压缩空气经阀 5 和调速阀 10 进入压蛋托气缸 15 的无杆腔（有杆腔经阀 5 和消声器 19 排气），其活塞杆向下运动，压紧蛋托。压紧后，磁性开关 SQ4 感应发信给 PLC，电磁铁 1YA 通电使三位四通电磁换向阀 4 切换至左位，压缩空气经阀 4 和调速阀 9 进入导向气缸 14 的无杆腔（有杆腔经阀 4 和消声器 19 排气），其活塞杆向下运动，使吸盘组件中的吸盘与蛋托中的禽蛋接触，并有一定的接触力。磁性开关 SQ2 感应发信给 PLC，电磁铁 7YA 通电使二位二通电磁阀 7 切换至左位，正压气体经阀 7 和调速阀 12 进入真空发生器 17 产生真空，使在链条输送带上的吸蛋机构（1）2 上的禽蛋吸盘组件 38.1～42.1 在二位三通电磁换向阀 23.1～27.1 配合下接通真空，吸住禽蛋。同时在上蛋平台之上吸蛋机构（2）5 上的禽蛋吸盘组件 38.2～42.2 接通大气破坏真空，松开禽蛋（为保证禽蛋不破裂，上蛋平台此时需停止运转，卸完蛋再运行）。设定时间到达时，电磁铁 2YA 通电使三位四通电磁换向阀 4 切换至右位，压缩空气经阀 4 进入导向气缸 14 的有杆腔（无杆腔经阀 9、阀 4 和消声器 19 排气），活塞杆向上运动，实现了禽蛋吸起和放下。导向气缸上行，其磁环到达磁性开关 SQ1 位置时发信给 PLC，电磁铁 4YA 通电使三位四通电磁换向阀 5 切换至右位，压缩空气经阀 5 进入压蛋托气缸 15 的有杆腔（无杆腔经阀 10 和阀 5 及消声器 19 排气），其活塞杆向上运动，松开蛋托。缸 15 上行到位时，磁性开关 SQ3 感应发信给 PLC，使机器的链条输送带向前步进移动一个蛋托位置，同时 PLC 发信，电磁铁 5YA 通电使三位四通电磁换向阀 6 切换至左位，压缩空气经阀 6 和调速阀 12 进入 180°旋转气缸 16 的左腔（右腔经阀 6 和消声器 19 排气），缸 16 旋转 180°，进入下一个循环的吸放禽蛋过程，唯一的区别是，旋转气缸反向旋转 180°，实现禽蛋的自动卸托。

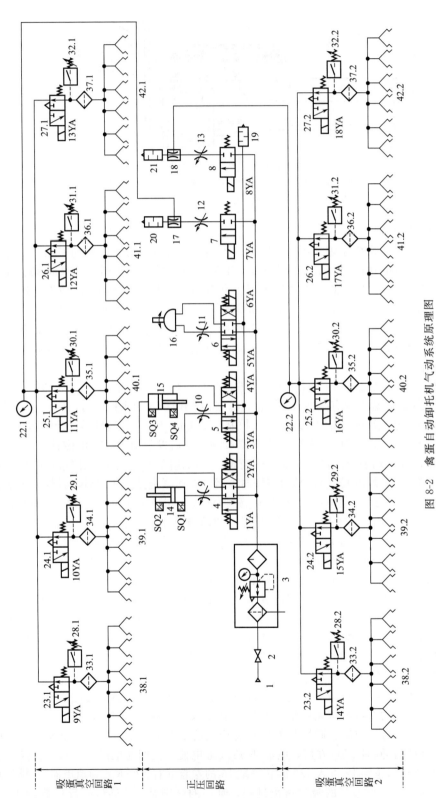

图 8-2 禽蛋自动卸托机气动系统原理图

1—气源；2—截止阀（进气总开关）；3—气动三联件；4~6—三位四通电磁换向阀；7，8—二位二通电磁换向阀；9~13—调速阀；14—导向气缸；15—压蛋托气缸；16—180°旋转气缸；17，18—真空压力开关；19~21—消声器；22—真空表；23~27—二位三通电磁换向阀；28~32—真空二通电磁换向阀；33~37—真空过滤器；38~42—吸盘组件（1）~吸盘组件（5）；SQ1~SQ4—磁性开关

② 真空吸附回路。真空吸附回路用于完成禽蛋的吸起、放下。机器设两组吸蛋机构的目的是提高生产效率，吸蛋机构能满足 5×6 的蛋托卸蛋。在链条输送带上的吸蛋结构，当 PLC 发信号接通真空时，吸盘开始吸附禽蛋。以第一个吸蛋机构真空回路吸蛋为例，当到达检测时间后，分别通过真空压力开关（压力继电器）28.1～32.1 检测其吸盘组件 38.1～42.1 的真空度是否达到设定要求，未达到设定要求的吸盘组件，则其电磁铁（9YA～13YA 中的）通电，二位三通电磁阀（23.1～27.1 中的）切换至左位，真空吸盘与真空气路断开，并与大气接通，破坏真空，既不吸起禽蛋，也确保其他真空回路的真空度。出现此种情况的原因一般是蛋托中某一蛋穴缺蛋。同时在上蛋平台上的吸蛋结构，PLC 会发出卸蛋信号，电磁阀动作，真空吸盘与大气接通，在重力的作用下，禽蛋放置到卸蛋平台上，完成卸蛋工作。

(3) 系统技术特点

① 卸托机采用气动技术和 PLC 控制技术，实现了自动卸托及上蛋作业。应用两个卸蛋机构卸蛋，减少了辅助时间；可直接与现有生产线配套使用，劳动强度低，生产效率高。

② 根据生产效率要求，可增加吸蛋组合数，以便实现多托蛋卸托；可调整吸盘相对距离，以便适应蛋托尺寸的变化。

③ 气动系统驱动气缸直接采用正压气源供气，真空吸附采用真空发生器提供真空，不需另行购置真空泵，经济性好，安装维护简便。

④ 根据气路结构，卸托机非常适合采用总线控制型气动阀岛系统，以减少管线数量，提高其集成化程度，便于安装调试和使用维护。

⑤ 可通过在蛋机构增加水平方向的运动，使禽蛋落到上蛋平台上时，具有与上蛋平台相同的水平速度，以实现上蛋平台不停机卸蛋，进一步提高其生产率。

⑥ 禽蛋卸托机气动系统真空吸附部分的主要技术参数见表 8-1。

表 8-1 禽蛋卸托机气动系统真空吸附部分的主要技术参数

序号	项目		型号参数	数值	单位
1	鸡蛋		质量 m	$\leqslant 100$	g
2			短轴长度一般值	40	mm
3	真空吸盘		ZPR20BSJ10-04-A10 多级风琴型吸盘		
4			直径 D	20	mm
5			座径 D_1	16	mm
6			孔径 d	10	mm
7			高度 H	26	mm
8			工作真空度 p	0.06	MPa
9			在真空度 0.06MPa 时的吸附质量 m_1	480	mm
10	真空发生器	系统需求计算	吸着响应时间 T	0.5	s
11			30 个禽蛋的吸附容积 V	0.2	L
12			平均吸入量流量 q_{v1}	28.8	L/min(ANR)
13			最大吸入量 q_{ve}	57.6	L/min(ANR)
14		ZH20DS 型真空发生器	空气消耗量	185	L/min
15			最大真空	88	kPa

注：表中所列信号的真空吸盘及真空发生器系 SMC 公司产品。

8.2.2 自动分拣鸡蛋平台气动系统

(1) 主机功能结构

自动分拣鸡蛋平台用于检测并剔除劣质胚蛋，为生物制药业提供合格的原材料和半成品，提高企业的产量、自动化生产水平和经济效益。自动分拣鸡蛋平台由鸡蛋输送平台、鸡蛋图像处理平台和鸡蛋自动分拣平台等 3 个部分组成，如图 8-3 所示。3 个平台上都装有步进电机，步进电机由电机梁和电机座梁固定，并由驱动器驱动旋转；后两个平台上都分别安装有两个伺服电机和一个十字滑台，两个伺服电机分别控制横向和纵向移动。整个平台的特征在于三段式结构，且这 3 个平台相互独立，可通过铸角连接座进行连接，也可以进行拆分，这样能够使整个装置便于调试，并且平台底部安有脚轮，便于移动。鸡蛋自动分拣平台上装有真空吸盘和气缸，两者由 PLC 控制，相互配合用于缺陷鸡蛋的吸起及剔除作业。

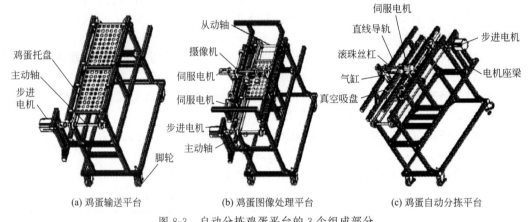

(a) 鸡蛋输送平台　　　　(b) 鸡蛋图像处理平台　　　　(c) 鸡蛋自动分拣平台

图 8-3　自动分拣鸡蛋平台的 3 个组成部分

(2) 气动系统原理

自动分拣鸡蛋平台气动系统原理如图 8-4 所示，系统有真空和正压两个回路，前者的执行元件是对缺陷鸡蛋进行吸附的真空吸盘 9，后者的执行元件是带动吸盘 9 及鸡蛋升降的气缸 7。真空回路由真空发生器 8 提供真空（吸起缺陷鸡蛋的真空压力由其中的真空开关设定），真空发生器的入口压缩空气与正压回路相同，都来自空压机 1，压缩空气经减压阀 11 将正压降至真空发生器 8 所需的入口压力，真空发生器的排气则经其中的消声器实现；真空回路的主控阀为二位五通电磁换向阀 4，用于真空的发生和破坏（亦即吸盘工作与否）。正压回路气缸的主控阀为二位五通电磁换向阀 3，用于切换气缸 7 的升降，缸的速度则通过单向节流阀 5 和 6 双向排气节流调节。系统的正压气源（即空压机的压缩空气）经气动二联件 2 过滤减压之后供给上述两个回路使用。

(3) PLC 电控系统

系统的工作过程较为简单，当鸡蛋托盘传送到指定的位置时，位置传感器发出反馈信号给控制器，电磁铁 1YA 通电，使换向阀 3 切换至右位，压缩空气经阀 3 和单向节流阀 5 中的单向阀进入气缸 7 的无杆腔，有杆腔经单向节流阀 6 中的节流阀和阀 3 排气，活塞杆带动真空吸盘 9 下移，此时电磁铁 2YA 通电使换向阀 4 也切换至右位，压缩空气经阀 4 和减压阀 11 进入真空发生器而产生真空；当真空吸盘 9 接触到鸡蛋时，真空吸盘靠真空压力便将鸡蛋吸起；此时控制器发信，电磁铁 1YA 断电使换向阀 3 复至图示左位，压缩空气经阀 3 和阀 6 中的单向阀进入气缸 7 的有杆腔（无杆腔经阀 5 中的节流阀和阀 3 排气），活塞杆上移，从而把有缺陷的鸡蛋吸起，最终把鸡蛋放回回收鸡蛋的托盘中，达到分拣鸡蛋的目的。如此循环往复，即可实现鸡蛋连续分拣作业。自动分拣鸡蛋平台的气动系统及整机采用 PLC 控制，其电控柜（图 8-5）由 PLC、继电器、接触器、步进驱动器、伺服驱动器、PLC 供电电源、步进驱动电源、计算机等控制元件组成，可用于控制系统运行，包括控制气动系统中两只二位五通电磁阀的通断电换向等。在控制策略上采用了参数模糊自整定 PID 控制方法对气动系统真空吸盘参数进行智能，从而将托盘上的鸡蛋平稳抓起，放到指定位置上，达到分拣鸡蛋的目的。

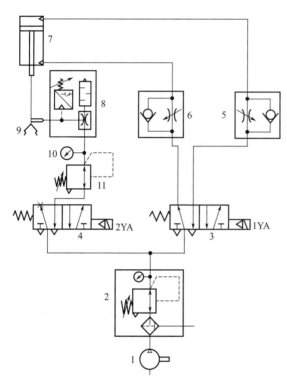

图 8-4　自动分拣鸡蛋平台气动系统原理图
1—空压机；2—气动过滤减压二联件；3,4—二位五通
电磁换向阀；5,6—单向节流阀；7—气缸；8—真空发生器；
9—真空吸盘；10—真空表；11—真空减压阀

图 8-5　自动分拣鸡蛋平台
PLC 控制系统电控柜

（4）系统技术特点

① 自动分拣鸡蛋平台采用气动技术和 PLC 技术及智能控制，使真空吸盘得到一个使鸡蛋能够平稳地吸起的稳定吸附力，并且吸着响应时间（指从真空换向阀换向开始，到吸盘内达到吸着工件所必需的真空度所需时间）T 也非常短，可防止鸡蛋掉下来，减少有缺陷鸡蛋的破损率，达到自动分拣鸡蛋目的。

② 气动系统驱动气缸直接采用正压气源供气，真空吸附采用真空发生器提供真空，不需另行购置真空泵，经济性好，安装维护简便。

③ 气缸采用单向节流阀双向排气节流调速，有利于提高执行机构的工作平稳性。

8.2.3　苹果分类包装搬运机械手气动系统

（1）主机功能结构

该机械手用于苹果采摘后自动分类包装搬运，以降低劳动强度、提高作业效率。苹果分

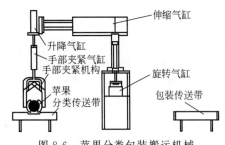

图 8-6 苹果分类包装搬运机械
手结构原理示意图

类包装搬运机械手结构原理如图 8-6 所示，该机械手的功能是通过其手臂水平伸缩、垂直升降、手部夹紧及旋转等气缸带动的执行机构动作，将苹果从左侧分类传送带（带有沟槽）搬运到右侧包装传送带后进行包装。两个传送带高度一致，二者直线距离为 470mm，机械手需转动 110°。除旋转机构由旋转气缸带动外，机械手的其余机构均由直线气缸带动。其中手部夹紧机构为双指回转型滑槽式外夹持手部，其有适合的夹紧力、开闭角与抓取精度，手部指面填充有缓冲材质，增大摩擦力，并对苹果表皮进行保护。

包括苹果输送及机械手动抓放动作在内，系统的整个工作流程为：①输送。机械手复位，位于分类传送带正上方，分类传送带将待分类的苹果输送到机械手的工作半径上。②视觉识别。视觉识别系统按设定标准对苹果的尺寸大小和表面有无损伤进行识别，将检测信号反馈给执行部分。③机械手动作。按指定的命令完成以下执行任务：垂直下降→手部机构夹紧→垂直上升→旋转右摆→水平前伸→垂直下降→手部机构松开→垂直上升→水平缩回→旋转左摆退回到原位，一个工作循环完成。目的是把苹果从分类传送带搬运到包装传送带上。④包装机械对苹果进行包装。

（2）气动系统原理

苹果分类包装搬运机械手气动系统原理如图 8-7 所示。系统的压缩空气由气源 18 产生并经气动二联件（过滤和减压）17 供给各气动元件使用。系统的执行元件有旋转气缸 1、手臂伸缩气缸 2、手部夹紧机构气缸 3 和垂直升降气缸 4，其主控阀依次分别为三位五通双电控电磁换向阀 13，二位五通双电控电磁换向阀 14、15 及二位五通单电控电磁换向阀 16，各缸气口所装单向节流阀 5~12 用于气缸调速。

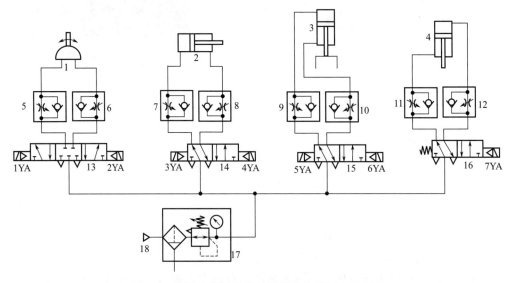

图 8-7 苹果分类包装搬运机械手气动系统原理图

1—旋转气缸；2—手臂伸缩气缸；3—手部夹紧机构气缸；4—垂直升降气缸；
5~12—单向节流阀；13—三位五通双电控电磁换向阀；14,15—二位五通双电控
电磁换向阀；16—二位五通单电控电磁换向阀；17—气动二联件；18—气源

(3) PLC 电控系统

机械手电控系统采用西门子公司的 S7-200 系列 CPU226 AC/DC/RLY 型 PLC，PLC 电控系统控制程序采用西门子 STEP7-Micro/WIN32 软件及逻辑流程方法进行编制。系统控制有自动和手动两种模式。自动模式执行前，首先按下"复位"按钮，机械手执行复位动作。然后按"开始"按钮机械手按工作流程所示执行动作，机械手运行过程中，按"停止"按钮，机械手停止工作，再按"启动"按钮机械手从断点处开始动作。手动程序则是用按钮单独操作实现位置的移动。PLC 电控系统的硬件接线图和控制程序此处从略。

(4) 系统技术特点

① 苹果分类包装搬运机械手采用气压传动和 PLC 控制，实现了苹果的自动分类，劳动强度低、作业效率高；工作介质经济易取，绿色环保，不会污染工作环境和苹果；该机械手不仅可用于对苹果的搬运，还可通过改变硬件条件来满足不同种类水果分类工作。

② 机械手的气动执行元件采用电磁换向阀换向和单向节流阀双向节流调速。

8.2.4 家具木块自动钻孔机气动系统

(1) 主机功能结构

木块钻孔机是家具批量化制造过程中对木块进行自动钻孔作业的一种切削设备，该机由送料夹紧机构、钻削、进给等部件以及下料出料装置组成，送料夹紧机构采用气压传动，钻削和进给则采用电机驱动。家具木块自动钻孔机结构如图 8-8 所示，钻削部件（含钻孔电机 6、钻夹和钻头等）置于由步进电机 8 和滚珠丝杠螺母副 7 驱动的进给滑台 10 之上，除步进电机和滚珠丝杠副外，进给部件还包括联轴器、滑动轴承及直线导轨（图中为画出）等。送料夹紧机构由送料气缸 5、夹紧气缸（1）1 和夹紧气缸（2）3 组成。该机的气动系统和钻削、进给机构的动作均由 PLC 电控系统实施控制。

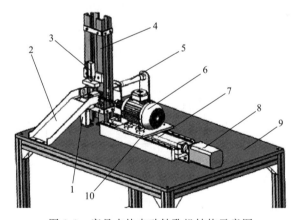

图 8-8 家具木块自动钻孔机结构示意图

1—夹紧气缸（1）；2—出料槽；3—夹紧气缸（2）；4—进料槽；5—送料气缸；6—钻孔电机；
7—滚珠丝杠螺母副；8—步进电机；9—机架；10—滑台（工作台）

结合图 8-8 可简要说明钻孔机的大致工作流程（图 8-9）如下：当人工或者由自动上料机构将木块送至进料槽 4 中且进料传感器检测到有木块时，钻孔电机 6 转动（正转）→同时送料气缸 5、夹紧气缸（1）1 活塞杆伸出，将进料槽 4 中最底下的木块推至夹具位置实现定位，到位后夹紧气缸（2）3 活塞伸出夹紧木块→延时 0.2s 后，步进电机 8 带动进给机构开始做进给运动→前磁性开关有感应信号时，表明钻孔完毕→送料气缸 5 的活塞杆缩回→待缩回到位后，步进电机 8 和钻孔电机 6 同时反转，工作台（滑台）后退到位→夹紧气缸（2）3

图 8-9 家具木块自动钻孔机工作流程图

的活塞杆缩回松开工件（木块）→后磁性开关感应到信号说明松开到位，一个工作过程完成。机器可如此循环往复工作，完成对木块的钻孔加工。

（2）气动系统原理

家具木块自动钻孔机气动系统原理如图 8-10 所示，该系统的气动执行元件是送料气缸 14 和夹紧气缸 15 及 17，其主换向阀分别是二位五通双电动电磁换向阀 5～7，其运动速度由单向流量阀 8 及 9、10 及 11、12 及 13 操控。

自动钻孔机工作时，各气缸的电磁换向阀的电磁铁互锁通电：即 YV1 与 YV2 互锁，YV3 与 YV4 互锁，YV5 与 YV6 互锁。图示初始状态，电磁铁 YV2、YV4、YV6 通电，阀 5～7 均处于右位，故缸 14、15 和 17 均处于缩回状态。当按下启动按钮时，电磁铁 YV1、YV3 通电使换向阀 5、6 均切换至左位，压缩空气分别进入气缸 14 和 15 的无杆腔（有杆腔排气），气缸 14 和 15 的活塞杆伸出，送料、定位，延时一定时间后，电磁铁 YV4 与 YV5 通电使阀 6、7 分别切换至右位和左位，压缩空气经阀 6 进入气缸 15 的有杆腔（无杆腔排气），其活塞杆缩回；同时压缩空气经阀 7 进入气缸 17 的无杆腔（有杆腔排气），气缸 17 的活塞杆下行将工件 16 夹紧，机器开始钻孔。当工件加工完毕后，电磁铁 YV6 通电使换向阀 7 切换至图示右位，缸 17 的活塞杆上升退回。从而完成一次加工，循环前述过程，即可对新的工件进行钻削加工。

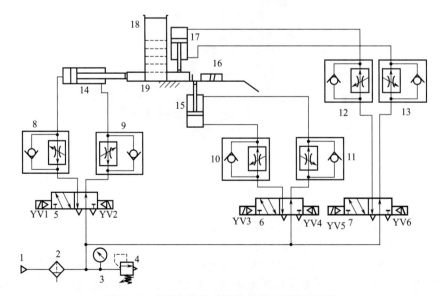

图 8-10 家具木块自动钻孔机气动系统原理图

1—气源；2—空气过滤器；3—气压计；4—溢流阀；5～7—二位五通双向电磁换向阀；8～13—单向流量阀；14—送料气缸；15—夹紧气缸 1；16—工件（木块）；17—夹紧气缸 2；18—落料装置；19—滑台（工作台）

（3）PLC 电控系统

自动钻孔机采用 PLC 进行控制。图 8-11 所示为家具木块自动钻孔机控制电路原理，主电路由步进电机和钻孔电机组成，M3 是钻孔电动机，步进电机是用作钻孔电机的进给驱动。电路电源采用 220V 交流电，电路设置了用于短路保护的熔断器 FU，电源由 QF1 引入，开启钥匙开关 SA1，交流接触器 KM1 将通电吸合，此时钻孔机才可以进行控制操作；闭合 QF5，为 PLC 提供电源；通过 PLC 的控制程序可以控制 KM2、KM3 实现钻孔电机正反转；输出脉冲可以控制步进电机正反转，实现钻孔电机的进给和退回。电路设置了吸尘风机控制回路、电控柜排风扇、钻孔电机和照明灯控制回路。

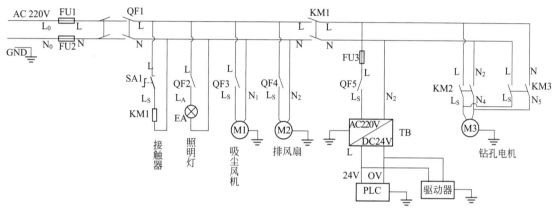

图 8-11　家具木块自动钻孔机控制电路原理图

图 8-11 中的 PLC 为三菱 FX_{2N}-32MT-001 型可编程序控制器，它是整个系统的核心。其 I/O 地址分配如表 8-2 所示，其硬件接线如图 8-12 所示。

表 8-2　家具木块自动钻孔机 PLC 的 I/O 地址分配表

序号	输入信号			输出信号		
	功能	元件	端口地址代号	功能	元件	端口地址代号
1	启动	SB1	X000	步进电机正转	CW−	Y000
2	运行	SB2	X001	步进电机反转	CCW−	Y001
3	滚珠丝杆运动至前极限	B1	X002	步进电机信号使能端	EN−	Y002
4	滚珠丝杆运动至后极限	B2	X003	红灯、报警器	HL1、HA	Y003
5	检测开关	B3	X004	钻孔电机正转继电器	KM2	Y004
6	送料气缸前磁性开关	SQ1	X005	钻孔电机反转继电器	KM3	Y005
7	夹紧气缸 2 前磁性开关	SQ2	X006	送料气缸伸出	YV1	Y006
8	停止	SB3	X007	送料气缸退回	YV2	Y007
9	急停	SB4	X010	夹紧气缸 1 伸出	YV3	Y010
10	就绪	SB5	X011	夹紧气缸 1 退回	YV4	Y011
11				夹紧气缸 2 伸出	YV5	Y012
12				夹紧气缸 2 退回	YV6	Y013

（4）系统技术特点

① 木块自动钻孔机采用气动系统送料夹紧工件，采用步进电机进给和钻孔电机钻孔，通过 PLC 控制实现了夹具木块的自动钻孔加工作业，降低了人力成本，提高了生产效率。

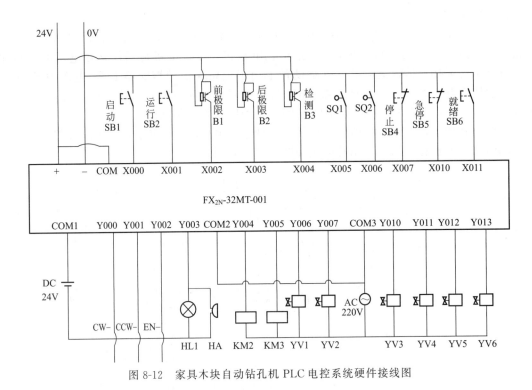

图 8-12　家具木块自动钻孔机 PLC 电控系统硬件接线图

② 气动系统的执行元件采用单向流量阀调速，采用双电磁铁的换向阀控制气缸的换向，各阀 2 块电磁铁互锁通电。

8.3　建材建筑机械气动系统

8.3.1　砖坯码垛机械手爪气动系统

(1) 主机功能结构

砖坯码垛是砖瓦生产过程中的重要环节之一，采用机器人进行码坯是目前较为先进的码垛工艺。作为砖坯码垛机器人的末端执行器，气动砖坯码垛机械手爪通过连接法兰安装在工业机器人末端成为码垛机器人，它只需调整或者更换机械手爪，即可适应不同的砖型（标准砖及各种空心砖、多孔砖和建筑砌块等）的自动码垛作业。机器人码坯工艺如图 8-13 所示，码坯机器人将待码的砖坯按规则逐层码放至窑车上，其工作流程如图 8-14 所示。

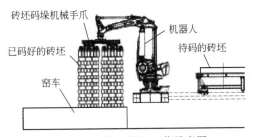

图 8-13　机器人码坯工艺示意图

砖坯码垛机械手爪结构如图 8-15 所示，4 个气缸两两相对安装，每对气缸之间连接有对中连杆，用于保证两气缸的伸缩量一致，它主要包括抓坯、卸坯、复位 3 个工作过程：抓坯时，机械手爪的固定挂板、浮动挂板分别插入待码砖坯的缝隙中，由气缸驱动两侧夹板带动砖坯同时向中间运动，左侧一列砖坯与固定挂板接触后被加紧，右侧一列砖坯与浮动挂板接触后继续被推向左运动，直至浮动挂板带动中间一列砖坯向左运动与固定挂板接触，至此将 3 列砖坯夹紧。卸坯时，4 个气缸同时泄气，机械手爪垂直抬升，由于泄气后手爪的夹紧力较小，砖坯受重力作用自行与机械手爪分离。复位时，4 个气缸同时伸出，由限位装置及复位弹簧等保证气缸伸出后两侧夹板及浮动挂板回到原位置。

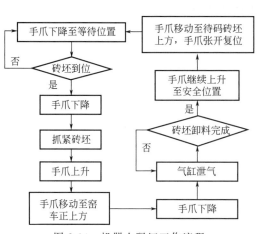

图 8-14　机器人码坯工作流程

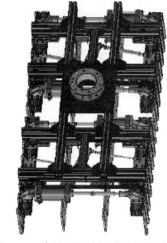

图 8-15　砖坯码垛机械手爪结构示意图

（2）气动系统原理

砖坯码垛机械手爪气动系统原理如图 8-16 所示，系统的执行元件是气缸 7～10，其主控阀依次是二位五通电磁换向阀 19～22，气缸的运动速度依次由单向节流阀 11 及 12、13 及 14、15 及 16、17 及 18 双向排气节流调控。气源 1 的压缩空气（0.8MPa）经截止阀 2 压入储气罐，再经气动三联件和二位三通电磁换向阀 23 供给各执行元件。换向阀 19～23 的排气口设有消声器 24～32，用以降低排气噪声。压力继电器 6 用以检测抓坯和卸坯阶段的压力并发信控制机械手爪的升降。储气罐是系统的应急动力源，如系统因故突然停电时，储气罐可向执行元件短时供气，以保证失电状态下，可持续抓取砖坯一段时间，以便将砖坯全部人工卸下。

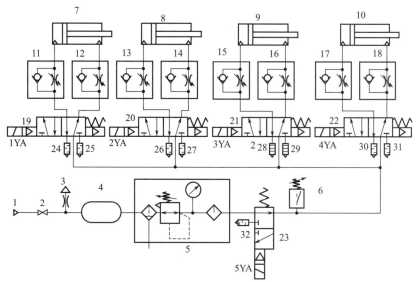

图 8-16　砖坯码垛机械手爪气动系统原理图

1—气源；2—截止阀；3—泄气阀；4—储气罐；5—气动三联件；6—压力继电器；7～10—气缸；11～18—单向节流阀；
19～22—二位五通电磁换向阀；23—二位三通电磁换向阀；24～32—消声器

整个气动系统的控制过程包括复位、抓坯、卸坯和保护等 4 个部分。

① 复位。接通气源，电磁铁 1YA～4YA 通电使换向阀 19～22 切换至左位，压缩空气分别经各主控阀和各缸进气口的单向节流阀中的单向阀，进入气缸 7～9 的无杆腔（有杆腔经各缸排气口的单向节流阀中的节流阀和主控阀及消声器排气），缸 7～9 的活塞杆伸出至机械极限位置。

② 抓坯。电磁铁 1YA～4YA 断电使换向阀 19～22 复至图示右位，压缩空气分别经各主控阀和各缸排气口的单向节流阀中的单向阀，进入气缸 7～9 的有杆腔（无杆腔经各缸进气口的单向节流阀中的节流阀和主控阀及消声器排气），缸 7～9 的活塞杆缩回夹紧砖坯，当管路压力高于压力继电器 6 上临界值时，机械手爪延时等待 0.5s 后垂直抬升。

③ 卸坯。电磁铁 1YA～4YA 保持断电，换向阀 19～22 在右位，状态不变；电磁铁 5YA 通电使二位三通电磁换向阀切换下位，气源被切断，且各气缸泄气，机械手爪夹板松弛，当管路压力低于压力继电器 6 下临界值时，机械手爪延时等待 0.5s 后垂直抬升。

④ 保护。如遇因故突然断电时，则可手动关闭截止阀 2，在机械手爪正下方放置托盘，手动调节泄气阀 3，将气缸内气体泄去，随着气压不足，砖坯自由下落至托盘，在此过程中，储气罐可为气路持续提供一段时间的高压气体，而各气缸在电磁阀断电状态为缩回状态，此时若机械手爪上抓有砖坯，则在失电状态下，可持续抓取一段时间，直至将砖坯全部人工卸下。

(3) 系统技术特点

① 机械手爪采用气压传动，作为砖坯码垛机器人的末端执行机构，安装更换便利，灵活性好；工件抓取安全可靠（实验表明，断电后未关闭截止阀 2 仍能继续夹紧约 52s，断电持续至 20s 时，关闭截止阀后，则能继续夹紧 659s 左右，人工卸坯时间充足，能满足要求），故障率低，工作效率高。

② 采用单向节流阀对气缸进行双向排气节流调速，有利于提高执行机构的运行平稳性。

③ 利用压力继电器作为砖坯抓取卸坯压力的检测发信元件；利用储气罐作为备用的应急动力源。

④ 砖坯码垛机械手爪气动系统主要技术参数如表 8-3 所示。

表 8-3　砖坯码垛机械手爪气动系统主要技术参数

序号	元件	参数	数值	单位	图示及说明
1	气缸	标准砖坯尺寸(见右图)	$240 \times 115 \times 53$	mm	
2		标准砖密度 ρ	约 1.7	g/cm³	
3		湿砖坯与钢最小摩擦因数 f	约 0.3		
4		砖坯被机械手爪垂直抬升的最大加速度 a	6	m/s²	
5		单次抓取的砖坯数量 n	60	块	
6		单个气缸所需拉力 F, $F > [n\rho V(g+a)]/(4f)$	1965	N	
7		固定挂板和浮动挂板厚度 δ 相同	5	mm	
8		缸径 D	80	mm	
9		活塞杆直径 d	25	mm	
10		工作气压 p	0.6	MPa	
11		最低工作气压 p_2	0.5		
12		工作气压 p 为 0.6MPa 时的输出拉力	2721.7	N	
13		行程 L	100	mm	

图示及说明：标准砖湿坯尺寸(单位 mm)，240，115，53，标准砖。V——砖坯体积，g——重力加速度

序号	元件	参数	数值	单位	图示及说明
14	气缸	最小速度 v	200	mm/s	
15		单个气缸耗气量 q_1	216	L/min	
16		4 个气缸的耗气量 $q=4\times q_1$	864		
17	储气罐	断电时气罐能保证气动系统正常工作的持续时间 t	60	s	—
18		气源供气压力 p_1	0.8	MPa	
19		最低工作气压 p_2	0.5		
20		容积 $V_1\geqslant p_0qt/[60(p_1-p_2)]$	288，取值 300	L	

8.3.2 陶瓷卫生洁具（坐便器）漏水检验气动系统

(1) 主机功能结构

陶瓷卫生洁具产品漏水会给用户带来诸多不便，并造成水资源浪费，因此在陶瓷卫生洁具的生产中，对坐便器的器身和水箱部分进行漏水检验（气密性检测）的装置是不可缺少的关键检验设备。漏水检验系统由气动系统、PLC 电控系统和 HMI（人机界面）等 3 部分组成（图 8-17），其中气动系统为执行机构，PLC 为主控核心，HMI

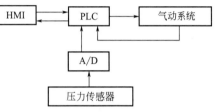

图 8-17 卫生洁具检漏系统原理框图

负责进行实时监控，可用压力传感器和 12 位 A/D 转换模块检测真空度。

(2) 气动系统原理

卫生洁具检漏气动系统原理如图 8-18 所示，它是整个漏水检验系统的执行机构。系统的正压执行元件是气缸组 CY1 和 CY2，分别用于坐便器器身和水箱的压紧密封，负压执行元件是真空测量装置。正压空气由气源 1 经过滤减压二联件 2 及油雾器 3 向系统提供，真空负压则由真空泵 17 产生和提供，真空度由压力传感器（图中未画出）检测。缸组 CY1 和缸组 CY2 的主控阀分别是二位二通电磁换向阀 5、6 和 7、8，缸组 CY1 和缸组 CY2 的正反向运动速度分别由流量调节阀 9～12 和 13～16 调节。

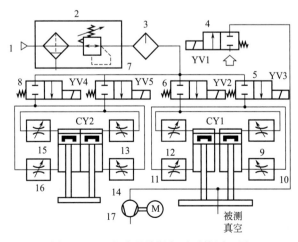

图 8-18 卫生洁具检漏气动系统原理图

1—气源；2—过滤减压二联件；3—油雾器；4～8—二位二通电磁换向阀；9～16—流量调节阀；17—真空泵

连体式和分体式坐便器的检验方法大致相同,可通过转换开关 SA1 进行选择。对连体式坐便器进行检验的工作步骤及原理如下。

① 器身压紧密封。电磁铁 YV2 通电使换向阀 6 切换至右位,压缩空气经阀 6 后分两路通过流量阀 9 和 12 分别进入气缸组 CY1 左右两缸的无杆腔,缸的活塞杆伸出,到达下限位置 1 且延时,确保将器身压紧密封。

② 水箱压紧密封。电磁铁 YV5 通电使换向阀 7 切换至右位,压缩空气经阀 7 后分两路通过流量阀 13 和 15 分别进入气缸组 CY2 左右两缸的无杆腔,缸的活塞杆伸出,到达下限位置 2 且延时,确保将水箱压紧密封。

③ 抽真空并进行检测。通过启动真空泵 17 的电动机,开始抽真空。如果压力传感器检测真空度达到上限值,则进行保压,而在设定抽空时间后,仍然没达到上限值,则视产品为不合格。在保压时间内,如果真空度大于或等于下限值,视产品为合格,否则视产品为不合格。

④ 泄压。无论检验是否合格,电磁铁 YV1 都要通电使换向阀 4 切换至左位,破坏真空开始泄压。当真空度小于缩回值时,电磁铁 YV4 通电使换向阀 8 切换至右位,压缩空气经阀 8 和流量调节阀 13 及 15 分别进入气缸组 CY2 两个缸的有杆腔,气缸的活塞杆缩回,到达上限值 2 后,电磁铁 YV3 通电使换向阀 5 切换至右位,压缩空气经阀 5 及流量阀 9 及 12 分别进入气缸组 CY1 的双缸无杆腔,活塞杆缩回,到达上限值 1,整个过程结束。

分体式坐便器检验时,电磁铁 YV5 和 YV4 均断电,阀 7 和阀 8 均不动作,其他则与连体式检验相同。

在检验过程中,密封容积的上限值、下限值、缩回值、气缸伸出时间、抽空时间与保压时间要求等均能够根据不同的产品和现场环境在 HMI 中进行设定并显示出来。

(3) PLC 控制系统

① 硬件。本检验系统以 PLC(三菱 FX$_{2N}$-32MR 型)电控系统为核心,其硬件外部接线如图 8-19 所示。PLC 完成现场与 HMI 信号的接收,根据程序进行运算控制各输出设备动作,另把相关生产数据传给 HIM 中进行显示。每检验一次,需先通过转换开关 SA1 选择连体还是分体,再按启动按钮 SB1。当生产出现异常,可按停止按钮 SB2,保持现状;或按复位按钮 SB3,恢复到初始状态。其过程同前述返回动作一样。当产品检验合格,"合格"灯亮,否则蜂鸣器工作。VP451-0.1M 为压力传感器 [其量程为 0～0.1MPa,输出 4～20mA(2 线制)],它与特殊功能模块 FX$_{2N}$-2AD [可将两点模拟输入(电压输入和电流输入)转换成 12 位的数字值] 一起完成真空度检测。

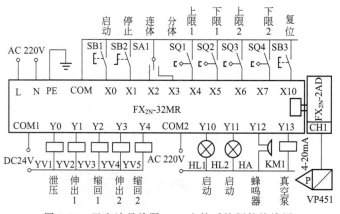

图 8-19 卫生洁具检漏 PLC 电控系统硬件接线图

② 软件。根据 PLC 硬件接线，并结合系统的工作特点，用状态转移图编制的 PLC 电控系统主程序如图 8-20 所示。控制软件还包含真空度检测和压力比较（从略）。本系统采用威伦 MT607iH 型 HMI，以实现控制过程可视化、智能化，其控制界面除主画面外，还包括参数设置与查询数据等界面，主画面和数据查询界面如图 8-21 所示，主画面中显示包括设定的时间与压力值、实际的工作时间与压力值、产品的统计数据及 PLC 的输出状态在内的各项信息，以及为保证正常生产修改参数需要管理员输入的密码。通过数据界面可以查询每个产品检验之后的最大压力值、不合格数、合格数、总数、不合格率及合格率，也可选择查询最近某天的生产状况，这些数据保存在 HMI 上的 U 盘中，生产企业可随时调取。

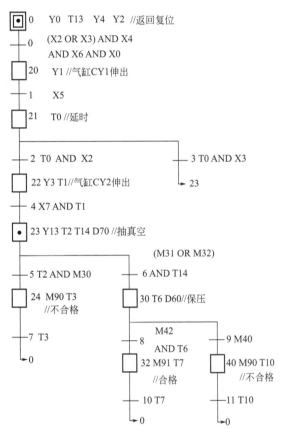

图 8-20　卫生洁具检漏 PLC 电控系统主程序

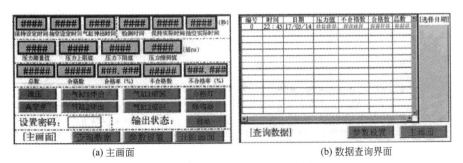

(a) 主画面　　　　　　　　　　(b) 数据查询界面

图 8-21　卫生洁具检漏系统 HMI 控制界面

（4）系统技术特点

① 连体式和坐便器器身及水箱的气密性检验采用气压传动进行压紧密封，采用真空泵提供真空，并用压力传感器和 12 位转换模块检测真空度，通过 PLC 和 HMI 对系统的检验过程实施控制和实时监控，结构简单，精确度较高，可控性强。

② 气动系统采用两个二位二通电磁换向阀对压紧密封气缸的运动方向进行控制；采用流量阀对气缸的运行速度进行进气调节。

8.3.3 混凝土搅拌机气动系统

（1）主机功能结构

图 8-22 气压传动的混凝土搅拌机主体结构示意图

混凝土搅拌机是以气动马达作为动力的可移动自落式混凝土搅拌机械，主要用于矿山等防爆要求较高的工作环境下对混凝土进行安全有效地搅拌。该机由搅拌机主体、传动机构和气动系统 3 部分组成。气压传动的混凝土搅拌机主体结构如图 8-22 所示，主要包括移动平台、双锥形搅拌滚筒和提升机构。搅拌滚筒（图 8-23）由钢板一次冲压而成，筒体内焊有 2 片高低叶片，用于搅拌，每次搅拌 35～45s，即可达到匀质混凝土。提升机构（图 8-24）的料斗落入地面以下，以降低劳动强度。混凝土搅拌机传动机构如图 8-25 所示，其动力源为气马达 5，它通过皮带与带轮 4、减速器 3 和齿轮 2 将动力传递给齿圈 1 及搅拌筒，实现混凝土等物料的搅拌。工作时正转搅拌，反转出料。传动机构的总传动比 $i_z = 49$。

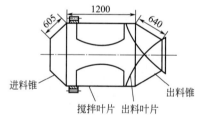

图 8-23 混凝土搅拌机搅拌滚筒示意图

图 8-24 混凝土搅拌机提升机构示意图

（2）气动系统原理

混凝土搅拌机气动系统原理如图 8-26 所示，系统唯一的执行元件为驱动搅拌筒旋转的双向气马达 7，其主控阀为二位五通手动换向阀 6，为降低噪声，在马达的两侧气口接入消声器 8 和 9。系统的气源为空压机 1，其排出的压缩空气经过滤器 2 进入储气罐 4（其压力由压力表 11 监控，气罐内的冷凝水可通过放水阀 12 排放）；减压阀 5 用于设定气动马达的工作气压并由压力表 10 显示。当系统在图示状态时，空压机 1 的压缩空气经过滤器 2、截止阀 3、储气罐 4、减压阀 5、换向阀 6 上位进入气马达 7 的下侧工作腔中（上腔经阀 6 和消声器排气），马达的传动轴转动（正转）并通过减速器驱动混凝土搅拌筒旋转进行搅拌作业；操纵换向阀 6 使其切换至下位，则压缩空气改变流动方向经阀 6 进入马达 7 上腔（下腔排气），气马达反转。

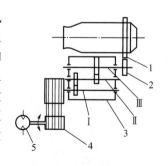

图 8-25 混凝土搅拌机
传动机构简图
1—齿圈；2—齿轮；
3—减速器；4—皮带与带轮；
5—气马达；I，II，III—传动轴

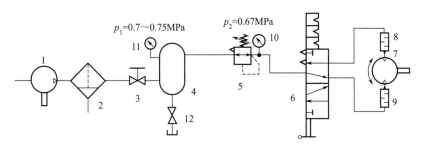

图 8-26　混凝土搅拌机气动系统原理图
1—空压机；2—过滤器；3—截止阀；4—储气罐；5—减压阀；6—二位五通手动换向阀；
7—气马达；8,9—消声器；10,11—压力表；12—放水阀

（3）系统技术特点

① 以气马达作为动力源驱动搅拌机工作，采用压缩空气作
为工作介质，安全防爆，绿色环保，在矿山等防爆要求较高的工作环境下，可安全有效地对
混凝土等物料进行搅拌作业。工作稳定且效率高。

② 气马达两气口装有消声器，有利于降低其工作噪声。

③ 如果在定量马达进排气口增设流量阀或将气马达改为变量马达，则可对搅拌筒进行
转速调节，以满足不同工况的需求。

④ 混凝土搅拌机气动系统主要技术参数和元件型号规格见表 8-4。

表 8-4　混凝土搅拌机气动系统主要技术参数和元件型号规格

序号	元件	参数		数值	单位
1	传动机构	总传动比 i_z		49	
2		带轮传动比 i_d		3	
3		齿轮齿圈传动比 i_c		6	
4		减速器传动比 i_j		2.722	
5		减速器为两级传动	i_{12}	1.7	
			i_{34}	1.6	
6	气马达	滚筒搅拌时混凝土和滚筒的转动惯量 J_1		149.223	kg·m²
7		经过变速机构折算到马达上的等效转动惯量 J_2		0.06215	
8		负载转动时折合到马达上的启动扭矩 T		140	N·m
9		滚筒启动阶段转速 n		90	r/min
10		加速时间常数 t_a		10	s
11		负载转动时折合到马达上的总功率 W_z		3229	W
12		气马达型号		TMYJ3-25	
13	空压机	有储气罐时的入口流量 q_c		6	m³/min
14		系统最高工作气压 p		0.63	MPa
15		型号		WBS-37A/W	
16		供气压力		0.8	MPa
17		排气流量		6.2	m³/min
18		驱动功率		37	kW

续表

序号	元件	参数		数值	单位
19	过滤器	型号		AFF37B	
20	储气罐	容积		1.5	m³
21	减压阀	型号		AR635	
22	消声器	型号		MF-5	
23			进料容量	200	
24	搅拌机	可搅拌物料塑性和半干硬性混凝土	出料容量	120	L
25			生产率	15～20	m³/h

8.4 起重工具气动系统

8.4.1 限载式气动葫芦系统

(1) 主机功能结构

气动葫芦是一种以压缩空气作为动力源，通过气控换向阀主阀芯的运动，实现过载保护的安全高效起重设备。限载式气动葫芦由动力机构 2、升降机构 3、减速机构 4 和制动机构 5 等四部分组成，如图 8-27 所示。其工作原理如下。

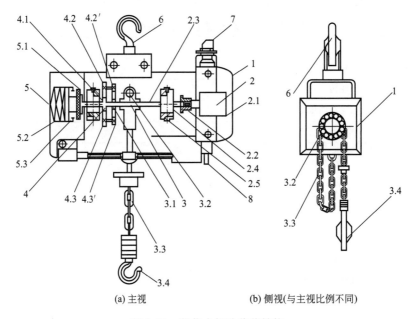

(a) 主视　　　　　　　　　(b) 侧视(与主视比例不同)

图 8-27　限载式气动葫芦结构

1—壳体；2—动力机构；2.1—气动马达；2.2—联轴器；2.3—动力传动轴；2.4—轴承；2.5—轴承座；3—升降机构；
3.1—升降齿轮；3.2—链轮；3.3—链条；3.4—吊钩；4—减速机构；4.1—小齿轮；4.2—第一级行星齿轮；
4.2′—第二级行星齿轮；4.3—内齿轮；4.3′—中间齿轮；5—制动机构；5.1—制动盘；
5.2—制动缸；5.3—制动块；6—挂钩；7—进气管；8—消音器

在动力机构 2 中，空压机的高压气体经过进气管 7 进入气动马达 2.1，驱动气动马达旋转，气动马达通过联轴器 2.2 与动力传动轴 2.3 相连接，动力传动轴的两端设置两个对称的轴承 2.4，同时将两个轴承固定在左右两端的轴承座 2.5 上。动力传动轴末端上的小齿轮

4.1 与减速机构第一级行星齿轮 4.2 相啮合，同时第一级行星齿轮与减速机构的内齿轮 4.3 相啮合；空套在动力传动轴上的中间齿轮 4.3′ 与第一级行星齿轮中心轴固连，中间齿轮 4.3′ 与第二级行星齿轮 4.2′ 相啮合，同时空套在动力传动轴上的升降齿轮 3.1 延伸端与第二级行星齿轮有共同的中心轴，从而带动升降齿轮的转动，通过行星齿轮减速器的两级减速达到所需的转速。升降机构 3 中的升降齿轮 3.1 与链轮 3.2 的中心轴固连，升降齿轮转动时，带动链轮转动，链轮通过带动环绕的链条 3.3 上升，从而吊钩 3.4 向上提升重物。当重物到达指定高度时，操作人员按下停止按钮，在减速机构一侧布置的制动机构 5 通过气动控制系统使点盘式制动器迅速响应，制动盘 5.1 随动力传动轴旋转，固定在机架上的制动缸 5.2 通过制动块 5.3 压在制动盘上实现制动，防止重物高空坠落，从而达到制动的目的。

（2）气动系统原理

气动葫芦的机械结构各功能协调实现均由气动控制系统完成，其气动系统原理如图 8-28 所示，主要执行元件是气动马达 22 和刹车气缸 21，系统的主控阀为三位五通换向阀 6，围绕这 3 个气动元件，系统由限载保护回路 1、限位保护回路 13、升降回路 20 和制动回路 24 等 4 个回路构成，各回路的组成元件及原理如表 8-5 所示。

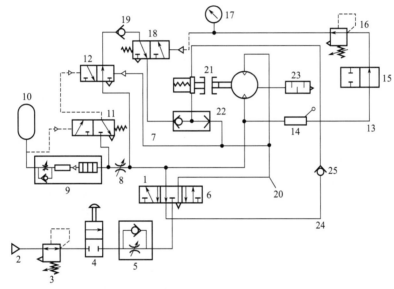

图 8-28　限载式气动葫芦气动系统原理图

1—限载保护回路；2—气源；3—减压阀；4—气源开关；5—气动马达调速开关；6—三位五通换向阀；7—或门型梭阀；
8—节流阀；9—气动延时阀；10—储气罐（蓄能器）；11—二位三通单气控换向阀；12—二位三通双气控换向阀；
13—限位保护回路；14—限位开关；15—二位二通换向阀；16—调压泵；17—压力表；18—二位三通单气控换向阀；
19,25—单向阀；20—升降回路；21—刹车气缸；22—气动马达；23—消声器；24—制动回路

表 8-5　限载式气动葫芦气动系统各回路的组成元件及原理（图 8-28）

序号	回路名称	组成元件	原理描述
1	限载保护回路	由气源 2、减压阀 3、气源开关 4、气动马达调速开关 5、三位五通换向阀 6、或门型梭阀 7、节流阀 8、气动延时阀 9、储气罐 10 以及气控换向阀 11 和 12 等组成。气源开关连接在设有调速开关的气动马达上；节流阀、气动延时阀分别连接在单气控方向阀的支路上	当启动上升按钮时，三位五通换向阀 6 切换至左位，压缩空气进入限载保护回路，一路经双气控换向阀 12、到达或门型梭阀 7，气体顶起阀芯，常闭式刹车气缸 21 开始工作，气动马达 22 正转；另一路经节流阀 8 和延时阀 9 流向储气罐 10，气压随着载荷加大而增大，当气压超过单气控换向阀 11 内部预设的弹簧压力时，阀 11 切换至左位，使双气控方向阀 12 切换至左位，将供给常闭式刹车气缸 21 的气体中断，恢复至原位，气动马达停止转动，实现了气动回路的限载保护功能

续表

序号	回路名称	组成元件	原理描述
2	限位保护回路	由限位开关 14、二位二通换向阀 15、调压泵 16、压力表 17、单气控换向阀 18、单向阀 19 组成	单向阀与限载保护回路 1 相连,当重物提升至极限位置时,限位开关阻止重物继续上升,压缩空气经过二位二通阀的右位进入调压泵 16 中进行增压,后到达气控换向阀 18 的右端控制腔,由于限位保护回路的工作压力经过增压后大于限载保护回路的工作压力,故气控换向阀 18 的阀芯向左移动,常闭式刹车气缸 21 使气动马达 22 停止工作,避免了气动葫芦到达极限位置继续上升所带来的危害。实现了气动回路的限位保护功能
3	升降回路	由刹车气缸 21、气动马达 22、消声器 23 组成。消声器设置在气动马达的外壳上,用于降低排气噪声	当三位五通阀切换至左位时,气体依次经三位五通气控换向阀、梭阀 7,高压气体推动梭阀的阀芯右移,刹车气缸断开,制动功能失效,气动马达开始正转,气动马达的动力传动轴通过行星减速机构的二级减速后,转化成低速大扭矩,驱动链轮转动,环绕在链轮上的链条开始向上提升重物;当三位五通阀切换至右位时,气动马达主轴反转,实现重物的下降运动
4	制动回路	由制动器、单向阀 25 组成。制动器连接在制动回路上	工作时启动停止按钮,三位五通阀切换至中位,一路气体使制动器迅速响应,固定在机架上的制动缸通过制动块压在制动盘上,制动盘阻止动力传动轴继续转动;另一路气体从阀体下端进入单向阀,它和弹簧力一起使阀芯面紧紧地压在阀座上,气体无法通过,气压减小刹车气缸闭合,气动马达停止转动,实现气动回路的双重制动

系统的总体工作方式如下。

① 使用时,将限载式气动葫芦通过上挂钩悬挂于水平放置的横梁上,操作人员启动上升按钮,空压机将产生的压缩空气通过进气管送入气动马达,气动马达带动联轴器、动力传动轴旋转,通过减速机构减速达到所需的转速,升降齿轮转动,带动链轮转动,并带动环绕的链条上升,从而将重物通过吊钩向上提升。

② 当重物到达指定高度时,操作人员按下停止按钮,在减速机构一侧布置的制动机构通过气动系统使点盘式制动器迅速响应,制动盘随动力传动轴旋转,固定在机架上的制动缸通过制动块压在制动盘上实现制动,防止重物高空坠落,从而达到制动的目的。

③ 当吊钩达到极限位置时,限位开关闭合,气源中断,气动马达停止转动,避免气动葫芦到达极限位置而继续上升。

④ 当操作人员启动下降按钮,通过换向主气阀切换气路控制气动马达反转,链轮带动链条向下运动,实现重物的降落。

(3) 系统技术特点

① 与电动葫芦相比,该气动葫芦结构简单小巧,质量轻,以压缩空气作为动力源,绿色环保;安全可靠,特别适用于煤矿、石油化工等环境复杂危险、易燃易爆的场合使用;气动马达不需要其他部件来防止电火花;操作与维护方便;采用自动限载保护功能,不会对整机造成损伤;启动平稳,升降速度快,工作效率高。

② 气动系统采用气控阀操控,不仅安全防爆,而且灵敏度高,能够实现气动马达正、反转的平稳启动与制动,当载荷过大时,刹车气缸能够及时刹车断气,实现了过载保护的目的。

③ 限载式气动葫芦气动系统各回路主要技术参数见表 8-6。

表 8-6　限载式气动葫芦气动系统各回路主要技术参数

序号	技术参数		数值	单位	序号	技术参数	数值	单位
1	负载		50	kg	6	提升高度	10	m
2	提升速度	空载上升	17		7	工作气压	0.6	MPa
3		空载下降	15	m/min	8	耗气量	1.4	m^3/min
4		额定负载上升	7.5		9	净重	45	kg
5		额定负载下降	24					

8.4.2　智能气动平衡吊系统

(1) 主机功能结构

智能气动平衡吊（图 8-29）由机架、起重气缸、吊臂、控制面板和操作手柄等组成，通过微控制器控制，能够使被起重的工件（重物）的重力自动被气控系统的气压所平衡，即在空中形成一种无重力的悬浮状态，操作者无须熟练地点动按钮操作，只需很小的操作力徒手推拉重物，即可将重物正确地放到作业空间中的任何位置，可用于大多数机械装配、板料成型、机床加工等行业中小载荷（100kg 规格）物料（工件）的精确搬运。

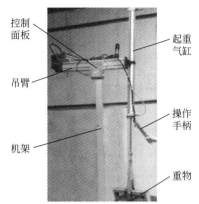

图 8-29　智能气动平衡吊实物外形图

(2) 气动系统原理

智能气动平衡吊系统原理如图 8-30 所示，气缸 2 是系统唯一的执行元件，换向阀 6 是其主控阀，气源 10 经减压阀向系统提供压力为 0.6～0.8MPa 的压缩空气。

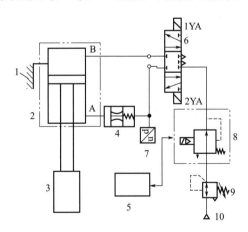

图 8-30　智能气动平衡吊系统原理图
1—机架；2—气缸；3—重物；4—自控安全阀；
5—控制器；6—三位五通电磁换向阀；
7—压力传感器；8—压力控制阀；
9—减压阀；10—气源

当控制器 5 控制电磁铁 1YA 通电使换向阀 6 切换至上位时，气源 10 的压缩空气经过减压阀 9、压力控制阀 8、换向阀 6 和自控安全阀 4 到达气缸 2 的 A 口并进入有杆腔（无杆腔经阀 6 排气），推动气缸活塞杆上移，拉动重物 3 上升。当电磁铁 1YA 断电时，电磁换向阀 6 复至中位，气缸 2 活塞杆及重物 3 均静止，由压力传感器 7 进行压力检测，输入控制器 5 中，作为重物悬浮状态的控制参数。

当电磁铁 2YA 通电使换向阀 6 切换至下位时，气源的压缩空气经过减压阀 9、压力控制阀 8 最终到达电磁换向阀 6 并截止。这时气缸活塞杆在自身重力及重物重力的作用下下移，上端 B 口由电磁换向阀 6 进气，下端 A 口压缩空气经气控安全阀由电磁换向阀排出。

当电磁铁 2YA 断电时，电磁换向阀处于图示中位，活塞及重物静止，由压力传感器进行压力检测，输入控制器中，重新作为重物悬浮状态的控制参数。

当其提升和操作高度小于 1m 时，系统可以直接采用气缸提升工件。如果大于 1m，则可采用滑轮放大的方式，得到较小的结构和较长的工作距离。

该系统采用 STC12C5A60S2-44 单片机为核心的微控制器系统（含硬件和主程序、上升子程序与下降子程序及自适应子程序在内的控制软件程序）对气动系统及整个平衡吊进行控制（包括按键检测、数据运算、电磁阀控制与通信处理等）。

（3）系统技术特点

① 智能气动平衡吊采用气动系统驱动加微控制器控制的方式，可使普通气缸以平衡吊的方式工作。简化了常用平衡吊的结构，产品的制造周期短；并采用了自控安全阀进行气路保护，增加了产品的使用安全性。

② 智能气动平衡吊装调简单，操作方便，适用于大多数机械装配、板料成型、机床加工等行业。

8.4.3　升降电梯轿厢双开移门气动系统

（1）主机功能结构

普通民用升降式电梯的移门控制系统大多采用气压传动与控制。升降式双开移门电梯在使用中要求运行平稳，轿厢开闭门柔和且安全可靠。当电梯按指令运行到某设定层时，平层停稳后自动打开轿厢门。当输入关门信号，指示前往某一层时，滞后片刻后会自动关门；然后电梯开始上升或下降运行。倘若在关门过程中，碰到障碍物（如人体或手、脚及货物），会自动将门重新开启，以确保人身和货物的安全和不损。

（2）气动系统原理

升降式电梯轿厢双开移门气动系统原理如图 8-31 所示。储气罐 2 中的压缩气体由空压机 1 供给，系统工作气压由减压阀 4 调定。系统的执行元件是双活塞气缸 9，其主控阀为二位四通气控换向阀 7，缸的伸缩速度由单向节流阀 8a 和 8b 排气节流调控。气控换向阀的导控阀为二位三通电磁换向阀 5a 和 5b。二位三通滚轮式机控换向阀 10 用于障碍的接触式检测，并通过或门式梭阀 6 对导控气流进行控制。系统典型工况有下述 3 种。

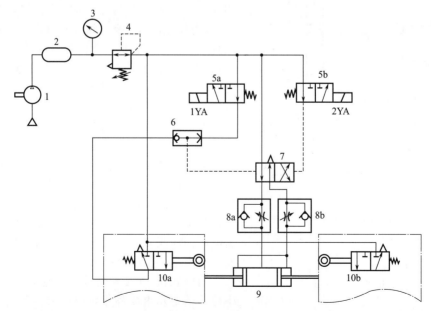

图 8-31　升降式电梯轿厢双开移门气动系统原理图

1—气源（空压机）；2—储气罐；3—压力表；4—减压阀；5—二位三通电磁换向阀；6—或门式梭阀；
7—二位四通气控换向阀；8—单向节流阀；9—双活塞气缸；10—二位三通滚轮式机控换向阀

① 轿厢正常关门。当乘客进入电梯轿厢内，需上行或下行时，只要在轿厢内的电梯控制板上分别按一下相应的选层按钮或关门按钮即可。这时微机系统就会根据输入的呼梯指令发信，电磁铁 1YA 通电使二位三通换向阀 5a 切换至左位，于是储气罐 2 控制气压源经减压阀 4、换向阀 5b 进入二位四通气控换向阀 7 的右侧控制腔，使阀 7 切换至右位。此时，主气路的气流路线为：储气罐 2 的压缩空气经减压阀 4、换向阀 7、阀 8b 中的单向阀进入双活塞气缸 9 的左、右腔（中腔经阀 8 中的节流阀和阀 7 排气），使两推杆向气缸内缩入，于是电梯轿厢的两扇门被缓缓关闭。

② 轿厢遇障开门。倘若电梯双门在关闭的过程中碰上障碍物，则此时二位三通滚轮式机控换向阀 10b、10a 或 10b 和 10a 一起动作，切换至左位（阀 10b）、右位（阀 10a），于是由储气罐 2 供给的控制气源经减压阀 4、换向阀 10b 或 10a、或门式梭阀 6 的左腔进入二位四通气控换向阀 7 的左端控制腔，使该阀切换至左位。这时在主气路中，从储气罐 2 供给的压缩空气经减压阀 4、换向阀 7、阀 8a 中的单向阀进入双活塞气缸 9 的中腔，使两活塞杆向外伸出，于是轿厢的两扇门就被缓缓开启。但应指出，如果二位三通电磁换向阀 5b 仍然保持在压力状态下，则二位三通滚轮式机控换向阀 10a 或 10b 就起不到自动开启双门的安全保护作用。

③ 轿厢在关门中或已关门但尚未升降时的再次开门。倘若当电梯轿厢双门在关闭的过程中或刚关闭而轿厢还未来得及动作时，发现有人想进入轿厢或从轿厢中出去，而需要将双门开启时，这时只要在升降箱内的电梯控制板上按一下相应的开门按钮即可。此时，微机系统就会根据输入的指令发信，电磁铁 2YA 通电使二位三通换向阀 5b 切换至右位，于是控制气压源就会由储气罐 2 经减压阀 4、换向阀 5a、梭阀 6 的右腔进入气控换向阀 7 的左端控制腔，使其切换至左位。这时主气路由储气罐 2 供给的压缩空气经减压阀 4、换向阀 7、阀 8a 中的单向阀进入双活塞气缸 9 的中腔，使两活塞杆向外伸出，于是轿厢的两扇门即被缓缓开启。

系统的空压机的工作压力范围可以调节，即可根据实际使用的需要对压力的上限值和下限值进行设定。当储气罐中的压力低于设定的下限值时，空压机就会自动启动，向储气罐中供气；而当储气罐中的压力达到设定的上限值时，会自动停机。显然，压力设定的范围越大，储气罐的容积越大，则空压机启动的次数就越少；此外，电梯轿厢双门启闭次数越多，压缩气体的用量越大，则空压机启动就越频繁。

(3) 系统技术特点

① 电梯移门采用气动系统，结构原理简单，造价低，调节和控制易掌握，体积大（尤指储气罐）、使用寿命长、维修方便；但空压机在工作时，会发出噪声，但改用低噪声空压机产品，会改善噪声污染的情况。

② 电梯轿厢双开移门采用双活塞双杆三腔气缸驱动，气控换向阀控制其动作；缸的双向伸缩速度通过单向节流阀排气节流调控，有利于提高气缸乃至电梯轿厢双门启闭的平稳性。电梯启闭障碍通过滚轮式机控换向阀接触式检测，并与或门式梭阀 6 配合对导控气流进行控制。

第9章

城市公交、铁道车辆与河海航空（天）设备气动系统

9.1 概述

在城镇一体化及城市现代化进程中，城市公共交通承担着城市及其郊区范围内，利用客运工具对旅客进行运输、方便公众出行的功能。纵观世界各国城市公共交通事业的发展进程，受本国经济和科学技术水平的影响，差异较大，而且由于城市所在的地理环境和政治经济地位不同，城市公共交通结构也各具特色。目前国内的城市公共交通结构中，一般主要包括公共汽车、无轨电车、有轨电车、快速轻轨列车、地下铁道和出租汽车等客运营业系统；在一些有河湖流经的城市，公共交通系统中还包括轮渡；在山区城市中，索道和缆车的运输也是城市公交的组成部分。随着科技的进步、人工智能技术的发展和智慧城市的建设，磁悬浮客运交通以及无人驾驶的出租客车系统已在一些城市进入试运营阶段。在上述城市公共交通工具及其配套设施发展中，通过采用气动技术以保证乘客安全乘降（上下），减少因启停制动或避让（汽车）等原因造成的安全性和舒适性较差问题，解决遇有火情等突发情况的逃生问题，减少运行能耗量、降低噪声、减少废气排放污染等方面均具有一定技术优势。为了适应现代铁路高速化的发展，除施工机械普遍采用气动技术外，在铁道车辆和配套设备中也大量使用了气动技术，以提高乘客的安全性和舒适性。例如客车气动内摆门、气动式管道公共交通、公交安全逃生墙；机车整体卫生间冲洗系统、铁道客车塞拉门、高铁列车全主动悬挂装置及真空式卫生间等。

河海航空航天设备是气动技术的另一重要应用领域。公元前，埃及人用热空气-水力驱动的寺庙大门等可以说是气动技术最古老的应用。与地面作业设备不同，河海与航空（天）设备的气动系统具有高精度、集成化、小型化的结构性能特点，在满足拖动功能的同时，安全可靠性通常是第一位的，故系统往往带有冗余结构。除静态特性指标外，一般具有动态特性指标要求，因此与微电子技术、通信技术、计算机技术有着紧密的联系。近年来，河海航空航天设备巧妙地将空气的压缩性和膨胀性运用其中，通过与当代 IT 技术、以太网及芯片技术、通信技术和传感技术的高度融合，使设备在复杂多变和恶劣的环境条件的水下或空中按着人们的意愿和要求自由潜行和翱翔，完成既定的作业和任务。其应用范畴涵盖了民用、科学研究设备和军事国防，例如水上救助抛绳器、船舶前进倒车转换装置、气动布雷装置及鱼雷发射管和水下滑翔机；飞机供油车联锁装置、飞行器主推力喷嘴摆角控制，导弹自动爬行系统、垂直起降火箭运载器着陆支架收放系统等。

本章介绍城市公交、铁道车辆与河海航空（天）设备中的8例典型气动系统。

9.2　城市公交气动系统

9.2.1　城市客车内摆门气动系统

在折叠门、内摆门、塞拉门等 3 种城市客车乘客门中，内摆门因技术成熟、结构简单、成本适中，成为城市客车的主要应用类型。乘客门的基本要求是：首先能够满足在紧急情况下，乘客能够快速应急逃生；其次要有较好的防夹性能。按照防夹方式不同，城市客车内摆门也有几种常用气动系统。目前国内使用的乘客门防夹方式有电子延时防夹、气压传感器防夹、气囊胶条防夹、导电胶条防夹及角传感器防夹 WABCO MTS 门控系统，其关门过程、防夹原理及特点如表 9-1 所示。

9.2.2　气动式管道公共交通系统

气动式管道公共交通系统主要适用于城市内部、城乡之间、城市与城市之间的公共交通运营。

（1）气动系统原理

气动式管道公共交通系统原理如图 9-1 所示，由空压机等气源装置（图中未画出）通过气管供给系统压缩空气[图 9-1(a)]，并维持一定压力。由不锈钢或者铝合金制造的导轨安装在管道里面[图 9-1(b)]，导轨上表面平直，并均匀地开有些许细小的气孔，导轨下面是许多互不相通的气室。压缩空气经气管和气阀分配给每个气室，从上方的细小气孔喷出，在车体和导轨之间形成气垫，气垫支撑车体在导轨上运行，减少车体和导轨之间的摩擦。由于气垫厚度较小（约 4mm），故导轨的加工精度以及气流的能耗都不会太高。

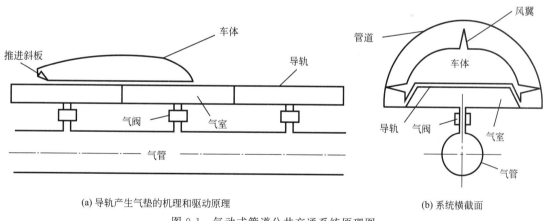

(a) 导轨产生气垫的机理和驱动原理　　　　　(b) 系统横截面

图 9-1　气动式管道公共交通系统原理图

如图 9-1(a) 所示，车体后部安装有推进斜板，从导轨气孔喷出的高压气流喷到推进斜板上，对推进斜板产生水平推力，推动车体前行。由于气垫摩擦很小，较小的水平推力就能使车体获得较大的前行速度。调节推进斜板的倾斜度，可以调节推力的大小，控制车体的速度，或者进行刹车（倾斜度为负时）。

各个气室旁均装有光电传感器，以检测车体在导轨上的位置，并控制相应的气阀，使得只在车体下面和前方的有限个气室充气，跟随车体动态地产生一小段气垫，从而节约压缩空气和能量。

表 9-1　城市客车内摆门气动系统关门过程、防夹原理及特点

序号	类型	气-电系统原理图	关门过程	防夹原理	系统特点
1	电子延时防夹气动系统	应急阀　踏步灯　延时防夹控制器　翻板开关　FU(5A)　DC24V或DC12V　行程开关　气缸III　开门气腔　关门气腔　开　关　气缸II　气源　二位五通电磁阀	在电子延时防夹控制器接收到关门信号后，二位五通电磁阀切换至右位，气缸有杆腔进气（无杆腔排气），活塞缩回带动门扇开始关门。当门回到关门位时，触发行程开关，快关行程开关接收到关门信号，控制器切断防夹电路，活塞继续缩回运动，然后切断回运动，直到乘客关门完全关闭。整个关门过程要在预设时间内完成	电子延时防夹控制器预先设置好延时防夹时间，控制器从接收到关门信号开始计时，如果夹到障碍物，门板运动受阻，气缸活塞不动作，在设定好的时间内，控制器行程开关没有接收为夹到门信号，判断防夹信号，控制器给电磁阀开门信号，完成防夹开门动作	电子延时防夹的开关门时间设置与气缸进排气速度有关，进排气速度快，开关门时间短，夹持力较大。电子延时防夹时的安装简单方便，成本低，但是防夹定力由时间设定致夹持力不可调，时间过大就一直夹住，夹持力过大
2	气压传感器防夹	应急阀　踏步灯　气压防夹控制器　翻板开关　FU(5A)　DC24V或DC12V　关门压力传感器　行程开关　气缸III　开门气腔　关门气腔　开　关　气缸II　气源　二位五通电磁阀	在气缸关门气的无杆腔排气装置压力传感器（压力开关）。当气压防夹控制器接收到关门信号后，二位五通电磁阀通电，切换至右位，气缸有杆腔进气（无杆腔排气），开始关门。当门回到关门位时触发行程开关，快关行程开关接收到关门信号，控制器切断防夹电路，气缸继续运动直到乘客关门完全关闭	在气缸关门排气端安装压力传感器（压力开关），监测关门气压力。如果夹到障碍物，门板运动受阻，排气压力变化，当排气压力低于设定压力值时，产生关门信号。控制器给电磁阀开门信号，完成防夹开门动作	气压传感器防夹灵敏度中等，安装简单方便，成本适中，但检测气压随排气压力变化，不能跟随排气压力变化而变化，导致灵敏度较差

续表

序号	类型	气-电系统原理图	关门过程	防夹原理	系统特点
3	气囊胶条防夹	图中标注：踏步灯、应急阀、气源、气压防夹控制器、翘板开关、二位五通电磁阀、FU(5A)、DC24V或DC12V、压力传感器、关门气囊胶条、行程开关、气缸Ⅱ、开门气腔、关门气腔、活塞、开、关	正常关门过程和普通气压过程位置和普通关门正常防夹提取信号相同，只是防夹提取信号方式不同	在门板上安装中间密封的气囊胶条，通过气管连接到中夹气压力传感器。关门过程遇到阻碍物，门板运动，产生挤压，气囊胶条受到挤压，产生气流，气囊压力传感器接收到压力变化，产生防夹信号；传感器接收到压力信号给控制器给电磁阀开门信号，完成防夹开门动作	气囊胶条防夹灵敏度高，但成本高，胶条损坏或密封失效，胶条漏气将导致防夹失效，胶条结构限制导致存在防夹盲区
4	导电胶条防夹	图中标注：踏步灯、应急阀、气源、气压防夹控制器、翘板开关、二位五通电磁阀、FU(5A)、DC24V或DC12V、压力传感器、关门导电胶条、行程开关、气缸Ⅱ、开门气腔、关门气腔、活塞、开、关	正常关门过程和普通气压过程位置和普通关门正常防夹提取信号相同，只是防夹提取信号方式不同	在门板上安装中间有电线的导电胶条，通过电线连接到导电胶条传感器。在关门过程中夹到障碍物，门板运动受阻，导电胶条受到挤压，产生电压，导电胶条传感器接收到电压变化，产生防夹信号；控制器接收到防夹信号；ECU判断防夹开门信号，完成防夹开门动作	导电胶条防夹优点是灵敏度高，但是成本高，胶条结构限制导致存在防夹盲区
5	角传感器防夹	—	角传感器防夹。在门轴上部安装传感器，关门位置确定开、关门到位时传感器电压值确定开，关门过程中夹到障碍物时，门板运动受阻，到位的数值不同；ECU判断防夹，关门；压力状态，可手动开、关门	角传感器防夹主要是WABCO MTS门控系统。压力状态，可手动关门。在门轴上部安装传感器，通过ECU读取传感器关门位置，当乘客关门开、关门过程中夹到障碍物；传感器电压不是开门到位或者关门到位的数值时；ECU控制电磁阀，电磁阀处于无压力状态，可手动开、关门	WABCO MTS门控防夹灵敏度高，开关门都有防夹，但是结构复杂，安装调试难度大，门控系统进口件，成本高

注：1. 气动内摆门的以上几种防夹方式各有优缺点；电子延时防夹是由于夹持力大于300N的标准要求，使用较少；气囊胶条防夹灵敏度适中，方便实车安装调节的传感器，防夹盲区；导电胶条防夹存在盲区，结构上无法优化；角传感器防夹WABCO MTS门控系统成本高，结构复杂，出口高端市场才会使用。应选择适门的以上几种防夹方式各有优缺点，电子延时防夹有待进一步提高，气囊胶条防夹灵敏度高，气压传感器WABCO MTS门控灵敏度高，系统复杂。

2. 因各种防夹方式各有局限性，在实际使用中，可以结合使用来弥补缺点。例如在使用气囊胶条防夹时，或者再增加一套气压传感器系统，或者再增加一套电子延时防夹系统，既有气囊胶条防夹的高灵敏度，又弥补了气囊胶条防夹漏气失效及盲区的缺点。

如图 9-1(b) 所示，安装在管道内导轨的上表面是由 2 个斜面和 1 个平面组成 1 个梯形的外表面，外表面上都均匀地开有许多细小的气孔。管道由变色玻璃制造，可根据外面太阳光线的强弱改变自身的透光性，有助于控制管道内的温度在一定范围；管道外面还可栽种植物，降低里面的温度，提高乘坐的舒适性。管道可防止灰尘、雨雪等对导轨气孔的堵塞，保证车体在各种天气下都能正常运行，同时有助于提高车体运行的稳定性。借鉴飞行空气动力学，在车体的纵向制造多个风翼，以提高其横向稳定性。车体上表面做成流线型，以减少空气阻力，同时提高其纵向稳定性。由于气垫摩擦力小，有利于提高速度，更有利于节能。气垫还具有较大的运载能力与自重之比，因为它是面接触（气垫面），而车轮理论上是点接触，故气垫对地面压力比车轮小。

（2）系统技术特点

① 气动式管道公共交通系统采用跟随运行的车体，动态地在导轨上产生气垫驱动车体的方式，并结合管道保护导轨。气垫厚度小，消耗压缩空气少，没有汽车、火车的发动机、底盘、变速箱、动力系统等笨重结构，重量和体积很小，可以大大节约有限的城市空间，车体速度快（时速可达 400km 以上），能耗少。

② 管道交通可以让人们出行不受天气影响，这是传统的露天公路系统很难做到的。

③ 气垫采用压缩空气，空气经济易取，可直接排放，无须回收，无空气污染，特别适合管道交通；由于压缩空气可长距离输送，故空压机等管道公共交通系统的气源可置于较远且地域开阔的郊区，能大大降低城市的空气污染和噪声。如果采用水能、风能或核能等绿色能源驱动空压机，则更洁净和环保，并可以缓解石油危机。

9.3　铁道车辆气动系统

9.3.1　机车整体卫生间气动冲洗系统

气动冲洗系统采用 PLC 控制，用于机车整体卫生间便盆的冲洗和水系统排空。

（1）气动系统原理

机车整体卫生间气动冲洗系统原理如图 9-2 所示（与 1.2.9 节介绍的系统相近）。气动系统共有压力冲洗水产生、排污阀驱动和排空阀控制等 3 路工作执行部分。压力冲洗水部分通过二位三通电磁换向阀控制水增压器 8 的动作，经单向阀 9 从水箱吸水，并经单向阀 10

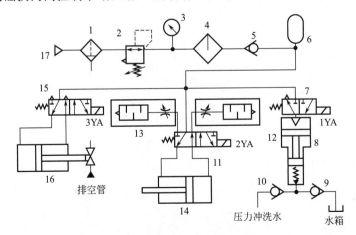

图 9-2　机车整体卫生间气动冲洗系统原理图

1—分水滤气器；2—减压阀；3—压力表；4—油雾器；5—单向阀；6—储气罐；7—二位三通电磁换向阀；8—水增压器；
9,10—单向阀；11,15—二位五通电磁换向阀；12,13—排气节流阀；14—气缸；16—气缸操纵的截止阀；17—气源排出压力水；排污阀（图中未画出）由气缸14在二位五通电磁换向阀11控制下进行驱动，气缸驱动排污阀启闭的速度由排气节流阀12和13调控；截止阀16实际上是一个气缸驱动的阀门，该元件的动作由二位五通电磁换向阀15控制，用于水系统的排空，以防长时间停用存放，特别是冬季低温结冰对系统的破坏。气源的压缩空气经分水滤气器1、减压阀2、油雾器4和单向阀5后分3路进入各工作执行部分；储气罐6作为应急动力源，当外来气源不足的情况下，维持一定的冲洗压力，保证各执行部分几次有限的工作循环。上述3路工作执行部分在PLC控制下协调工作，即可完成便盆冲洗和水系统排空。机车整体卫生间气动冲洗系统功能动作原理如表9-2所示。

表9-2 机车整体卫生间气动冲洗系统功能动作原理

功能动作		原理描述
冲洗		为了节约用水并达到冲洗效果,根据不同的冲洗要求(小便或大便),利用如厕方式不同和红外感测信号,选择不同的冲洗方式
	①小便冲洗	如果红外感测未发出信号,接到冲洗要求信号(按钮点动)后,PLC控制过程如下:电磁铁2YA、1YA通电使换向阀11、换向阀7均切换至右位,压缩空气经阀11进入气缸14的无杆腔(有杆腔经阀11和排气节流阀12排气),缸14的活塞杆动作,将专用排污阀阀门打开;同时压缩空气经阀7进入水增压器8,在气压的作用下,水增压器下部产生的压力冲洗水经单向阀10冲入便盆内部周围,达到压力水冲洗效果。 冲洗完毕(冲洗时间可调),电磁铁1YA和2YA断电使换向阀7和阀11复至图示左位,水增压器8的小腔在复位弹簧的作用下,顶开9号单向阀,从水箱吸满水,为下次冲洗做准备;气缸14退回,排污阀阀门关闭,隔离污物箱与便盆,起到封臭作用。排污阀阀门的启闭速度由排气节流阀12、13调控,以防污物飞溅与水击碰撞。 小便冲洗用水量可控制在0.4L/次以下,并且冲洗流量可调
	②大便冲洗	当使用者坐于坐便器之上时,红外感测发出信号,PLC则启动预湿盆过程,电磁铁1YA通电(控制时间)使换向阀7切换至右位,压缩空气经阀7进入水增压器8的大腔,增压活塞下行,水增压器小腔产生的压力冲洗水顶开单向阀10冲入坐便器内部周围,以少量的水(约0.2L)预先冲洗便盆,润滑便盆表面,有效防止污物黏附,降低污物冲洗难度。如厕完毕后,启动冲洗信号,完成①所述小便冲洗过程。大便冲洗用水量可控制在0.6L/次以下,同样流量可调
水系统排空		为了防止长时间停用存放,特别是冬天低温结冰对系统的破坏,水系统需进行排空。其工作过程是:启动排空指令,PLC发信电磁铁3YA通电,使换向阀15切换至右位,截止阀16右行打开,水箱通过截止阀排水;当水箱中水位降至低水位极限水位传感器时,该传感器发出信号,PLC启动冲洗循环,即①中所述小便冲洗工作过程。连续自动完成5次冲洗过程,即能把所有存水管路及水增压器内的存水排空

（2）PLC电控系统

该气动冲洗系统采用宽温型S7-200型PLC进行控制，PLC电控系统主要的控制过程分为冲洗操作和水系统排空操作两部分，且这两种功能操作均通过软件程序实现互锁。冲洗操作为该控制系统的主操作部分，它主要指大小便识别与冲洗控制过程（如表9-2中①小便冲洗过程所述），以及整个卫生间内部的污物箱和水箱水位监测、报警、系统保护和工作状态显示等。如污物箱液位达90%时，系统设置允许再进行3次冲洗操作，并进行相应的报警显示与操作提示等。机车整体卫生间PLC电控系统冲洗主程序流程框图如图9-3所示。

（3）系统技术特点

① 整体卫生间采用气动冲洗系统和PLC控制，采

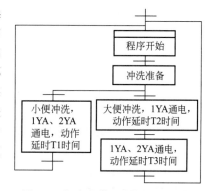

图9-3 机车整体卫生间PLC电控
系统冲洗主程序流程框图

用预湿盆环节和气动压力水，利用红外感测和冲洗启动信号区分大小便冲洗方式，具有价廉、环保、节水、低噪、防冻、操作维护方便等优点。

② 气动系统采用弹簧复位单作用气-增压器产生冲洗压力水，通过气缸驱动排污阀和排空阀的开关，方便可靠。

9.3.2 电控塞拉门气动系统

(1) 主机功能结构

图 9-4　铁路客车电控气动
塞拉门外形图

在 25K、25T 型铁路客车上广泛使用了电控气动塞拉门（图 9-4），以使客车在运行过程中，空气阻力小、车内保持正压，能防止灰尘、雨雪等进入车内，使旅客有一个舒适的乘车环境。

电控气动塞拉门由门控器（DCU）作为控制器，控制系统由门控器、电源保护、电源转换、接线端子等组成。每节车厢在Ⅰ位端、Ⅱ位端各设一套控制系统，每个控制单元分别控制Ⅰ位端或Ⅱ位端左、右两个车门，各控制按钮和开关信号分别接到控制箱的输入、输出信号端子排上。电控气动塞拉门门控系统主要功能见表 9-3。

表 9-3　电控气动塞拉门门控系统主要功能

序号	功能	序号	功能	序号	功能
1	通信	4	防挤	7	开关门时蜂鸣器、状态指示灯提示
2	内、外操作装置电控开/关门	5	隔离锁隔离车门、屏蔽控制信号	8	脚蹬翻板位置检测
3	紧急解锁装置切断控制电源实现解锁后手动开/关门	6	车速不小于 5km/h 时自动关门	9	集中控制

(2) 气动系统原理

塞拉门左门气动系统（右门与左门同）原理如图 9-5 所示，Ⅰ位端（或Ⅱ位端）的左、右两扇门共用气源开关 2、滤气器 3 和减压阀 4。系统的执行元件有方形开锁气缸 10、圆形关锁气缸 13、脚蹬气缸 14 和无杆气缸 19，分别用于门锁开锁、关锁、推动门扇、收放脚蹬。

电控气动塞拉门的工作流程框图如图 9-6 所示，当门控单元收到开门信号后，蜂鸣器报警提示，红色、橙色指示灯点亮，方形开锁缸通过门锁部件推动锁叉动作，实现门锁的开锁，二位三通关门电磁阀动作，无杆气缸通过气缸活塞的运动，推动门扇动作，使塞拉门打开，同时脚蹬气缸通过机械连杆机构将脚蹬放下。当门控单元收到关门信号后，蜂鸣器报警，同时脚蹬气缸通过机械连杆将脚蹬收起。为了防止在关门过程中挤压乘客，设置了防挤压功能，通常采用在门板关闭侧密封胶条内设置气囊以检测压力冲击信号来实现。关门时如遇障碍物，门板胶条受到挤压，气囊内产生突变压力，使压力波开关动作，输出防挤压信号。为避免车门在关闭到位后防挤压功能还存在，导致车门再次开启，特别设置了 98% 开关，该开关与防挤压压力波开关采用串联连接，当车门关到 98% 位置时，98% 开关断开，从而屏蔽了防挤压功能。

(3) 系统技术特点

① 塞拉门的左、右两扇门共用一个气源开关、过滤器和减压阀；左右门系统原理相同。

② 气动系统的开锁（关锁）气缸与门扇开关气缸和脚蹬气缸气路并联，通过两个二位三通电磁换向阀的交替动作控制这三组缸的动作换向。

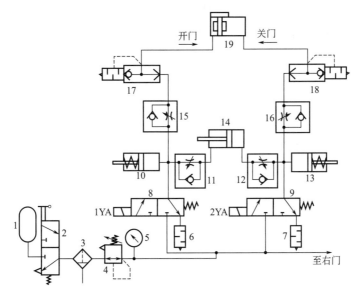

图 9-5　电控气动塞拉门气动系统原理图

1—气源（0.45～0.9MPa）；2—气源开关；3—分水滤气器；4—减压阀（0.45～0.6MPa）；5—压力表；6,7—消声器；8,9—二位三通电磁换向阀；10—开锁气缸（方形）；11,12,15,16—单向节流阀；13—关锁气缸（圆形）；14—脚蹬气缸；17,18—快速排气阀；19—无杆气缸

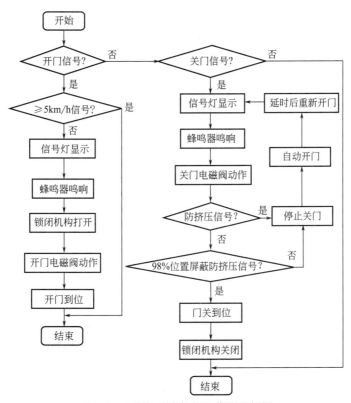

图 9-6　电控气动塞拉门工作流程框图

③ 开锁气缸与关锁气缸分别为方形和圆形的单作用缸；脚蹬气缸为双作用单杆缸并采用单向节流阀双向排气节流调速；门扇开关气缸为无杆气缸，通过单向节流阀双向进气节流调速，通过快速排气阀实现气缸的快速动作。

9.3.3 东日本铁路公司新干线（高速铁道）列车气动系统

(1) 概况

气动系统具有安全可靠的特点，被广泛应用于各种工业领域，以日本铁道车辆为代表的新干线车辆上的制动装置、侧拉门、自动门、摘车和联挂装置、卫生间、洗脸间等，也广泛应用了气动系统。为提高运行时的舒适度，在新干线车辆上装用的全主动悬挂装置也采用了气动系统。

图 9-7 E3 系新干线车辆

(2) 全主动悬挂装置气动系统

在东日本铁路公司运营管理的 E3 系新干线电动车组（秋田新干线用车辆，见图 9-7）上装用的全主动悬挂装置，是在列车投入运营几年之后，为提高乘坐舒适度，对车辆进行改造设计而补装的装置，其工作原理如图 9-8 所示，利用安装在车体上的加速度传感器监测车体的振动，将来自控制器的控制信号输送至气动伺服作动器（气缸），通过沿抵消车体振动方向使作动器（气缸）工作，以抑制车体的振动。

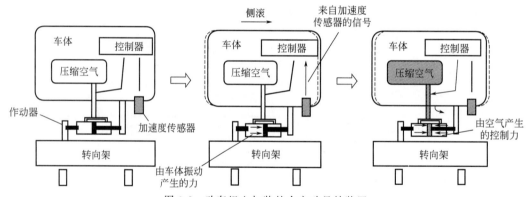

图 9-8 动车组上加装的全主动悬挂装置

(3) 真空式卫生间气动系统

东日本铁路公司自 20 世纪 90 年代中期以后在设计制造的车辆上正式采用真空式卫生间。铁道车辆用真空式卫生间的外观及气动系统原理如图 9-9 所示。

系统的核心元件是喷射器 14，相当于真空发生器，当压缩空气进入其内时，将会使与之相连的预备污物箱 5 产生工作所需的真空，完成卫生间的清洗过程。系统的执行元件还有气缸 12 和 13。缸 12 用于驱动滑阀 a 和 b 的启闭，控制预备污物箱 5 与便器 17 之间的通断，实现真空冲洗与隔臭；缸 13 用于驱动滑阀 b 的启闭，控制预备污物箱 5 与污物箱 16 之间的通断，实现污物的正压移送和隔臭；缸 12 与缸 13 的主控阀为二位四通电磁换向阀 11 和 10。水箱 4 用于储存来自水源 3 的清水，二者间的通断由二位二通电磁换向阀 6 控制。气源 1 经调节器 2 给系统的 5 条气路提供压缩空气：第 1 路是向水箱 4 中的清水加压供冲洗便器之用，由二位二通电磁换向阀 7 控制通断；第 2 路和第 3 路是气缸 12 和气缸 13；第 4 路是二位二通电磁换向阀 8 控制通断的喷射器 14；第 5 路是由二位二通电磁换向阀 9 控制的预备污物箱 5 加压支路。

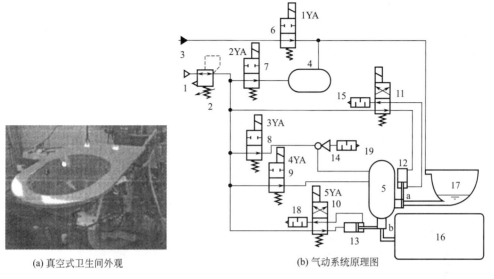

(a) 真空式卫生间外观   (b) 气动系统原理图

图 9-9   铁道车辆用真空式卫生间的外观及气动系统原理图

1—空气源；2—调节器；3—水源；4—水箱；5—预备污物箱；6—水用电磁阀；7—加压用电磁阀；8—喷射器用电磁阀；
9—加压用电磁阀；10,11—气缸驱动用换向阀；12—吸引口开启、关闭用气缸；13—移送口开启、
关闭用气缸；14—喷射器；15,18,19—消声器；16—污物箱；17—便器；a,b—滑阀

当使用卫生间后，如伸手遮挡光电开关，则真空式卫生间按以下顺序工作：压缩空气经二位三通换向阀 8 进入喷射器 14，其抽吸作用使预备污物箱 5 产生真空压力。此外，水源 3 经二位二通电磁水用电磁阀 6 向水箱 4 充入 300mL 的清水。之后，电磁铁 3YA 和 1YA 断电，使电磁阀 8 和 6 均切换至上位而分别关闭此两路的压缩空气和水流通道；开启电磁阀 7，压缩空气对水箱 4 加压，压出清水清洗便器 17。同时，通过换向阀 11 转换空气回路方式，使气缸 12 的活塞杆动作，开启滑阀 a，以负压将便器内的污物吸收到预备污物箱 5 之中；然后，关闭滑阀 a，便器与预备污物箱 5 隔离。开启二位二通电磁阀 9，压缩空气对预备污物箱 5 加压，打开滑阀 b。污物被移送到污物箱 16 中。

（4）系统技术特点

① 全主动悬挂装置气动系统通过气动伺服作动器（气缸）沿抵消车体振动方向工作，以抑制车体的振动。

② 铁道车辆用卫生间利用喷射器产生负压的紧凑型气动系统实现便器冲洗、节水、隔臭，无须倾斜式布管，可布置水平管路及上升管路。通过在便器与车辆下部装备的污物箱之间设置预备污物箱，在便器与预备污物箱之间，预备污物箱与污物箱之间，除清洗便器过程外，滑阀均置于关闭状态。故污物箱的臭味不会散发到厕所内，提高了使用者的舒适度。在铁道车辆上装用的各型卫生间中，真空式卫生间在防臭措施上独树一帜。

9.4 河海航空（天）设备气动系统

9.4.1 水上救助气动抛绳器系统

（1）主机功能结构

抛绳器是一种用来抛射缆绳、救生圈、锚钩及攀岩绳梯等设备的装置，主要应用于船舶引缆救助、拖带、系泊、野外攀岩、水文测绘等领域。例如在拖带救助时，在救助船与遇险

船不能靠近的条件下，通过抛绳器将拖带引缆发射到遇险船上从而实施救助。气动抛绳器采用高压气体为动力，借助于压缩空气的快速膨胀做功，将携带导引绳的弹头抛向目标，即将高压气体储存的内能转换为救援弹头飞行的动能。气动抛绳器具有抛射距离远、安全性高、性能良好的优点，目前已经取代火药抛绳器而广泛应用于水上引缆救援、攀登等领域。

气动抛绳器主要由气瓶外罩、储气瓶、直气瓶阀、减压阀、安全阀、基本工作组件及发射管等组成（图 9-10）。

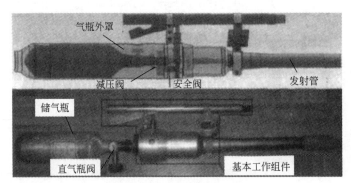

图 9-10　气动抛绳器的组成

气瓶外罩与基本工作组件衔接，保护其内部的储气瓶、直气瓶阀和减压阀等部件。直气瓶阀与储气瓶通过螺纹密封衔接，控制储气瓶内气体的流动，拧开阀门，储气瓶中高压气体放出。阀上装有压力表，实时监测储气瓶中剩余气体压力。减压阀连接直气瓶阀，经直气瓶阀出来的高压气体经减压阀减压至一固定气压后进入基本工作组件的气腔。气动抛绳器基本工作组件（图 9-11）主要包括工作气腔、发射阀组件、把持器、保险按钮、扳机等。为了避免工作气腔压力过高引发安全隐患，在工作气腔尾部设有一安全阀。

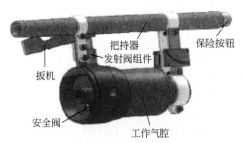

图 9-11　气动抛绳器基本工作组件

抛绳器工作的工作流程为储气瓶充气→工作气腔充气→击发抛射。

（2）气动系统原理

经改进的抛绳器气动系统原理如图 9-12 所示。系统的唯一执行元件是发射阀 12，其工作状态由二位三通高压电磁阀和保险开关 9 控制。系统的工作气源是储气瓶 1，它通过充气口 4 和截止阀充气，充气压力由压力表 3 监测；系统的工作压力由电调高压减压阀调控，并

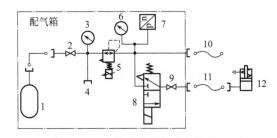

图 9-12　改进的抛绳器气动系统原理图

1—储气瓶；2—截止阀；3,6—压力表；4—气瓶充气口；5—电调式高压减压阀；7—压力变送器；
8—二位三通高压电磁阀；9—保险开关；10,11—金属软管；12—发射阀

由压力表 6 监测和压力送变器 7 进行动态监控，即变送器检测的减压阀输出压力传送给嵌入式控制器，实现工作压力实时监控和调节，以便比较准确控制抛射距离。储气瓶和阀件等集成布置在配气箱箱体内。

气动系统工作原理如下：首先，打开截止阀 2，从气瓶充气口 4 给储气瓶 1 充气，压力表 3 检测储气瓶气压，充满气体后，拧紧阀 2，关闭气瓶充气口，储气瓶充气结束。

抛射前，根据实际需求估计合适的工作气压，打开截止阀 2，通过减压阀 5 调节至合适的工作气压，压缩空气经金属软管 10 进入工作气腔（图中未画出）直至充满，关闭阀 2，工作气腔充气完成。

抛射击发时刻，打开保险开关 9，给电磁阀 8 通电，工作气腔的高压气体经阀 8，推动发射阀 12 的顶杆，工作气腔内气路切换，高压气体瞬间释放，推动救援弹急速飞行，完成发射。

（3）系统技术特点

① 抛绳器采用气压传动，较火药抛绳安全性高且工作介质经济易取，不用回收，绿色节能。

② 将储气瓶与阀件等与枪体分离，缩小了枪体体积和重量，结构紧凑；将枪体与抛射架相结合，保证抛射角度调整方便；气动系统将高压减压阀与压力变送器相结合，实现对工作压力的实时调控；通过电磁阀先导控制高压气体推动抛绳器发射阀顶杆，实现抛绳器发射的自动控制，发射精准度更容易掌控。

9.4.2　气控式水下滑翔机气动系统

（1）主机功能结构

气控式水下滑翔机，是一种水下智能作业设备，主要用于民用浅海探测和海洋生物识别领域。该机以压缩空气作为动力源，通过 PLC 控制高压气体排挤设备自带液体改变滑翔机在水下重力与浮力的占比以及质心和浮心的占比，来实现上浮、下潜、定位和姿态调整等水下滑翔动作功能。

为了减小水下作业的黏性压差和摩擦阻力，气控式水下滑翔机采用仿生学原理，外形为仿鱼类梭形鱼体的旋转体结构，如图 9-13 所示，主要部件包括前、后姿态舱 1、8，高、低压舱 2、5，浮力舱 3，机电舱 4，螺旋桨 10，尾鳍 7 和侧翼 9 等，工作时各舱室外部整体套一层流线型蒙皮。其中前、后姿态舱和浮力舱内配备有弹性皮囊，皮囊外部充入环境液体，通过改变皮囊内的充气量排挤皮囊外部的环境液体实现滑翔机重力和浮力的占比以及重心前后位置的改变，从而实现上、下潜及姿态翻转等动作。另外，机电舱内配备有 PLC、各种电磁阀和传感器等。各舱室之间通过螺栓连接，增减和拆装各个部件都比较方便。滑翔机艏部装有水下摄像头和水下照明灯，以对水下环境进行监测。

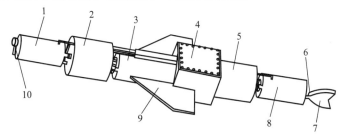

图 9-13　气控式水下滑翔机外形结构示意图

1—前姿态舱；2—高压舱；3—浮力舱；4—机电舱；5—低压舱；
6—摆动缸；7—尾鳍；8—后姿态舱；9—侧翼；10—螺旋桨

(2) 气动系统原理

气控式水下滑翔机气动系统原理如图 9-14 所示，包括下潜、定位、巡游、姿态调整和上浮等控制回路。系统的执行器有带动尾鳍摆动实现滑翔机巡游动作功能的齿轮齿条式摆动气缸 21，以及通过高压气体排挤液体改变滑翔机在水下重力与浮力的占比以及质心和浮心的占比，实现下潜、上浮、定位、姿态调整等水下滑翔动作功能的前浮力舱 18、前姿态舱 19 和后姿态舱 20。缸 21 的主控阀为三位四通电-气比例方向阀 12；浮力舱 18 的主控阀为三位三通电-气比例方向阀 16 和三位三通电磁充排液换向阀 15，前姿态舱 19 和后姿态舱 20 的主控阀为三位四通电-气比例方向阀 14、二位二通排气电磁开关阀 9 及 13 和二位二通电控充排液开关阀 22～25。系统的高压气体由空压机 2 充气的高压舱 3 分别向浮力舱 18、前后姿态舱 19 及 20 和摆动气缸 21 提供，低压气体由低压舱 1 回收和排放，各支路工作气压由减压阀 5～7 设定，溢流阀 8、10 和 11 分别用于各气路的溢流定压和安全保护。

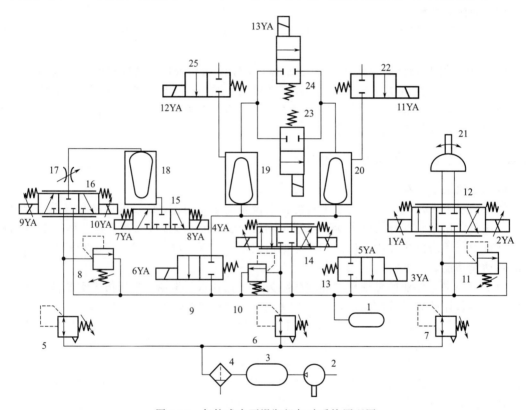

图 9-14　气控式水下滑翔机气动系统原理图

1—低压舱；2—空压机；3—高压舱；4—过滤器；5～7—减压阀；8,10,11—溢流阀；9,13—二位二通电磁排气开关阀；12,14—三位四通电-气比例方向阀；15—三位三通电磁充排液换向阀；16—三位三通电-气比例方向阀；17—节流阀；18—浮力舱；19—前姿态舱；20—后姿态舱；21—摆动气缸；22～25—二位二通电控充排液开关阀

系统的工作过程如下。

① 高压舱充气。在下潜前，首先使空压机 2 向高压舱 3 内充入规定压力的压缩空气。

② 浮力舱充液。通过 PLC 控制注水泵和电磁铁 7YA 和 10YA 通电，使换向阀 15 和阀 16 分别切换至左位和右位，通过换向阀 15 向浮力舱 18 内注入规定量的环境液体，充液完成后，滑翔机整体重力大于浮力。

③ 滑翔机下潜。释放滑翔机，使其在总重力大于总浮力的状况下下潜。

在下潜阶段，压力传感器（图中未画出）将压力信号反馈到 PLC，当滑翔机下潜到预定的深度时，通过 PLC 控制电磁铁 9YA 和 8YA 通电使方向阀 16 和阀 15 分别切换至左位和右位，储存在高压舱 3 内的压缩空气经减压阀 5、方向阀 16 和节流阀 17 被充入浮力舱 18 内的弹性皮囊中，通过皮囊膨胀排出浮力舱内的部分液体；当滑翔机整体重力等于浮力时，滑翔机悬浮于水下，此时通过 PLC 控制阀 15、16 所有电磁铁断电而关闭，同时控制电机驱动螺旋桨旋转，带动整个滑翔机前进，并通过 PLC 控制电磁铁 1YA 和 2YA 不同的通电状态，使阀 12 进行切换，高压舱 3 内的压缩空气经减压阀 7 和阀 12 进入摆动气缸 21，从而带动尾鳍摆动起来，滑翔机进入巡游状态。

巡游过程结束后，通过 PLC 控制使电磁铁 13YA 和 4YA 通电，开关阀 24 和方向阀 14 分别切换至上位和左位，高压舱 3 内的压缩空气经减压阀 6、阀 14 被充入前姿态舱 19 内的弹性皮囊中，把前姿态舱 19 内的部分液体经阀 24 排入后姿态舱 20 中，使滑翔机重心逐渐向后偏移，滑翔机开始逐渐翻转，实现姿态的调整功能。姿态调整结束后，通过 PLC 控制使电磁铁 6YA 通电，开关阀 9 切换至左位，前姿态舱弹性皮囊内的气体经阀 9 排出，进入低压舱 1，实现泄压。

④ 滑翔机上浮。姿态调整结束后，通过 PLC 控制电磁铁 9YA 和 8YA 通电，使方向阀 16 和阀 15 分别切换至左位和右位，再次把高压舱 3 内的压缩空气充入浮力舱 18 内的弹性皮囊中，排挤出浮力舱 18 内的部分液体，使滑翔机整体重力小于浮力，开始滑翔式上浮，直至浮出水面，实现滑翔机的上浮功能。

⑤ 重复循环。返回水面后的滑翔机，可通过各阀和空压机的操作，重新完成高压舱的补气到规定压力，低压舱排出舱内气体。其他各部件完成规定充液量后，滑翔机再一次循环上述过程。

（3）系统技术特点

① 气控式水下滑翔机以压缩空气作为动力源，通过 PLC 控制高压气体排挤设备自带液体改变滑翔机在水下重力与浮力的占比以及质心和浮心的占比，来实现上浮、下潜、定位和姿态调整等水下滑翔动作功能，可应用于民用浅海探测和海洋生物识别。

② 滑翔机气动系统采用电-气比例方向阀实现浮力舱、前后姿态舱及摆动气缸的充气控制，采用开关式换向阀实现排气以及进排液控制。

9.4.3　垂直起降火箭运载器着陆支架收放气动系统

（1）主机功能结构

着陆支架系统是火箭运载器着陆时的缓冲和支撑系统。本运载器的腿式可收放着陆支架可以实现运载器的垂直缓冲着陆并可重复使用。运载器着陆支架收起和展开状态如图 9-15 所示，图中 1 为箭体；2 为带锁定功能三级气动伸展机构；3 为着陆支架整流罩外壳，用于改善着陆支架收起后运载器飞行的气动性能；4 为缓冲器，主要用于吸收运载器返回级着陆时的动能和势能，保护运载器返回级；由箭体 1 和缓冲器 4 共同组成缓冲支柱，缓冲支柱和三级气动伸展机构的结构如图 9-16 所示，该机构由三级同心套筒依次嵌套组成，各级间布

图 9-15　运载器着陆支架收起和展开状态示意图

1—箭体；2—带锁定功能三级气动伸展机构；3—着陆支架整流罩外壳；4—缓冲器

置有机械锁定机构。机构伸出时，高压气体从该机构左端气孔进入左端气腔，背压腔气体从右端气孔排出，左右腔室间布置导向和密封装置。在高压气体的推动下，三级同心套筒依次伸出，到达指定位置后与前级锁定成一体。

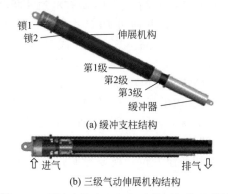

图 9-16 缓冲支柱和三级气动伸展机构的结构

(2) 气动系统原理

着陆支架收放气动系统原理如图 9-17 所示。系统的两组执行元件分别为并联的三级伸展机构（类似于伸缩气缸）1～4 和并联的开锁气缸 12～15。

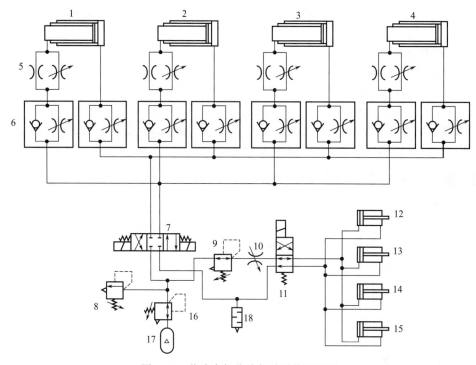

图 9-17 着陆支架收放气动系统原理图

1～4—三级伸展机构（伸缩气缸）；5—缓冲针阀；6—单向节流阀；7—三位四通电磁换向阀；8—溢流阀；9,16—减压阀；10—节流阀；11—二位四通电磁换向阀；12～15—开锁气缸；17—高压气罐；18—消声排气装置

伸展缸回路的主控阀为三位四通电磁换向阀 7，其各缸的运动速度采用单向节流阀 6 双向排气节流调节，溢流阀 8 用于回路压力设定安全保护；在三级伸展机构外部设有可变节流孔和固定节流孔并联组成的末端缓冲装置（缓冲针阀 5），在机构运动到行程末端前，进入

缓冲状态，可变节流孔孔径变小，使背压腔产生阻尼作用，从而降低机构伸展速度。

开锁缸回路的主控阀为二位四通电磁换向阀 11，设在回路总的进气路上的节流阀 10 对缸进行双向调速，其工作压力由节流阀 10 调控。系统的气源为高压气罐 17，供气压力由减压阀 16 设定。

通过控制电磁换向阀 7 和 11 的通断电，可使气动系统驱动着陆支架完成以下工作：接入气源→开锁气缸解锁→展开机构放下→到位锁定，整个展开时间不大于 5s。

（3）系统技术特点

① 该腿式着陆支架采用气压驱动。着陆支架采用三级伸展机构完成放下和收起，该机构为依次嵌套组成的三级同心圆筒，其剖面结构如图 9-18 所示，两端布置进气、排气孔，以伸长状态为例，结构包含高压腔、环形背压腔 1、环形背压腔 2 这 3 个可变气体腔室和 1 个不变气体腔室——排气腔。高压气体经过各个气动回路之后，从左端进气口进入伸展机构推动第 2 级和第 3 级机构向右运动，环形背压腔 1 和环形背压腔 2 内的气体通过同心套筒上的气孔排出进入排气腔，最后由排气腔末端排气孔排出。各级套筒运动到位后，通过机械锁定机构与外套筒锁定形成整体。该机构能够在气动力作用下进行伸展和收缩，并驱动着陆支架平稳放下和收起。

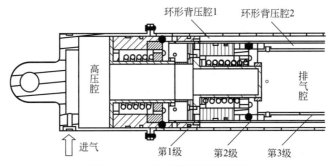

图 9-18　三级伸展机构剖面图

② 伸展机构采用单向节流阀的双向排气节流调速方式及可变节流孔和固定节流孔并联组成的末端缓冲装置，有利于提高运行平稳性并避免端点冲击。

③ 气动系统压力级为 0.8MPa。

第10章
医疗康复器械与公共设施气动系统

10.1 概述

随着国民经济的发展和科技的进步，国家综合国力和人民生活水平日益提高，人们对衣食住行及文体消费的层次需求越来越高。为此，国家在经济转型的同时，大力发展医疗康复、休闲旅游、文化娱乐、体育健身等公共事业，并且日益重视环境保护和可持续发展问题，随之出现了许多新型公共设施和装置（系统）。例如下肢康复机器人及关节矫正器、自重势能气动式助力装置、智能触诊器械、眼疾诊断治疗器械、气动洗牙机、伽利略呼吸机、气动柔性脉诊仪、运送病区标本气动管道物流系统；器乐自动演奏机器人、场地自行车训练起跑器、气动式高音书架箱；爆米花机、月饼自动装盒机、汤圆机摆盘自动摆盘装置、可降解植物纤维餐具、智能化气驱生活垃圾柜及其网络化系统、全气动除尘装置等。这些设备（装置）利用了气压传动与控制介质经济易取、绿色环保，适于中小负载，易于进行过载保护，并易与PLC控制技术相结合，实现智能化、自动化和绿色化的特点，安全可靠，自动化程度高，设备（装置及器械）的运行效果良好，对于提高人民的生活水平和质量起到了显著的推进作用。

本章介绍医疗康复及公共设施中的7例典型气动系统。

10.2 医疗康复器械气动系统

10.2.1 人工肌肉驱动踝关节矫正器气动系统

（1）主机功能结构

矫形器治疗可提高脑卒中后偏瘫患者对自身姿势的控制能力，改善步行能力，控制轻度痉挛，预防矫正畸形，提高生活自理能力。本踝关节矫正器[图 10-1(a)]以一对对抗的人工肌肉为驱动元件，使用时将矫正器固定在人的踝足位置，对正常人行走状态下的踝关节步态曲线进行跟踪运动，从而达到运动康复的目的，并且可以在下肢康复医疗机器人的辅助下，摆脱理疗师或医护人员，实现自主康复。

该矫正器由机械、气动及控制等3部分组成。机械部分主要由一对对抗的人工肌肉4、关节转轴、支撑杆11、横架7和脚部等组成。矫正器工作时所转动的角度 θ、气动人工肌肉的收缩量 x 和人工肌肉距离旋转中心的长度 y 之间的关系由下式决定：

$$\theta = \arctan(x/2y) \tag{10-1}$$

（2）气动系统原理

踝关节矫正器气动控制系统原理如图 10-2 所示。气动回路主要有气源 1、减压阀 2、比

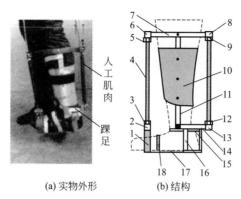

(a) 实物外形　　　(b) 结构

图 10-1　气动人工肌肉驱动踝关节矫正器样机实物外形及结构图

1—前脚掌牵引带；2,6,8,13—连接块；3,5,9,12—人工肌肉固定螺母；4—人工肌肉；7—弧形横架；
10—聚乙烯外壳；11—支撑杆；14—踝围；15,18—固定带；16—刚性脚部支撑；17—布带型脚掌

例流量阀 3 和人工肌肉组成。电控系统由 PLC 以及用来反馈角度信号的传感器（电位器）组成。

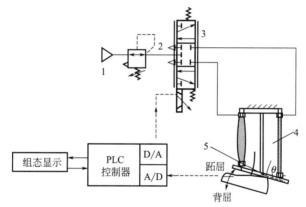

图 10-2　踝关节矫正器气动控制系统原理

1—气源；2—减压阀；3—比例流量阀；4—踝关节矫正器；5—角度传感器

　　系统的控制策略是以矫正器转动的实际角度和设定角度之间的误差为过程变量的 PID 控制，其控制过程为：矫正器启动后，PLC 的 AI 模块采集角度传感器检测的矫正器实际角度 θ，并将其转换为数字量信号，规范化后以输入 PID 控制程序作为过程变量输入，而设定的目标角度值 θ_1 则是通过编程输入 PID 作为设定值，经过 PID 调节后，通过 PLC 的 AO 模块输出调整指令到流量比例阀，流量比例阀根据调整指令通过调整两根人工肌肉气口的开口大小来调整人工肌肉的进气量，改变内部的压力，实现人工肌肉有规律的收缩和伸长，带动踝关节矫正器围绕关节转轴进行转动，使实际角度 θ 与设定角度值 θ_1 之间的误差减至最小，从而实现对正常人行走步态曲线的跟踪，达到运动康复的目的。PLC 通过 MPI 电缆和 CP5611 通信卡连接到电脑，通过组态来调整曲线的频率，从而调整踝关节矫正器的频率大小，改变患者在训练过程中的步幅和步频。

　　为了能够最大限度地满足患者康复训练的要求，该矫正器设有拉伸、反拉伸和行走等 3 种训练模式。拉伸模式主要是针对跖背屈痉挛、关节活动范围减小、肌肉萎缩等问题而设，是以角度幅值为 ±21.8° 的余弦曲线作为设定曲线，使矫正器对其进行跟踪，依靠人工肌肉产生的拉力使踝关节在较大角度范围进行拉伸训练，恢复已经僵化挛缩变形

的肌肉，提高肌肉活性，为按正常步态训练打下基础。反拉伸模式主要是针对肌无力、肌肉萎缩、跖背屈疼挛等问题而设，是使人工肌肉同时充气，让矫正器处在中位位置，用力蹬使踝关节克服人工肌肉产生的拉力而产生训练效果。行走模式则是以正常人行走步态为设定曲线，患者仿照正常人的步态行走，逐步克服足下垂、步幅减小、步行不对称等异常步行模式。

（3）系统技术特点

① 踝关节矫正器采用气动人工肌肉驱动、电气比例和 PLC 控制，柔顺性好、安全、节能、价廉，能够使患者踝关节对正常的行走步态进行跟踪，达到康复训练的目的，并可在训练过程中根据患者的康复情况，任意调节其动作的周期和强度，为下一步深入研究如何进行人机协调控制，提高康复训练效果打下基础。

② 气动人工肌肉及其驱动的踝关节矫正器运动性能和控制元件主要参数见表 10-1。

表 10-1　气动人工肌肉及其驱动的踝关节矫正器运动性能和控制元件主要参数

序号	元件	参数	数值	单位	序号	元件	参数	数值	单位
1	人工肌肉	内径 d	9	mm	7	矫正器	收缩量	80	mm
2		长度 L	310	mm	8		中心距(距离旋转中心的长度)	100	mm
3		收缩量	80	mm	9		旋转角度	±21.8	(°)
4		收缩率	25.8	%	10		正常人行走步态角度范围	−8～12	(°)
5		系统气压	0.35	MPa	11	比例流量阀	MPYE-5-M5-010-B,FESTO 产品		
6		收缩力	58	N	12	PLC	S7-300;CPU 314C-2DP		
					13	反馈角度信号的电位器	SAKAE;22HP-10		

10.2.2　反应式腹部触诊模拟装置气动系统

（1）主机功能结构

反应式腹部触诊模拟装置用于模拟受训练者（医科学生）在触诊过程中对患者腹壁紧张度、压痛和反跳痛的感觉，使受训者真实体验腹部触诊中的触觉和力觉感受。

（2）气动系统原理

反应式腹部触诊模拟装置气动系统原理如图 10-3 所示，系统的唯一执行元件是气动驱动器 2，它是腹部触诊模拟装置气动系统的核心部件，它用弹性硅橡胶和帘线通过黏结制成多层网状结构的囊体（图 10-4），通过控制其内部气体压力改变其软硬，从而模拟病人腹肌收缩的疼痛体征。数个触觉传感器 1 分布在气动驱动器上表面，用来检测手指按压位置及作用力大小。外腹壁模拟人体外腹部组织形态及弹性，覆盖在气动驱动器及其

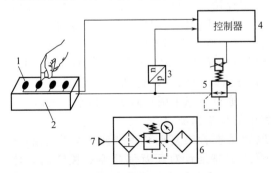

图 10-3　反应式腹部触诊模拟装置气动系统原理图

1—触觉传感器；2—气动驱动器；3—压力传感器；4—控制器；5—比例减压阀；6—气动三联件（FRL）；7—气源

上的传感器上。

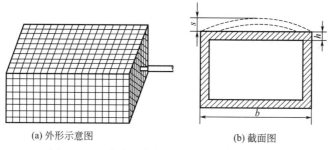

(a) 外形示意图　　　　(b) 截面图

图 10-4　反应式腹部触诊模拟装置气动驱动器

气源 7 经三联件向系统提供恒压气体；比例减压阀 5 出口接至气动驱动器，并按控制器 4 发出的控制信号来调控进入气动驱动器内的气体压力大小。控制器 4 用于采集、处理和显示测量信号，分析、计算及向减压阀 5 输出控制信号。压力传感器 3 用于检测气动驱动器内部气体压力并反馈至控制器。

当手指按压外腹壁时，触觉传感器和压力传感器分别将手指按压位置、作用力及气体压力信号反馈给控制器，控制器经过控制运算后（控制原理见后文），输出控制信号给比例减压阀，比例减压阀调节其出口压力，使气动驱动器变硬，模拟病人腹肌收缩的疼痛体征，提供受训者对腹部触诊的感觉。

（3）控制系统原理

反应式腹部触诊模拟装置的控制系统采用前馈-PID 反馈复合闭环控制（图 10-5）。触觉传感器将检测到的手指压力 p 转换为电压信号 u_i，经过医学经验算法的运算得到气动驱动器的给定压力 $r(t)$，作为前馈-PID 反馈控制器的输入值。$g(t)$ 为压力传感器对气动驱动器内气体压力的测量值。前馈控制器的输出量为 $u_1(t)$，PID 反馈控制器的输出量为 $u_2(t)$，则前馈-PID 反馈控制器输出的控制量为 $u(t)=u_1(t)+u_2(t)$，比例减压阀根据控制量 $u(t)$ 调节其出口压力，并改变气动驱动器的硬度，从而模拟病人腹肌收缩的疼痛体征。

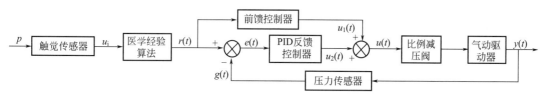

图 10-5　反应式腹部触诊模拟装置控制原理方块图

（4）系统技术特点

① 反应式腹部触诊模拟装置集气动、传感器和智能控制等技术于一体，使受训者（学生）能够真实体验腹部触诊中的触觉和力觉感受。

② 气动系统以非金属囊体为执行元件，并采用了电气比例减压阀对其工作压力进行连续调节控制。

③ 控制系统采用前馈-PID 反馈复合控制，前馈控制使系统响应迅速，PID 控制能对被控量进行反馈调节。

10.2.3　动物视网膜压力仪气动系统

（1）主机功能结构

缺血性视网膜损伤是眼科常见的一种临床表现，其病因种类繁多，对其进行研究需要建立

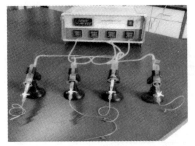

图 10-6 动物视网膜压力仪实物外形图

缺血性视网膜损伤模型。动物视网膜压力仪（图 10-6）就是用于制备缺血性视网膜损伤模型的仪器，它以压缩空气作为压力源，以气-液隔离器为施压执行器，通过压力传感器检测压力，用控制器控制压力和加压的时间，该装置可自动按设定的时间对眼前房施加压力，并且压力恒定，时间准确，使用该装置不但能保证实验条件精确一致，而且省时省力。

(2) 气控系统原理

该装置由气动系统和控制系统两部分构成，其原理如图 10-7 所示。

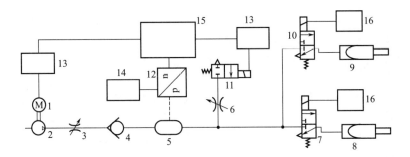

图 10-7 动物视网膜压力仪气控系统原理图

1—电动机；2—微型气泵；3,6—节流阀；4—单向阀；5—储气瓶；7,10—二位三通电磁换向阀；8,9—气-液隔离器；11—二位二通电磁换向阀；12—压力传感器；13—驱动电路；14—稳压电源；15—压力控制器；16—时间控制器

① 气动系统。气-液隔离器 8 和 9 是系统的非标准气动施压执行元件。气-液隔离器由充放气口 1、充气腔 2、柔性隔膜 3、密封圈 5、储液腔 6、液体出入口 8 等构成，如图 10-8 所示。充气腔壳体 4 与储液腔壳体 7 分别用 50mL 和 10mL 一次性注射器针筒制成，柔性隔膜 3 用大号手术手套中指制成，密封圈用 50mL 的一次性注射器橡胶活塞制成。气-液隔离器的功能是把气压通过柔性隔膜无损失地传递到生理盐水上，然后经与液体出入口相连的注射头皮针针头对眼前房施压作用。采用气-液隔

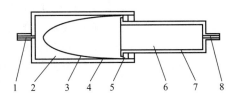

图 10-8 气-液隔离器结构图

1—充放气口；2—充气腔；3—柔性隔膜；4—充气腔壳体；5—密封圈；6—储液腔；7—储液腔壳体；8—液体出入口

离可以防止眼球出现泄漏时，影响气动系统正常工作，这样不仅可以用一个气压源同时对多个模型施压（同时制造多个模型），还可以防止不洁气体对眼内造成感染。气-液隔离器 8 和 9 的工作状态分别由时间控制器 16 通过二位三通电磁换向阀 7 和 10 控制。

系统的气源是由电动机 1 驱动的微型气泵 2，其压缩空气通过节流阀 3 和单向阀 4 送至储气瓶 5 中，如图 10-7 所示。储气瓶用途是消除由于气泵断续充气产生的压力脉动，保证气压平稳，其压力由压力传感器 12 监控和反馈。节流阀 3 和 6 的作用是：调节气泵对储气瓶的充气量和二位二通电磁换向阀 11 的排气量，以提高控制精度和稳定性。换向阀 11 的通断电状态由压力控制器控制。

② 控制系统。压力仪的控制系统由压力控制器、时间控制器、压力传感器、驱动电路（固态继电器）、稳压电源、气泵电机、电磁线圈（电磁阀）等组成。

压力控制主要通过压力控制器实现，压力仪控制电路原理如图 10-9 所示。如图 10-9（a）

所示，压力控制电路主要由压力控制器、压力传感器（MPX2050）、固态继电器 SSR（2A-200V）组成。压力传感器的电源由基准稳压器 LM431 提供，其输出端与压力控制器的输入端连接，气泵驱动电机和电磁线圈（阀 11）通过固态继电器与压力控制器的输出端连接（气泵电机接主输出端），它们的电源由开关电源模块（12V-10A）提供，压力控制器的控制方式采用 PID 调节（精度要求低时，也可以采用位式调节）。结合图 10-7，压力控制过程为：微型气泵 2 压缩空气经节流阀 3 送至储气瓶 5 中，由压力传感器 12 对储气瓶中的压力进行实时测量，并反馈到压力控制器 15，控制器将反馈值与给定值进行比较，对误差进行 PID 运算，利用运算结果控制二位二通电磁换向阀 11 与气泵 2，当压力高于给定值时，电磁换向阀 11 通电切换至右位放气，使压力降低；反之，当压力小于给定值时，电磁换向阀 11 复至图示左位，关闭放气通道。气泵向储气瓶充气，使压力增高，调控气泵与电磁阀，使压力输出稳定在给定值上。

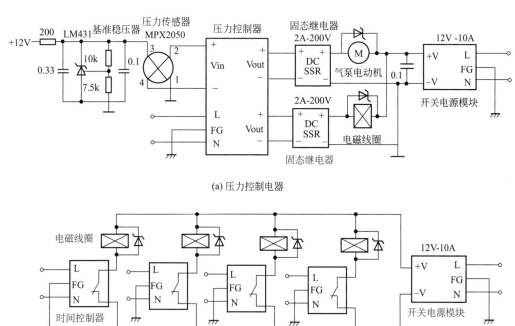

(a) 压力控制电器

(b) 时间控制电路

图 10-9　压力仪控制电路原理图

时间控制由时间控制器来实现，如图 10-9(b) 所示，电磁阀的电磁线圈直接与时间控制器输出端的继电器连接，电源由开关电源模块（12V-10A）提供，时间控制器设定为倒计时时间继电器，时间范围根据实验要求设定。其控制过程为：时间控制器根据预先设定的定时时间，控制二位三通电磁换向阀 7 和 10 的通、断。当电磁阀通电切换至上位时，气源通过电磁阀向气-液隔离器的充气腔充气，并通过储液腔中的生理盐水对眼前房施压；当电磁阀断电使其复至图示下位时，隔离器充气腔通过电磁阀放气解除施压。

下面介绍应用示例——视网膜缺血再灌注模型制备。选 4 只重 200～250g 的健康大鼠，麻醉后进行加压试验。首先排空气-液隔离器储液腔中的空气，再用生理盐水充满储液腔，将气-液隔离器的充放气口与压力仪的出气口连接，液体出入口与头皮针连接，针头从大鼠角膜缘斜插入前房，设定压力为 120mmHg（汞柱），时间为 2h。然后按下时间控制器的启动开关进行加压，加压后触摸眼球明显变硬，可见球结膜苍白，检眼镜检查发现视网膜动脉血流中断，视网膜苍白，持续 2h 后拔除针头，虹膜和球结膜颜色恢复正常，检眼镜观察眼底见视网膜呈橘红色，说明阻断的血管重新开放，已形成再灌注。

（3）系统技术特点

① 动物视网膜压力仪以压缩空气作为压力源，以气-液隔离器为施压执行器，通过压力传感器检测压力，用控制器控制压力和加压时间，其压力的控制采用通用的智能工业调节器来实现，时间控制采用通用的智能时间继电器来实现。制造模型一致性好，效率高，省时省力。

② 气动系统加压与排气减压通过压力控制器控制二位二通电磁阀实现；通过气-液隔离器对眼前房倒计时施压中通过时间控制器 16 控制二位三通电磁换向阀实现。

10.3　文体设施气动系统

10.3.1　弦乐器自动演奏机器人气动系统

（1）主机功能结构

乐器演奏机器人通过电子控制装置控制机械结构，达到模拟人类演奏乐器的效果。弦乐器自动演奏机器人乐队的核心是自动演奏机构，它可在电脑上编辑乐谱，通过通信端口将乐谱和演奏命令传递给演奏系统控制器，演奏系统对接收到的乐谱进行分析、分解执行演奏动作，完成乐谱的自动演奏。

弦乐器自动演奏机器人组成框图如图 10-10 所示，参照仿生学原理，其执行机构有压弦机构、拨弦机构和消音机构等。其中拨弦机构和压弦机构均采用二位三通电磁阀控制的气缸驱动，压弦机构沿琴体方向的横向平移机构采用步进电机及直线滑轨驱动，压弦机构沿垂直琴体方向的纵向平移机构采用微型伺服电机（舵机）及直线滑轨驱动。消音机构也采用气缸驱动。底层的下位机控制器采用高速单片机（STM32F103R 8T6）实现对电磁阀、舵机、步进电机等执行机构的控制，实现对上位机发送的音符命令解码。

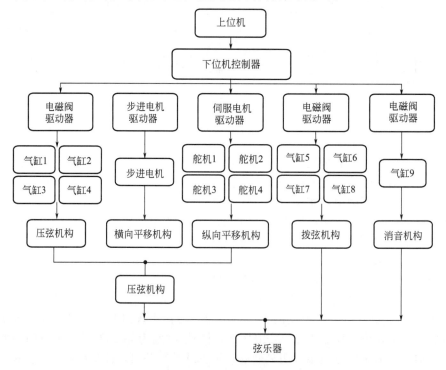

图 10-10　弦乐器自动演奏机器人组成框图

（2）气动系统原理

如前所述，该演奏机器人的气动执行元件是 9 个气缸，共用一套气动系统（图 10-11）来支持其正常工作，空压机 1（JUBA800-30 型小型电动空压机）和储气罐 2 提供气源；气动三联件 3（AFR2000 型）用于过滤调压和润滑油雾化，过滤精度为 $40\mu m$；气缸 6（CJ1B4-10SU4 型）的运动方向由电磁阀 4（3V210-08-NC 型）控制，其运动速度由流量控制阀 5 调控。

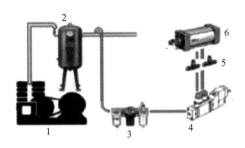

图 10-11　弦乐器自动演奏机器人气动系统原理示意图
1—空压机；2—储气罐；3—气动三联件（FRL）；4—二位三通电磁换向阀；5—流量控制阀；6—气缸

（3）电控系统概要

弦乐器自动演奏系统的控制系统硬件包含主控电路、电源管理电路、限位开关、通信电路、电磁阀驱动电路、步进电机驱动电路、微型伺服电机（舵机）驱动电路以及状态指示电路等。控制系统软件程序包含上位机和下位机两部分；用户程序有 19 个，按不同功能划分为 5 类：①1 个主程序；②7 个底层硬件控制类程序（分别对单片机内部资源、串口通信、外部开关、步进电机、继电器和舵机等底层硬件进行控制）；③5 个基本动作类程序（分别完成消音、击弦、拨弦、压弦和压弦机构横向位移功能）；④4 个音效类程序；⑤2 个数据处理子程序。限于篇幅，控制系统的详细描述此处从略。

（4）系统技术特点

弦乐器自动演奏机器人的压弦机构、拨弦机构和消音机构采用气缸驱动，与步进电机和伺服电机驱动的平移机构一起由单片微机控制，实现了乐谱演奏机器人的自动化和智能化。

10.3.2　场地自行车起跑器气动系统

（1）主机功能结构

场地自行车起跑器是为我国自行车运动员量身定做的新型训练工具，用于运动员专项训练，掌握启动规律，减少甚至弥补起跑时的差距，提高比赛成绩。场地自行车起跑器整体构成框图如图 10-12 所示，起跑器系统各组成部分功能作用如表 10-2 所示。

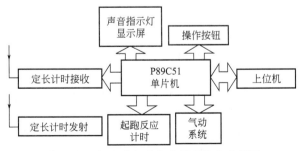

图 10-12　场地自行车起跑器整体构成框图

表 10-2　起跑器系统各组成部分功能作用

序号	名称	功能作用	说明
1	单片机控制模块	控制各模块工作,计时,与上位机通信	气动系统的功能是夹紧自行车,并在发令枪响时及时松开;除能通过手动按钮(换向阀)把夹紧气缸松开外,由主控制器发出的发令信号也能把气缸松开。两夹紧气缸同步可调,保证自行车被夹在中间。按需要夹紧头不应转动,故气缸活塞杆应防转
2	发令子系统(含喇叭、发令枪、显示屏以及气动装置等)	当接收到开始倒计时命令后,由显示屏显示倒计时,喇叭发出提示音;当倒计时间为 0 时,气动阀打开,同时发令枪响,训练开始;训练前利用手动按钮控制气动锁紧装置开启和闭合	
3	反应时间检测装置	检测从发令起跑到运动员起跑的时间,即为运动员的反应时间	
4	定长计时装置	检测运动员到赛道上任意距离所用时间	
5	上位机模块	显示、记录训练数据	

（2）气动系统原理

场地自行车起跑器气动系统原理如图 10-13 所示。系统的执行元件为气缸 13,其夹紧或松开动作的主控阀为二位五通气控换向阀 10,其导控气流方向由二位三通按钮式换向阀 6 和 7 控制;二位三通电磁换向阀 4 和梭阀 5 在接受发令信号时使气缸 13 及时松开;单向节流阀 11 和 12 用于调控两气缸 13 的同步。系统的压缩空气由气源 1 提供,供气压力由压力表 2 监视。系统构成采用日本 SMC 公司的气动元件。

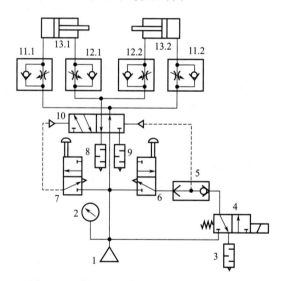

图 10-13　场地自行车起跑器气动系统原理图
1—气源;2—压力表;3,8,9—消声器;4—二位三通电磁换向阀;5—梭阀;6,7—二位三通按钮式换向阀;
10—二位五通气控换向阀;11,12—单向节流阀;13—气缸

（3）控制软件流程

由图 10-12 可知,起跑器控制系统的核心是 P89C51 单片机;用 C 语言编制的控制软件流程如图 10-14 所示。

在起跑时,按启动键后,倒计时（10s）开始（屏幕开始显示）,倒计时结束的同时发令声响、自行车夹紧气缸松开、绿灯亮,同时开始计时。自行车离开起跑器时触发外部中断,计算出反应时间并储存在数据寄存器。当自行车依次通过 4 个计时点时,分别触发另 4 个外部中断,同样计算出时间,并保存在寄存器中,当骑行到达终点时,程序自动结束。也可再按启动按钮,强制程序结束。

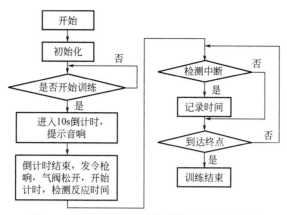

图 10-14 场地自行车起跑器控制软件流程图

（4）系统技术特点

① 场地自行车起跑器夹紧装置采用气动夹紧/松开，并通过用单片机进行整体控制，结构简洁，运行稳定，便于使用与维护；实现了运动员的反应时间及骑行一定距离所用时间的测量等功能，有利于通过专项的起跑训练，提高比赛成绩。

② 气动系统可通过手动按钮式换向阀或单片机发出的发令信号操纵电磁阀控制气缸的动作，两者通过或门型梭阀进行联系；两夹紧气缸通过单向节流阀调控双向同步。

10.4 食品机械气动系统

10.4.1 爆米花机气动系统

（1）主机功能结构

气动式爆米花机是一种安全卫生、生产效率高的爆米花机器，它利用高压空气给爆花室的玉米粒增压，然后开启快速排气阀给作为机器主要工作部件的爆花室快速释压，使得玉米粒体积急剧膨胀，把玉米粒爆成玉米花这一人们喜爱的传统食品。

（2）气动系统原理

气动式爆米花机主要由爆花室、空压机8、二位三通换向阀4、滤气器7及10、快速排气阀3和气动溢流阀6等组成，如图10-15所示。爆花室为系统的执行器，其卸料口1供装卸原料和成品爆米花之用。系统的气源是电动机9驱动的空压机8，其最高压力由溢流阀6限定，以保证系统安全。二位三通电磁换向阀4用于控制爆花室与气源压缩空气的通断。空压机的进气及排气分别通过滤气器10和7过滤，以防空气中的灰尘和病菌进入爆花室。

爆花时，玉米粒2装入带有卸料口1的爆花室，换向阀4处于图示右位，空压机在电动机9的驱动下，经过滤气器7、换向阀4和快速排气阀3源源不断地给爆花室加压；

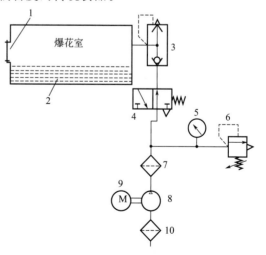

图 10-15 爆米花机气动系统原理图

1—卸料口；2—玉米粒；3—快速排气阀；
4—二位三通换向阀；5—压力表；6—溢流阀；
7,10—滤气器；8—空压机；9—电动机当爆花室内的气压达到大约 6 个大气压（相当于 0.6MPa）时，换向阀切换至左位，快排阀开启，系统中的压缩空气快速排放，爆花室的气压快速降低，使得玉米粒内外压差变大，瞬时爆开米粒，即成为爆米花。

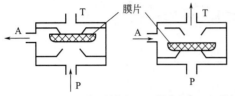

(a) 压缩空气P→A进入爆花室　(b) 爆花室由A→T排气

图 10-16　膜片式快速排气阀原理图

快排阀使爆花室内的气体快速排出，其工作原理如图 10-16 所示。气源的压缩空气从 P 口进入快速排气阀［图 10-16（a）］，膜片受气压作用被顶起封住排气口 T，气流经膜片四周小孔，由 A 口流入爆花室；当切换换向阀（图 10-15）使气流反向流动时，A 口气压将膜片压下封住 P 口［图 10-16（b）］，A 口气体经 T 口迅速排放。

(3) 系统技术特点

① 气动式爆米花机利用高压空气给玉米粒增压，通过快速排气阀放气，造成玉米粒内外较大压差，体积急剧膨胀，把玉米粒爆成玉米花。

② 采用气动式爆米花机加工出的爆裂玉米花色白、味香、疏松多孔、蜂窝致密、结构均匀、质地松软。由于不用加热，制作爆裂玉米花过程中营养损失和水分较少，口感好。和普通加热爆花机制作工艺相比，该气动式爆米花机加工的爆米花颗粒更大，无须解热，污染少，营养卫生，制作过程耗能低。

10.4.2　纸浆模塑餐具全自动生产线气动系统

(1) 主机功能结构

纸浆模塑餐具全自动生产线用于生产以可再生植物纤维为原料餐具的重要设备，其工艺流程如图 10-17 所示，主要包括浆料制备、成型、湿坯转移、烘干定型及成品转移等主要环节。通过磨浆设备将浆料、助剂和白水调成所需浓度的浆液置于储浆池中备用。餐具的成型过程如下。

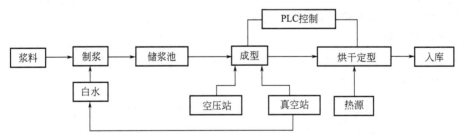

图 10-17　纸浆模塑餐具全自动生产线的工艺流程

成型下模下移浸入储浆池中（2s），吸浆（2s）后上移到中位（1s），通真空进行脱水（7s）→成型下模继续上移到高位（1s）与上模闭合，将湿坯挤压成型（4s），此时成型下模吹气，上模通真空将湿坯吸到上模上（1s）。

成型结束后，成型下模继续下降吸浆（4s），而成型后的湿坯由成型上模在水平移动气缸的作用下转移到烘干工位（4s）。

烘干时，成型上模移到烘干下模的上方，热下模上升接湿坯（1s），上模吹气，下模吸气（1s），然后热下模下降回位（1s），成型上模回位（4s）。热压下模上升与固定热压上模闭合（4s）烘干湿坯（20s）。

烘干完成后，热压下模回位（4s），气控机械手到达热模上方（2s），小气缸下降接触热坯（1s），吸盘吸气热下模吹气（1s），小气缸上升（1s），机械手回位（2s），机械手吹气（1s），成品落下转入包装线，最后进行检验、包装、入库。

图 10-18 所示为纸浆模塑餐具全自动生产线成型部分工作循环图。纸浆模塑制品的成型、转移、落料等采用正压和真空两类气源的气动系统完成。

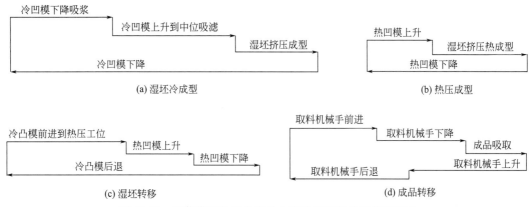

图 10-18　纸浆模塑餐具全自动生产线成型部分工作循环图

(2) 气动系统原理

纸浆模塑餐具全自动生产线气动系统原理如图 10-19 所示。在系统的正压执行元件中，冷成型下模气液增压器 34（2 个）和冷成型上模水平气缸 46（2 个）的主控阀分别是二位五通电磁换向阀 24 和三位五通电磁换向阀 41；热成型下模气液增压器 56 的主控阀为二位五通电磁换向阀 47；机械手前后运动气缸 64 的主控阀为三位五通电磁换向阀 69，机械手吸盘处小气缸 63（共 40 个）相互并联，其主控阀为二位五通电磁换向阀 58。成型部分和热压定型部分采用气液增压缸的目的是带动模具闭合以去除游离水分。除冷成型下气液增压缸外，其他气缸均采用缓冲气缸。

冷成型下模、冷成型上模和热成型下模的吸滤分别由二位二通真空吸滤阀 16～18 控制；冷成型下模、冷成型上模和热成型下模及上模的吹气分别由二位二通吹气阀 19～22 控制。

系统的正压气源为空压机 1 和储气罐 7，其压力由压力表 4 监控；各气缸的压缩空气直接由储气罐 7 经分水滤气器 8、13 及油雾分离器 14 和油雾器 15 提供；吹气回路则经减压阀 10 和油雾分离器 11 及 12 供给。负压气源为真空泵 2 及真空罐 5，其真空压力由压力表 6 监控。

对照餐具成型过程，结合图 10-18 所示的工作循环图，容易对整个气动系统在顺序动作各工况下的电磁铁通断电情况和气体流动路线作出分析。

(3) 系统技术特点

① 纸浆模塑餐具生产线，采用气动技术，介质绿色环保，空气泄漏不会污染餐具制品。可实现物料的大批量转移，减少操作者数量，提高工作效率，方便大规模生产。

② 生产线的成型动作及吹气采用正压，吸滤采用真空负压，满足了制品成型、湿坯转移、烘干定型及成品转移等特定工艺流程需求。

③ 正压和负压分设空压机和真空泵气源，吹气回路经两道油雾分离，以免制品被污染。

④ 冷成型下模和热成型下模采用气液增压，以满足负载较大需求，并减小耗气量。

⑤ 纸浆模塑餐具全自动生产线气动执行元件技术参数如表 10-3 所示。

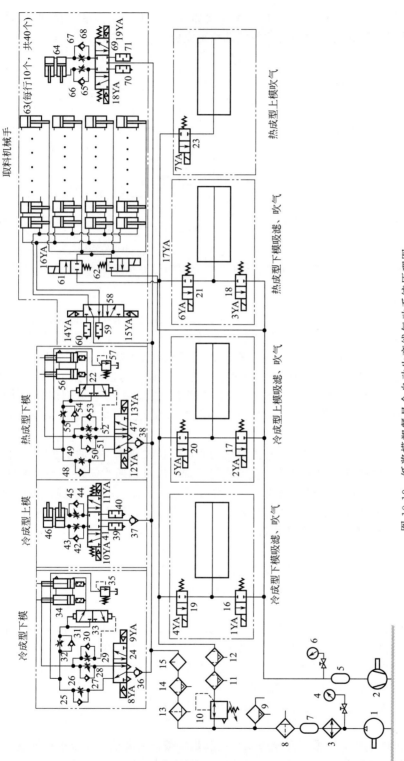

图 10-19 纸浆模塑餐具全自动生产线气动系统原理图

1—空压机；2—真空泵；3—冷却器；4,6—压力表；5—真空罐；7—储气罐；8,13—分水滤气器；9—过滤器；10—减压阀；11,12,14—油雾分离器；
15—油雾器；16～18,62—二位二通真空吸滤阀；19～21,23,61—二位二通吹气阀；24,47,58—二位互通电磁换向阀；
25,27,30,31,36,37,38,42,44,48,50,53,54,65,68—单向阀；26,28,29,32,43,45,49,51,52,55,66,67—节流阀；
22,33—二位三通气控换向阀；34,56—气液增压阀；35,57—溢流阀；41,69—三位互通电磁换向阀；
46,63,64—气缸；39,40,59,60,70,71—消声器

表 10-3　纸浆模塑餐具全自动生产线气动执行元件技术参数

序号	装置	参数	数值	单位
1	气液增压器	负载	1272.2×9.8	N
2		工作气压	0.4	MPa
3		内径 D	160	mm
4		活塞杆直径 d	45	mm
5		行程 L	200	mm
6	冷成型上模水平气缸	型号	CDG1BA63-1200	
7		磁性开关	D-H7BL	
8		缸径 D_1	63	mm
9		活塞杆直径 d_1	20	mm
		行程 L_1	1200	mm
10	吸盘处小气缸	型号	CDJ2B16-60A	
11		缸径 D_3	16	mm
12		活塞杆直径 d_3	5	mm
13		行程 L_3	60	mm

参 考 文 献

[1] 张利平.液压气动技术速查手册.北京：化学工业出版社，2016.

[2] 张利平.液压气动元件与系统使用及故障维修.北京：机械工业出版社，2013.

[3] 张利平.液压系统典型应用100例.北京：化学工业出版社，2015.

[4] Anthony Esposito. Fluid Power with Application. Prentice-Hall, Inc., Englewood Cliffs, New Jersey, 1980.

[5] 路甬祥.液压气动技术手册.北京：机械工业出版社，2002.

[6] 成大先.机械设计手册单行本.气压传动.(第6版).北京：化学工业出版社，2015.

[7] 张利平.现代气动系统使用维护及故障诊断.北京：化学工业出版社，2017.

[8] 张利平.实用液压气动技术800问.北京：化学工业出版社，2014.

[9] 张利平.石材连续磨机的流体传动进给系统.工程机械，2003（9）：37-39.

[10] 张利平.液压气动系统原理图CAD软件HP-CAD的开发研究.河北科技大学学报，2001（1）：27-29.

[11] 张利平.美国推出型摆动液压、气动马达.机床与液压，2002（6）：109.

[12] 张利平译.往复直线运动机构的新选择——无杆气缸.轻工机械，1997（6）：43-45.

[13] 张利平.金刚石工具热压烧结机及其电液比例加载系统.制造技术与机床，2006（1）：51-52.

[14] 张利平.大功率液压系统泄压噪声控制与节能.机床与液压，1993（5）：279-281.

[15] 张利平.气-液传动传动系统的设计计算.河北机电学院学报，1993（3）：32-39.

[16] 张利平.气动胀管机.机床与液压，1993（5）：279-281.

[17] 张利平.气-液传动.机械与电子，1993（3）：35.

[18] 张利平.关于设计和使用电液比例控制阀的几个问题.液压气动与密封，1996（2）：48-49.

[19] 张利平.国外医疗器械电-气比例控制技术新应用.医疗卫生装备，1997（2）：21-22.

[20] Jack L. Johnson, P. E. Electrohydraulic Pressure Control. Hydraulics & Pneumatics, 2005（5）：18-21.

[21] Zhang Liping Li Yingbo Zhang Xiumin. Proceedings of the 2nd International Symposium on Fluid Power Transmission and Control (ISFP'95), 186-189. Shanghai: Shanghai Science & Technological Literature Publishing House, 1995.

[22] 赵瑞萍.WC8E型防爆胶轮车气动系统研究.液压与气动，2012（10）：41-43.

[23] 李昕.MYNE PET6整体车架式客货车气动控制系统分析.机械工程与自动化，2009（5）：133-135.

[24] 冯智强.架柱支撑手持式气动钻机推广与应用.机械工程师，2013（7）：201-202.

[25] 贾海军.气动便携式矿山救援裂石机的设计.矿业安全与环保，2012（6）：40-42.

[26] 侯良超.气动单轨吊驱动部设计研究.液压与气动，2018（7）：117-120.

[27] 徐申林.阀岛在钻机气控系统中的应用.液压与气动，2011（7）：88-89.

[28] 徐申林.石油钻机绞车的气控系统设计.液压与气动，2011（5）：108-109.

[29] 安四元.支架搬运车电源开关控制分析及改进设计.煤炭工程，2017（7）：139-141.

[30] 欧阳国强.矿山救援系统气动强排卫生间的设计.机电一体化，2014（5）：71-73.

[31] 王晓波.变压器上线圈打磨设备设计和控制.液压气动与密封，2018（6）：81-84.

[32] 高军霞.电缆剥皮机气动系统设计.液压气动与密封，2014（6）：64-65.

[33] 林玉兰.车载式重锤震源气动液控系统研究.石油矿场机械，2015（12）：19-22.

[34] 蒋远远.防爆型矿用双锚索自动下料机控制系统的设计.液压与气动，2014（5）：49-56.

[35] 陈波.矿用连接器双工位自动注胶专机设计.煤矿机电，2015（4）：17-19.

[36] 陈忠强.钢管修磨机气动系统设计与分析.流体传动与控制，2011（1）：21-23.

[37] 许德昌.真空式气动传感器的研究.液压与气动，2012（12）：13-14.

[38] 李鄂民.真空吸盘技术在铜板配重系统中的应用.液压与气动，2011（2）：63-65.

[39] 陈建平.基于气压传动的焊条包装线的研发.液压与气动，2013（2）：45-47.

[40] 王伟.基于PLC控制的冲床上下料气动机械手.苏州大学学报：工科版，2011（3）：22-25.

[41] 陈为国.气动送料器气动系统原理分析.机床与液压，2000（3）：55-56.

[42] 高尚晖.一种新型气动通径机.液压与气动，2010（7）：57-58.

[43] 向玲.气动控制半自动冲孔模设计.模具工业，2012（11）：26-27.

[44] 李龙飞.触摸屏和PLC控制的烧结矿自动打散与卸料装置的设计.制造业自动化，2011（11下）：94-97.

[45] 刘镇原.梅山钢铁热轧带钢表面质量检测系统气动导向翻板装置的设计及应用.液压与气动，2013（12）：98-102.

[46] 曹远刚.连轧棒材齐头机设计.特钢技术，2015（3）：48-66.

[47] 陈辉.折弯机气动系统设计.液压气动与密封，2016（10）：45-47.

[48] 李颖.水平分型覆膜砂制芯机气动系统设计.机床与液压，2018（10）：88-92.

[49]　鲁晓丽.低压铸造机液面加压气动系统设计.牡丹江大学学报，2014（8）：147-151.

[50]　李渊.气动浇注系统的设计与应用.液压与气动，2013（4）：69-72.

[51]　刘晖.膏体产品气动连续灌装机设计.液压与气动，2011（1）：62-63.

[52]　贾玉景.气动磨料造粒机设计.液压与气动，2010（11）：43-44.

[53]　张国军.气动铅管封口机的设计.机械工程师，2012（12）：165-166.

[54]　胡小刚.自动打包机构设计.液压与气动，2012（8）：112-114.

[55]　张冬.防爆气动药柱包覆机的设计研究.机械管理开发，2016（1）：39-42.

[56]　郝屏.基于PLC的料仓自动取料气动装置设计.液压与气动，2014（3）：61-63.

[57]　王林.丁腈橡胶目标靶控制系统的技术改造.化工自动化及仪表，2016（8）：875-877.

[58]　陈舒燕.卧式注塑机全自动送料系统的设计与实现.化工自动化及仪表，2014（11）：1254-1256.

[59]　吴迪.基于AMESim的气动机械手结构设计与仿真分析.广西科技大学学报，2016（2）：63-68.

[60]　陈辉.钻床气压传动系统设计.液压气动与密封，2013（3）：66-67.

[61]　范芳洪.VMC1000加工中心气动系统应用及故障排除.液压气动与密封，2014（6）：71-73.

[62]　杨孟涛.壳体类零件气动铆压装配机床设计开发.制造技术与机床，2012（8）：116-119.

[63]　张筱云.微喷孔电火花加工电极气动进给系统的设计.液压与气动，2012（8）：84-88.

[64]　周波.基于PLC的动涡盘孔自动塞堵机设计.组合机床与自动化加工技术，2018（8）：165-170.

[65]　阮学云.新型矿用气动锯床的研制.机床与液压，2014（2）：71-73.

[66]　闫嘉琪.基于PLC控制的气动打标机系统设计.液压气动与密封，2016（4）：69-70.

[67]　董新华.切割平板设备的自动控制与设计.液压气动与密封，2018（10）：22-25.

[68]　张长.加工中心进给轴可靠性试验加载装置设计与应用.机床与液压，2016（8）：6-12.

[69]　施占华.零件压入装置继电器顺序控制气动系统的简化设计.中小企业管理与科技，2013（12）：174-175.

[70]　陈凡.数控车床用真空夹具系统设计.液压与气动，2010（7）：40-41.

[71]　秦培亮.可重构：基于杆件长度与角度效应气动肌腱驱动的夹具系统.液压与气动，2012（9）：99-101.

[72]　陈旭东.2082E柴油机柱塞偶件磨斜槽自动化翻转夹具的设计.制造技术与机床，2014（2）：163-167.

[73]　吴冬敏.气动肌腱驱动的形封闭偏心轮机构和杠杆式压板的绿色夹具.制造技术与机床，2012（12）：92-93.

[74]　钟斌.新型棒料气动式可控旋弯致裂精密下料系统研制.锻压技术.锻压技术，2018（8）：131-139.

[75]　甄久军.一种智能真空吸盘装置的设计.真空科学与技术学报，2017（11）：1038-1043.

[76]　胡家冀.车内行李架辅助安装气动举升装置的设计与应用.客车技术与研究，2013（4）：50-52.

[77]　刘海江.汽车顶盖气动助力吊具研究与实现.机械，2015（12）：41-45.

[78]　余胜东.基于光电检测和PLC控制的自动化圆孔倒角设备的设计与实现.温州职业技术学院学报，2014（2）：51-54.

[79]　廖龙杰.基于PLC的气动系统在调角器力矩耐久试验中的应用.汽车零部件，2014（10）：58-60.

[80]　唐立平.基于S7-200 Smart PLC的汽车翻转阀气密检测系统设计.机床与液压，2016（22）：160-163.

[81]　蒋玲.三元催化器GDB封装设备控制系统设计.西安航空学院学报，2015（1）：53-57.

[82]　徐恒斌.一汽大众涂装车间颜料桶振动机气动系统分析与改进.机械工程师，2014（12）：86-87.

[83]　刘俊.基于PLC的气动贴标机系统设计.液压与气动，2011（11）：85-87.

[84]　段纯.胶印机全自动换版装置的气动控制系统设计.液压与气动，2012（12）：103-106.

[85]　马瑜瑾.阀岛在卷接机组气动系统中的应用.工业控制计算机，2005（1）：80-81.

[86]　杨晓春.基于SolidWorks的气动离合器的设计.液压与气动，2012（8）：48-51.

[87]　朱勤.PX-I型陶瓷盘类成型、干燥生产线气动控制系统研究.液压与气动，2012（9）：55-57.

[88]　张杰.布鞋鞋帮收口机气压驱动系统设计.液压与气动，2015（3）：109-112.

[89]　张帆.基于PLC控制的雨伞试验机气动系统设计.液压气动与密封，2016（5）：53-55.

[90]　林钟兴.基于磁铁吸力控制的自动传送系统设计.广东石油化工学院学报，2018（3）：69-76.

[91]　张士强.新型盘类瓷器底部磨削机床设计.机械设计，2015（4）：108-111.

[92]　王宇钢.纸张专用气动冲孔机的研究与开发.机床与液压，2018（13）：72-74.

[93]　左希庆.杯装奶茶装箱专用气动机械手的设计.食品工业，2013（6）：223-225.

[94]　赵汉雨.纸箱包装机气动系统的设计.液压与气动，2006（10）：12-14.

[95]　刘海鸿.气动包装机械计算机控制与定位方法.中国新技术新产品，2013（8）（下）：15.

[96]　郝屏.基于PLC的料仓自动取料气动装置设计.液压与气动，2014（3）：61-64.

[97]　林钟兴.微型瓶标志自动印刷系统的研究与开发.包装工程，2014（3）：237-241.

[98]　苗登雨.真空吸盘式多功能抓取装置的设计.包装与食品机械，2016（6）：39-42.

[99]　吴吉平.彩珠筒包装机控制系统设计.湖南工业大学学报，2016（4）：1-4.

[100]　黄双.方块地毯包装机中自动包箱的设计与研究.机床与液压，2015（1）：103-106.

[101]　樊勇.气动送料的高速小袋包装机的研制.机床与液压，2016（20）：100-102.

[102]　刘保朝.自动物料装瓶系统的设计.机床与液压，2017（15）：86-88.

[103]　徐晓峰.基于气动技术的光纤插芯压接机的研制.机械工程自动化，2016（5）：123-124.

[104]　巢佳.贴片机气动控制系统的设计.职业技术，2017（1）：122-124.

[105]　高秀清.绕线机的恒压力压线板.电机技术，2015（3）：59-60.

[106]　许宝文.超大超薄柔性面板测量机气动系统设计.液压气动与密封，2015：（1）：31-33.

[107]　刘爽.铅酸蓄电池刀切分离器设计.液压与气动，2016（8）：48-51.

[108]　赵雷.基于 FluidSIM 的热熔机气动系统设计与仿真.轻工科技，2015：（5）：48-83.

[109]　周鹏.基于 PLC 控制器的气动机械手设计.机床与液压，2018（13）：107-109.

[110]　李硕.教学用气动机械手的研制.动力与电气工程，2016（1）：39-40.

[111]　王慰军.用于防撞梁抓取翻转的机械手设计.煤矿机械，2016（4）：101-103.

[112]　王增娣.基于 PLC 的安瓿瓶气动开启机械手的设计.液压与气动，2012（8）：41-43.

[113]　齐继阳.基于 PLC 和触摸屏的气动机械手控制系统的设计.液压与气动，2013（4）：19-22.

[114]　刘晓洪.新型蠕动式气动微型管道机器人.液压气动与密封，2007：（1）：16-18.

[115]　钱敏.模块化电子气动工业机器人系统设计.包装与机械，2016（9）：71-73.

[116]　李建永.连续行进式气动缆索维护机器人的研究.液压与气动，2012（12）：77-81.

[117]　马俊峰.气动爬行机器人设计.液压与气动，2010（10）：28-31.

[118]　赵汉雨.禽蛋卸托机气动系统的设计.液压与气动，2016（4）：97-100.

[119]　胡小静.自动分拣鸡蛋平台气动系统研究.机床与液压，2014（2）：68-70.

[120]　张建平.苹果分类包装搬运机械手控制系统的设计.时代农机，2016（8）：42-44.

[121]　邓维克.木块自动钻孔机的设计.邵阳学院学报：自然科学版，2016（1）：63-67.

[122]　潘志方.砖坯码垛机械手爪气动系统设计.山东工业技术，2015（19）：191-192.

[123]　吴文通.基于 PLC 及 HMI 的陶瓷卫生洁具漏水检验系统设计.中国陶瓷，2014（12）：52-55.

[124]　王建平.基于气动马达驱动的一种混凝土搅拌机系统设计.煤矿机械，2013：（12）：24-26.

[125]　阮学云.一种限载式气动葫芦的设计与试验研究.液压与气动，2017（6）：98-103.

[126]　甄久军.一种新型智能气动平衡吊的设计.机床与液压，2017（22）：110-126.

[127]　凌勇坚.一种电梯移门气压控制系统.流体传动与控制，2012（2）：34-35.

[128]　刘建军.城市客车气动内摆门防夹方式及应用.客车技术与研究，2018（6）：37-39.

[129]　周涛.基于气压传动系统的公交安全逃生墙设计.中国市场，2015（41）：51-52.

[130]　袁胜发.气动式管道公共交通系统的研究初探.液压与气动，2008（3）：3-4.

[131]　欧阳国强.基于 PLC 控制的机车整体卫生间气动冲洗系统的设计.液压与气动，2011（2）：30-31.

[132]　刘超.电控气动塞拉门的安装与调试.轨道交通装备与技术，2013（2）：28-30.

[133]　藤野谦司（日）.气动系统在高速铁道车辆上的应用.刘春阳译.国外铁道车辆，2017（1）：41-46.

[134]　王海涛.气动抛绳器的改进设计.液压与气动，2013（4）：110-112.

[135]　孙旭光.气控式水下滑翔机及其气动系统的仿真研究.机床与液压，2018（14）：76-79.

[136]　肖杰.新型垂直起降运载器着陆支架收放系统设计与分析.机械设计与制造工程，2017（3）：30-35.

[137]　韩建海.新型气动人工肌肉驱动踝关节矫正器设计.液压与气动，2013（5）：111-114.

[138]　杨涛.反应式腹部触诊模拟装置气动系统的研究.机床与液压，2014（10）：95-97.

[139]　孙晓明.一种动物视网膜压力仪的设计.中国医学物理学杂志，2015（1）：82-85.

[140]　钱黎明.基于弦乐器自动演奏机器人的控制系统设计.科技视界，2017（18）：75-76.

[141]　关天民.基于 AT89C51 的场地自行车起跑器控制系统设计.大连交通大学学报，2016（3）：36-39.

[142]　许德昌.气动式爆米花机的研究.液压与气动，2011（2）：7-8.

[143]　邢静宜.纸浆模塑餐具生产中整线气动控制系统的设计.机床与液压，2012（20）：96-99.

[144]　祁玉宁.气动系统在防爆胶轮车上的应用研究.液压与气动，2012（12）：28-30.

[145]　温洵.弯道过道岔气动推车机研究与应用.山东工业科技，2013（3）：250-251.

[146]　王晓亮.新型气动吊档操作装置在矿井斜巷的应用.中国科技信息，2013（2）：61.

[147]　董文立.浅谈国产电解多功能天车气动系统.科技资讯，2012（25）：118.

[148]　蒙吉旺.浅谈气动调节阀在轮胎加工企业中的应用.中国橡胶，2012（17）：4847-4893.

[149]　卢彦铮.一种载人绞车气动系统的设计.液压与气动，2013（7）：79-82.

[150]　胡素云.汽车起动锁动铁芯顶杆专用压铆设备气动系统设计.液压与气动，2012（2）：56-58.

[151]　M. R. Horgan.真空吸附技术.张利平译.轻工业机械，1998（4）：41-43.